JN025111

安全保障の戦後政治史

防衛政策決定の内幕

塩田潮

東洋経済新報社

目次

第四章 防衛費一パーセント枠の設定——三木武夫の執着

第七章 自衛隊の海外派遣——海部・宮沢・小泉の国際貢献

第八章 北朝鮮核疑惑危機——金丸訪朝・細川内閣崩壊

第一一章 日米同盟と集団的自衛権——安倍晋三の挑戦

序章

安全保障政策の「歴史的転換」

安保三文書の改定

岸田文雄《きしだふみお》首相は政権発足から一年三カ月が過ぎた二〇二二（令和四）年一二月一六日、安全保障・防衛に関する三文書を閣議決定した。三文書は国家安全保障戦略、国家防衛戦略、防衛力整備計画である。直後に記者会見に臨んだ岸田は自ら決意を語った。

「私は、かねてより、世界は歴史的分岐点にあると申し上げてきました。……国際社会は、協調と分断、協力と対立が複雑に絡み合う時代に入ってきています。……この歴史の転換期を前にしても、国家、国民を守り抜くとの総理大臣としての使命を断固として果たしていく、こうした決意をもって、昨年末から一八回のＮＳＣ（国家安全保障会議）四大臣会合での議論を重ね、新たな国家安全保障戦略の策定と防衛力の抜本的強化を含む、安全保障の諸課題に対する

答えを出させていただきました」（「首相官邸ホームページ『岸田内閣総理大臣記者会見』令和四年一二月一六日更新」より抜粋）

岸田内閣が決定した三文書の柱は国家安全保障戦略である。導入部で「これに伴い、『国家安全保障戦略について』（平成二五年一二月一七日国家安全保障会議決定及び閣議決定）は廃止する」とうたう。二〇一三年に第二次安倍《あべ》晋三《しんぞう》内閣が日本初の国家安全保障戦略を策定した。岸田内閣の国家安全保障戦略は、「I　策定の趣旨」で「その枠組みに基づき、我が国の安全保障に関する基本的な原則を維持しつつ、戦後の我が国の安全保障政策を実践面から大きく転換するものである」と宣言している。

三文書の一つの国家防衛戦略も、導入部で「本決定は、『平成三一年度以降に係る防衛計画の大綱について』（平成三〇年一二月一八日国家安全保障会議決定及び閣議決定）に代わるものとする」と付記する。もう一つの防衛力整備計画も、同じく導入部で「これに伴い、『中期防衛力整備計画（平成三一年度〜平成三五年度）について』（平成三〇年一二月一八日国家安全保障会議決定及び閣議決定）は廃止する」と断っている。

国家安全保障戦略は二〇一三年以来、九年ぶり、国家防衛戦略と防衛計画大綱は一八年一二月以来、四年ぶりに、改定または廃止に伴う新規策定が行われたことになる。その経緯を踏まえて、岸田は「安全保障政策の歴史的転換」と自ら位置づけたのである。

岸田が「歴史的転換」と呼ぶ安保三文書改定が、なぜ二二年一二月に行われたのか。

自民党の衆議院議員の小野寺五典《おのでらいつのり》は、一三年に初の国家安全保障戦略が決定された際、安倍内閣で防衛相の座にあった。その後、一八年から現在まで党の安全保障調査会長を務め、一八年の国家防衛戦略と防衛力整備計画（中期防衛力整備計画。中期防）、二二年の新しい国家安全保障戦略の策定に深く関わってきた。小野寺が振り返った。

「一八年のときは、ロシアとは、まだ『安倍・プーチン（ウラジーミル・プーチン大統領）の関係』でよかったのですが、二二年二月のウクライナ侵攻以後、むしろ敵対する関係に。現在は中国とロシアのタッグと日本は向き合わなければいけない。加えて、戦争の仕方が変わりました。一四年にロシアが初めてウクライナを侵略したとき、ハイブリッド戦を行いました。今後の戦いは、戦車や飛行機やミサイルの前に、サイバーや宇宙領域の妨害から始まる。このように安保環境の変化と戦争の変化に合わせて防衛計画大綱を見直す必要があり、三文書を取りまとめるに至ったということです」

二二年一二月決定の三文書の策定作業が始まったのは、二一年前半からだという。小野寺が続ける。

「一三年一二月の初の国家安全保障戦略は、当時の安倍首相、菅義偉《すがよしひで》官房長官、岸田外相と私の四人で作りましたが、私だけでなく、岸田外相も、ある面で中身が現状に合っていないと感じていたと思う。それで菅内閣のとき、辞めた安倍元首相と意見交換して、『中ロがタッグを組む状況になり、戦い方が大きく変わったので、見直さなければ』と話をしました。実際には、その後、二一年一〇月に岸田内閣となってすぐに、岸田首相から『この戦略を見直す』と言っていただいた。一二月ぐらいから、キックオフということで、具体的に党内で議論をスタートさせました。初めは有識者からヒアリングをした。アメリカからもいろいろな人に来てもらって意見を聞きました。日本のサイバー分野での能力の低さを指摘され、それに合わせて要点をまとめました」

二一年一〇月四日に首相に就任した岸田は八日、国会で所信表明演説を行った。一八年一二月に策定されて二三年度までの計画だった中期防を一年、前倒しして見直し、三文書の改定に向けた議論を始めることを表明した。

「国防の基本方針」の消滅を宣言

岸田は安保三文書改定を「歴史的転換」と表明したが、戦後の安全保障政策は、どんな展開と軌跡を経て現在に至ったのか。

第二次世界大戦後、七八年余の歩みを振り返り、安全保障・防衛に関する政策で重要な柱となった基本方針や防衛計画の歴史をたどると、何といっても出発点は一九四七（昭和二二）年五月三日の日本国憲法（新憲法）の施行であった。周知のとおり、直接、安全保障・防衛の分野に関わるのが前文と第九条である。

三年後の五〇年六月、朝鮮戦争が勃発する。直後の八月に警察予備隊令が公布・施行され、自衛隊の前身である警察予備隊が発足した。五一年九月、戦後占領の終結と独立回復を目指した吉田茂《よしだしげる》首相が、対日講和条約（日本国との平和条約）を締結した。

併せて日米安全保障条約にも調印した。安保条約は対日講和条約とともに五二年四月に発効する。「新憲法の下での日米同盟」という戦後の安保体制の骨格が出来上がった。

日本は戦後の国際的な東西冷戦構造の下で、西側・自由主義陣営の一員という道を選択した。五二年九月にソビエト連邦（現ロシア）・東欧向けの戦略物資の国際輸出統制を行う対共産圏輸出統制委員会（ココム。ＣＯＣＯＭ。一九四九年一一月設立）に加入した。

その後、五四年七月に防衛庁が設置され、自衛隊が誕生する。五六年一二月に鳩山一郎《はとやまいちろう》内閣の下で、国際連合への加盟が実現した。

翌五七年五月、次の次の岸信介《きしのぶすけ》内閣で、初の「国防の基本方針」が採択される。続けて六月に五八年度から六〇年度を対象とする第一次防衛力整備計画（一次防）も閣議決定された。

この「国防の基本方針」は、実は以後、第二次安倍内閣の二〇一三年まで五六年にわたって、日本の安全保障・防衛政策の指針として存在し続けた。一三年一二月一七日に安倍内閣が閣議決定した「国家安全保障戦略について」は、導入部で「本決定は、『国防の基本方針について』（昭和三二年五月二〇日国防会議及び閣議決定）に代わるものとする」と記して、「国防の基本方針」の消滅を宣言した。国防会議は後の国家安全保障会議の前身である。

外務省北米局長、国連代表部常駐代表（国連大使）などを歴任した佐藤行雄《さとうゆきお》が著書『差し掛けられた傘——米国の核抑止力と日本の安全保障』で一九五七年策定の「国防の基本方針」を解説している。

「一読して明らかなとおり、『国防の基本方針』は国連重視の姿勢で貫かれている。その後明らかになった国連の実態に照らしてみると、この姿勢は、一国の国防方針としては非現実的に見える。しかし、国防の基本方針が採択された当時の情況を考えると、国連重視は当然の発想だった」

次の歴史的転換点は「六〇年安保」である。岸首相は六〇年一月、日米安保条約を改定して新安保条約（正確には日米相互協力安全保障条約）に調印する。安保騒動と呼ばれた大反対闘争の嵐の中で、六月に新安保条約の批准が成立し、発効した。

安保・防衛政策の転換期

安保・防衛政策では、六四年一一月から七二年七月まで長期政権を担った佐藤栄作《さとうえいさく》首相の時代に、現在まで長く「安保政策の原則」として生き続けることになるいくつかの基本方針が打ち出された。

岸田内閣が二〇二二年に決定した国家安全保障戦略の「Ⅲ　我が国の安全保障に関する基本

的な原則」は、第三項として、「平和国家として、専守防衛に徹し、他国に脅威を与えるような軍事大国とはならず、非核三原則を堅持するとの基本方針は今後も変わらない」と明記している。ここに登場する「非核三原則」は一九六七年一二月一一日、佐藤首相の衆議院予算委員会での答弁で初めて打ち出された。

もう一つの「専守防衛」も、政府の公式の文書に登場したのは、佐藤内閣の下で公刊された第一号の防衛白書である。防衛白書の発刊には、当時の防衛庁長官の中曽根康弘《なかそねやすひろ》（後に首相）が強い意欲を示した。

佐藤はこれ以外にも、安全保障に関わる分野で、六七年四月に「武器輸出三原則」を打ち出した。核政策では七〇年二月に核兵器の不拡散に関する条約（核兵器不拡散条約または核拡散防止条約。NPT）の調印も行っている。

一方で、防衛予算については、佐藤の二代後の三木武夫《みきたけお》内閣が、七六年一一月五日に防衛費の対GNP（国民総生産）比一パーセント枠を設けた。

三木政権で初めて防衛計画の大綱を策定することになり、国防会議で協議が行われた。大綱の中で、防衛費の歯止めをどうするかが問題となる。一〇月二九日に防衛計画の大綱が決定した後、遅れて「当該年度の国民総生産の百分の一に該当する額を超えないことをめどとして」という内容の事項が国防会議と閣議で決定された。

戦後の日本は、平和憲法の下で長く「戦争放棄・非核・富国軽軍備」の路線を歩んできた。

国際情勢は、東西冷戦、ソ連消滅後の中国の台頭、極東アジアでの北朝鮮の暴走、さらにロシアのウクライナ侵攻など、世界の安全保障を揺るがす状況が続く。その中で、日本は自国の防衛と安全保障の維持、さらに国際的な軍事紛争の解決への協力と貢献といった問題で、過去に何度も厳しい局面に立たされた。

国内には、「非戦・非武装・非同盟」を唱える伝統的な絶対平和論が根を張り、自衛権容認、防衛能力確保、日米同盟重視といった現実主義的な安保・防衛政策の実行・実現を阻む壁となってきた。併せて、中国や韓国をはじめ、「日本の軍事大国化」への懸念を声高に叫び続ける国際的な条件も消えていない。

その環境の下で、戦後の日本は実際には、憲法改正は行わず、日米同盟を維持し、同時に自衛隊保持、専守防衛、非核などを選択して現在に至っている。とはいえ、現実政治では、選択の幅とその限界をめぐって、対外国、対国内の両面で苛烈かつ困難な舵取りを余儀なくされ、迷走と漂流を繰り返すことも少なくなかった。

本書で取り上げたテーマは、安保・防衛問題と密接不可分の「憲法第九条」「日米安保条約」（以上、第一章）、「六〇年安保改定」（第二章）、「非核三原則」「専守防衛」「核兵器不拡散条約」（以上、第三章）、「防衛費一パーセント枠」（第四章・第六章）という八七年までの約四〇年の出来事のほかに、経済安全保障の問題と関係する「東芝機械ココム違反事件」（第五章）、九〇年代以降に顕在化する「自衛隊の海外派遣」（第七章）と「北朝鮮核疑惑危機」（第八章）、二〇〇七年一月の「防衛庁の省昇格」と「文民統制」（以上、第九章）、民主党政権時代の二〇一〇年九月に発生した「尖閣問題の日中衝突」（第一〇章）、二期目の安倍政権が取り組んだ「集団的自衛権行使容認と安保法制の成立」（第一一章）、それに、岸田政権での「安保三文書改定」（終章）である。

戦後の日本で安保・防衛体制の骨格を担ってきた基本方針、諸原則、政策の判断や決定などをめぐって展開された攻防の政治史を検証し、舞台の表裏、事件の光と闇を解剖して安保・防衛問題の歴史から浮かび上がる戦後政治の実相を追跡した。

第一章

憲法と日米安保条約の誕生——吉田茂の遺産

ポツダム宣言受諾

戦後の日本の安全保障問題の出発点は、第二次世界大戦の終結をめぐる一九四五（昭和二〇）年八月のポツダム宣言の受諾であった。連合国側が発した降伏を求める宣言に対して、八月一〇日、昭和天皇は戦争終結を決断した。政府は「天皇ノ国家統治ノ大権ヲ変更スルノ要求ヲ包含シ居ラザルコトノ了解ノ下ニ受諾ス」と連合国側に通知した。

一五日、戦争が終わる。それを告げる天皇のラジオ放送が全国に流れた。

占領統治を行うのは連合国軍総司令部（ＧＨＱ）である。一五日後の三〇日、最高司令官であるアメリカのダグラス・マッカーサー元帥（後に国連軍最高司令官）が日本に到着した。

九月二七日、天皇が初めて会見した。この席では、マッカーサーは日本の憲法をどうするかという問題には一言も触れなかった。

時の日本の首相は、戦争終結時の鈴木貫太郎《すずきかんたろう》（元枢密院議長。海軍大将）、次の元皇族の東《ひがし》久邇稔彦《くになるひこ》の後を継いで一〇月九日から政権を担った幣原喜重郎《しではらきじゅうろう》（元外相）であった。幣原は一一日、マッカーサーに会いに行った。マッカーサーは「ポツダム宣言の実現に当たっては、疑いなく憲法の自由主義化を包含すべきである」と告げる。婦人参政権実現などの五項目を挙げた。

幣原は翌日の閣議で閣僚たちに説明した。

「マッカーサー元帥は五項目を実現するのに憲法改正が必要であろうという見解を述べただけです。五項目が実現するのであれば、憲法改正の必要はないと考えている」

当初、幣原は憲法改正には消極的だった。

国務相の松本烝治《まつもとじょうじ》や厚相の芦田均《あしだひとし》（後の首相）は、内閣に専門の委員会を設けるべきだと強く主張した。その結果、閣内に松本を長とする憲法問題調査委員会が設置された。

調査委員会は憲法問題の調査が目的で、必ずしも改正を目指すものではないという姿勢を取ったが、GHQが改正を求めているのは明白だった。調査委員会ではひとまず改正案を作ったほうがいいという意見が大勢となる。松本は四六年の正月休みを使って一人で改正私案を書き上げた。

内容は一八九〇（明治二三）年一一月施行の大日本帝国憲法（明治憲法）の部分的改正にす

ぎなかった。全面改正という考えはなかった。天皇に関する条項も、第一条から第六条まで、第三条を除いて明治憲法のままであった。

一九四六年に入ると、連合国側に新しい動きが出てきた。対日占領政策に関してアメリカの国務省、陸軍省、海軍省の意見調整を行う三省調整委員会（ＳＷＮＣＣ）は「日本の統治体制の改革」と題する指令を発する。一月一一日、それがマッカーサーに届いた。

指令は、天皇制について、現状の維持は占領目的と一致せず、廃止または民主的方向への改革が必要と指摘した。統帥権独立の廃止や国務大臣の文民制、議院内閣制、基本的人権の拡充などに触れている。それだけではなく、明治憲法の全面的改正を要求した。

ポツダム宣言受諾に当たって、日本は一点だけ、天皇の大権に変更がないこと、つまり「国体の護持」を条件にした。その際、連合国側は「最終的の日本国の政府の形態は『ポツダム宣言』に遵《したが》ひ、日本国国民の自由に表明する意思に依り決定せらるべきものとす」と通告してきただけで、「国体の護持」を容認したかどうかは明瞭ではなかった。天皇問題の決着は先送りされたのだ。

天皇制存続と憲法第九条

戦後、天皇の戦争責任と天皇制の存廃が内外の注目を集めた。天皇制については、アメリカ政府では、親中国派などの多数派は廃止論だった。日本帝国主義の一部である天皇制を根絶しなければ、再び日本がアメリカの脅威になる可能性あり、と主張した。

他方、数少ない知日派が存続論に立った。最小限の占領要員による日本管理と日本の安定化には天皇制は不可欠の要素、と説いた。

アメリカ国内の世論は天皇制打倒が多数を占めたが、マッカーサーは天皇制問題について早々に結論を下した。着任して間もない四五年一〇月四日、ＧＨＱは内部で「天皇制存続」で合意したが、日本はもちろん、本国政府にも伝えなかった。内外で大きな議論になっている天皇制の存廃問題と憲法改正の両方をにらみながら、落とし所を探り続けた。

四六年一月二四日、幣原がマッカーサーを訪ねた。英語が堪能な幣原は通訳を交えず、二人だけで長時間、話し込んだ。幣原の関心事も、天皇制の行方と憲法問題であった。天皇制維持のために日本側で何か特別の措置を講ずる必要があるのかどうか、特に新しい憲法にどんな条項を盛り込めばいいのか、そこを探ろうとした。

二人のうち、どちらが先に言い出したかは、後々までなぞとして残ったが、憲法改正に関連して、ここで戦争放棄と軍備撤廃が話題に上ったのは間違いない。後に日本国憲法の第九条として登場することになる戦争放棄の構想が、連合国軍最高司令官と日本の首相の間で初めて話し合われたのである。

マッカーサーは日本占領を成功させるには天皇制の維持が不可欠と考えた。連合国側にはソ連やオーストラリア、イギリスなど、廃止を主張する国が少なくなかった。四五年一二月二七日、米英ソ三国は外相会議を持ち、対日占領政策決定に強力な権限を持つ極東委員会の設置を決めた。日本管理に関して、連合国軍最高司令官の行動や指令などを検討する権限を付与したのだ。

極東委員会が活動を開始したのは四六年二月二六日であった。マッカーサーは極東委員会の介入が始まる前に天皇制と憲法問題について既成事実を作っておくのが最善の方法と判断した。日本政府は、連合国側の内部の動きについては、知る由もなかった。といっても、幣原も連合国の間で天皇制廃止論や天皇戦犯論が高まっていることは承知している。歴史上、戦争で負けた国が王制や帝政をそのまま維持できた例はなかったからだ。至難の業を実現するにはどうすればいいか、幣原は考えを巡らせてきた。

日本は天皇の名において戦争を行った。天皇制を残せば、将来、再び日本が天皇の名において戦争を仕掛けてくるのではないかという疑念が連合国側には根強かった。それを取り払うための工夫を施さなければ、天皇制の維持は困難であった。

幣原とマッカーサーは以下のような結論に達した。天皇制を残す代わりに、日本は諸外国に二度と戦争を起こさないという保証を与える必要があった。そのために戦争放棄と軍備撤廃を約束する。天皇制と戦争放棄の取引である。この方法で天皇制の維持を図ることで、幣原とマッカーサーの考えが一致した。憲法第九条はこうやって生まれたのだ。

第一次吉田内閣の成立

マッカーサーは極東委員会が動き出す二月二六日までに憲法問題を決着させなければと考えた。たまたま二月一日、毎日新聞が「憲法改正・調査会の試案――立憲君主主義の確立、国民に勤労の権利義務」の見出しとともに、「憲法問題調査委員会試案」とうたって、第一条から第七六条までの全文を記事にした。新聞に載った試案は政府案（松本国務相作成の案）とは別物だったが、総司令部はすぐに日本政府に政府案の提示を求めてきた。

マッカーサーは日本政府案を見て、ＧＨＱのコートニー・ホイットニー民政局長に拒否の詳細な理由書の作成を命じる。二日後、ホイットニーに憲法草案の作成を指示した。

二月一〇日、憲法改正のマッカーサー草案が完成した。一三日、ホイットニーら四人が外務大臣公邸を訪ね、松本や外相の吉田茂らと会った。日本側が作成した政府案の拒否を通告する。代わりにマッカーサー草案を手交した。

幣原内閣はマッカーサー草案を日本政府案の形で発表するしか方法がないと判断した。二月二二日、閣議で採用を決める。マッカーサー草案に基づいて、新草案を作成した。

三月四日、松本らがＧＨＱに新草案を持参して徹夜で協議を行った。幣原内閣はＧＨＱのマッカーサー草案に基づいて作成した憲法改正草案要綱を六日に閣議決定した。四月一七日に平仮名・口語体の改正草案の正文を発表した。二二日から枢密院で憲法改正案の審議が始まった。

一方で、四月一〇日、新体制の下での新選挙法による戦後第一回の衆議院総選挙が実施された。各党の議席は日本自由党一四一、日本進歩党九四、日本社会党九三、日本協同党一四、日本共産党五、諸派三八、無所属八一で、鳩山一郎総裁の自由党が比較第一党となった。

新体制での衆院選だったが、実際はまだ明治憲法下である。首相の指名は国会の議決ではなく、形の上では「天皇による大命降下」だったが、実質的な指名権限はGHQの手にあった。首相の幣原は「憲法改正を自分の内閣で」と言って続投に意欲を示した。進歩党を除く各党が反対する。二二日、幣原は内閣総辞職を決めた。

後継選びが始まった。五月三日、幣原が天皇に会い、後継首相に第一党の鳩山を推薦する。鳩山は大命降下を前提に、四日の早朝から組閣に着手した。その直後、GHQは鳩山が公職追放令に該当する旨の三日付の覚書を政府に通達した。

次期首相確定の総裁を追放で失った自由党のショックは大きかった。鳩山を中心に、代わりの首相候補探しが始まった。

元宮内大臣の松平恒雄《まつだいらつねお》（後に参議院議長）や長老政治家の古島一雄《こじまかずお》の名前が上がる。老齢を理由に断った古島の推挙で、吉田が本命として浮上した。吉田は首相就任を渋ったが、鳩山が吉田を口説き落とした。四六年五月一四日、吉田は自由党総裁を受諾した。

約一カ月の政治空白を経て、五月一六日、吉田に組閣の命令が下った。二二日に第一次吉田内閣が発足した。

六月八日、枢密院が前内閣で出来上がった憲法改正案を可決する。二〇日、帝国議会が開会し、吉田内閣は改正案を議会に提出した。憲法をめぐって、公開の議論が始まった。安全保障政策をめぐる戦後の本格的な攻防劇はここからスタートした。

吉田は二五日、衆議院本会議で改正案の第九条の「戦争の放棄」について発言した。

「日本が再軍備できないようにする。日本の軍備撤去ということは、世界の平和を脅かさざるような国家の組織にするということが必要であります」(吉村克己著『戦後総理の放言・失言』)

翌二六日、進歩党の原夫次郎《はらふじろう》の質問に答えて述べる。

「本案の規定は、直接には自衛権を否定はして居りませぬが、第九条第二項に於て一切の軍備と国の交戦権を認めない結果、自衛権の発動としての戦争も、又交戦権も抛棄《ほうき》したものであります」

さらに二八日、共産党の野坂参三《のさかさんぞう》(後に党議長)が「戦争には侵略戦争という不正の戦争と自衛のための正しい戦争があり、戦争一般の放棄ではなく、侵略戦争の放棄とすべきだ」とただした。吉田が答弁した。

「国家正当防衛権に依る戦争は正当なりとせらるるやうであるが、私は斯くの如きを認むることが有害であると思ふのであります。近年の戦争は多くは国家防衛権の名に於て行はれたることは顕著な事実であります。故に正当防衛権を認むることが偶々戦争を誘発する所以であると思ふのであります。正当防衛権を認むると云ふことそれ自身が有害であると思ふのであります」（以上、憲法制定の経過に関する小委員会編『日本国憲法制定の由来』）

芦田修正の経緯

吉田は首相として明治憲法の改正を目指した。芦田は六月二八日に衆議院に設置された帝国憲法改正案委員会の委員長を引き受け、帝国議会での修正案の取りまとめなどで主導的な役割を果たした。委員会は七月一日から二三日まで審議を行った。そこで施された改正案修正の一つに、第九条に関する有名な「芦田修正」がある。

当初の改正案では、第九条は以下のような案文であった。

「第一項　国の主権の発動たる戦争と、武力による威嚇又は武力の行使は、他国との間の紛争の解決の手段としては、永久にこれを拋棄する。

第二項　陸海空軍その他の戦力は、これを保持してはならない。国の交戦権は、これを認めない」

委員長の芦田が修正の試案を提示した。委員会の議論を経て、芦田の手で案文の調整を行って修正案が出来上がった。それが現憲法の第九条である。特に注目を集めたのは、第二項の

「陸海空軍その他の戦力は、これを保持しない。国の交戦権は、これを認めない」という規定の前に、「前項の目的を達するため」という一文を加えた点であった。

修正の経緯について、芦田が後に憲法調査会で述べている。

「私は第九条の二項が原案のままではわが国の防衛力を奪う結果となることを憂慮いたしたのであります。それかといってGHQはどんな形をもってしても戦力の保持を認めるという意向がないと判断をしておりました。そして第二項の冒頭に『前項の目的を達するため』という修正を提議した際にもあまり多くを述べなかったのであります。特定の場合に武力を用いるがごとき言葉を使えば当時の情勢においてはかえって逆効果を生むと信じておりました。修正の辞句はまことに明瞭を欠くものでありますが、しかし私は一つの含蓄をもってこの修正を提案いたしたのであります。『前項の目的を達するため』という辞句を挿入することによって原案では無条件に戦力を保有しないとあったものが一定の条件の下に武力を持たないということになります。日本は無条件に武力を捨てるのではないということは明白であります」

さらに修正の狙いを説いた。

「独立国家に自衛権がある限り当然抵抗は認められる。竹槍を用いようが、石ころを投げようがいずれも自衛権の作用であります。そうなれば自衛のために武力を用いることを条約をもってしても憲法をもってしても禁じ得るものではない。その証拠にいかなる条約にも憲法にも自衛のための武力を禁止したものは世界に存在しておりません。ただ第九条の原案第二項はこの点についてきわめてあいまいであり、いかなる場合にも武力の行使を禁じたもののごとく映る。これを明白にするためにはこの修正が多少なりとも役立つと考えたのであります」（『日本国憲法制定の由来』）

憲法改正案は修正の上、八月二四日、帝国議会の衆議院で可決された。貴族院も一〇月六日、修正案を可決する。さらに衆議院は貴族院からの回付案を可決した。最後に枢密院が二九日、全会一致で改正案を可決し、新憲法が成立した。一一月三日、日本国憲法が公布された。施行は半年後の翌四七年五月であった。

施行に伴い、衆参両院の選挙も実施された。新設の参議院の第一回選挙が四七年の四月二〇日、衆院選が五日後の二五日に行われた。

選挙の結果、吉田自由党は衆議院が一三一、参議院が三九にとどまり、両院とも第二党に転落した。六月一日、第一党の社会党委員長の片山哲《かたやまてつ》を首相とする社会党、民主党（二〇〇九年に政権を獲得する民主党とは別の党）、国民協同党の連立内閣が誕生した。民主党は四七年三月結成で、党首は芦田総裁、国民協同党も四七年三月結成で、党首は三木武夫書記長であった。

押しつけ憲法

以上のように、マッカーサー草案を基にして作成された憲法改正案が枢密院と帝国議会で可決されて現憲法が誕生したのは紛れもない事実である。その点を重視して、現憲法はマッカーサー率いるＧＨＱの強い指示とコントロールによって成立した「押しつけ憲法」との主張は当初から根強く存在する。「押しつけ憲法」を改廃して「自主憲法制定」を目指す人たちの有力な論拠となってきた。

といっても、成立した憲法がマッカーサー草案のままだったわけではない。たとえば、政府が四六年三月四日に総司令部に提出した新草案では、マッカーサー草案の「国民の権利および義務」に関する条項に大幅な修正を加えた。国会も一院制だったのを二院制に改めた。

さらに衆議院での審議でいくつかの変更を行った。前文と第一条後段に修正を施して主権在民を明確にした。第九条第一項に「日本国民は、正義と秩序を基調とする国際平和を誠実に希求し」という言葉を冠し、第二項に前述の「前項の目的を達するため」という「芦田修正」を加えて、自衛のための戦力の保持に道を開いた。義務教育の無償を定める。最高法規の条項に国際法規尊重の規定も加えた。

貴族院でも、第一五条に成年者による普通選挙を保障する規定を設け、第六六条に内閣総理大臣とその他の国務大臣は文民でなければならないという規定を追加するなどの修正を行った。

先述のとおり、吉田は幣原内閣の外相として憲法改正草案の作成に関わった後、幣原の後を受けて内閣を担い、憲法の成立を首相として迎えた。著書『回想十年』第二巻で、「私はその制定当時の責任者としての経験から、押しつけられたという点に、必ずしも全幅的に同意し難いものを覚えるのである」と前置きして付記している。

「成るほど、最初の原案作成に当っては、終戦直後の特殊事情もあって、可成り積極的に、せき立ててきたこと、また内容に関する注文のあったことなどは、前述のとおりであるが、さればといって、その後の交渉経過中、徹頭徹尾〝強圧的〟もしくは〝強制的〟というのではなかった。わが方の専門家、担当官の意見に十分耳を傾け、わが方の言分、主張に聴従した場合も少くなかった。また彼我の議論がなかなか決しない際などには、先方としてよくいったことは、『とにかく、一応実施して成績を見ることにしてはどうか、日本側諸君は旧憲法の頭で考えるから、とかく異存があるのかもしれぬが、実施してみれば、案外うまくゆくということもある。やってみて、どうしても不都合だというならば、適当の時機に再検討し、必要ならば改めればよいではないか』ということであった。そういう次第で、時の経過とともに、彼我の応酬は次第に円熟して、協議的、相談的になってきたことは、偽りなき事実である」

GHQはマッカーサー草案作成に至る過程で、憲法研究会など日本側のいくつかの憲法案を研究して参考にしたと見られる。改正案作りの交渉過程では強圧的な態度は取らず、日本側の主張に耳を傾ける姿勢を取ったのも事実であった。許容できる範囲で日本側からの提案を受け入れ、衆議院と貴族院での修正も容認した。

とはいいながら、日本の主権を超越する権力と権限を保持するGHQが、改正の原則を示し、全条文を起草して日本側に提示した。それを基に憲法改正を行えと命じる形を取ったのだ。

日本側に諾否を決める権能はなく、命令に従い、その範囲で改正案を判断するしか道がなかった。出来上がった憲法が「押しつけ」であることは否定できない。

憲法をめぐる政争も、当初は「押しつけ憲法」を受け入れるべきかどうかを論争点として展開されたわけではなかった。占領下で、生殺与奪の権を握るGHQに盾突く形で政争を始める勇気のある政治家や政治勢力は存在しなかった。後に押しつけ論を持ち出して自主憲法制定を唱えることになる人たちの多くは公職追放に遭い、政治の現場から駆逐されていたのである。

対日講和条約調印

第一次吉田内閣の後の片山内閣は長持ちしなかった。社会党内の左右対立という内部事情が原因で、片山は政権を投げ出した。

片山退陣後、首相の座に就いたのは民主党総裁の芦田である。四八年三月一〇日、民主、社会、国民協同の三党連立内閣が発足した。

芦田内閣も短命に終わった。政権崩壊の原因となったのは大型疑獄と呼ばれた昭和電工事件であった。不正の摘発と舞台裏の謀略が錯綜し、真相はなぞに包まれた不可解な事件だった。現職閣僚の栗栖赳夫《くるすたけお》（当時は経済安定本部長官）、前国務相の西尾末広《にしおすえひろ》（元内閣官房長官。後に民主社会党委員長）、元農林次官の重政誠之《しげまさせいし》（後に農相）、大蔵省（現財務省）の主計局長の福田赳夫《ふくだたけお》（後の首相）、自由党の大野伴睦《おおのばんぼく》（後に衆議院議長）らが捕まった。芦田も首相辞任の二カ月後に逮捕された（裁判では芦田、西尾、重政、福田、大野らは無罪）。

芦田は在任七カ月で退陣となる。自由党は民主党を離党した幣原派と合同して民主自由党に衣替えしていたが、総裁の吉田が四八年一〇月に首相に返り咲き、第二次内閣を発足させた。

憲法施行時に首相だった吉田は一年五カ月で政権復帰を果たした。その後、長期政権を築き、通算七年二カ月、首相に在任した。占領下でGHQの絶対的な権力を背負い、戦争放棄と軍備撤廃を掲げた新憲法の利点を最大限に活用して、経済復興を最優先させる政権運営を行った。

政権に復帰した吉田は、何よりも第二次大戦の講和の達成と独立回復を最大の政治課題と位置づけて突き進んだ。一番の関門はアメリカの応諾であった。独立回復後の日本の安全保障について、日米間の意見が一致しなければ、アメリカは首を縦に振らない。再軍備禁止をうたった憲法の下で、日本がどうやって安全保障体制を確立するかが最大の焦点であった。

日本の安全保障の問題は、アメリカのアジア戦略と結びついている。米ソ蜜月が終わり、東西冷戦が進む中で、アメリカが世界戦略上、長期にわたる日本駐留を企図しているのは疑いなかった。米軍駐留という点でも日米の合意が成立しなければ、講和の実現は不可能であった。

だが、吉田が政権復帰を遂げたころから、アメリカの占領政策に変化が出てきた。占領当初は日本の非軍事化、弱体化、民主化が目標だった。四八年前後から日本を西側陣営に組み入れ、対共産勢力のとりでとする方針に転換し始める。日本の自立と経済力強化、アメリカの負担軽減を目指すようになった。

最大の原因は世界情勢の変化である。ヨーロッパでもアジアでも冷戦が始まった。アジアでは四九年一〇月に中華人民共和国が誕生する。五〇年六月に朝鮮戦争が勃発した。日本の再軍備と独立回復が現実のテーマとなってきた。

吉田は五〇年七月、マッカーサーから警察予備隊の創設と海上保安庁の拡充を指示する書簡を受け取った。八月、政府は警察予備隊令を公布した。警察予備隊は保安隊を経て、五四年六月に自衛隊に改組された。アジア情勢が緊迫化する中で、吉田は表向きは「再軍備反対」と唱えながら、実際は講和実現をにらんで再軍備に踏み出していったのである。

吉田は警察予備隊を創設した上で対日講和の交渉に臨んだ。ソ連や東側諸国なども含めた全面講和か、講和が可能な米英など四八カ国だけの部分講和（単独講和）かという点が論争となる。吉田は部分講和の道を選んだ。

講和は戦争終結から六年を経て実現した。吉田は政権復帰から約三年が過ぎた五一年九月、日本を含めて四九カ国が結ぶ対日講和条約の調印にこぎ着ける。八日、自ら全権としてサンフランシスコに出向き、対日講和条約に調印する。併せてアメリカ軍の日本駐留を認めた日米安保条約も締結した。

安保条約には全権の吉田だけが署名した。講和条約発効は翌五二年四月二八日で、ここで日本は六年八カ月にわたった占領を脱し、独立を回復することになる。

憲法と安全保障をめぐる戦後初の政争劇

両条約発効の半年前の五一年一〇月一〇日、臨時国会が召集され、両条約批准のための審議が開始した。一八日、衆議院の両条約の特別委員会で、野党の国民民主党（後に二〇一八年に結成され、二〇年に再結成となった国民民主党とは別の党）の芦田が質問に立つ。吉田首相と大論戦を展開した。

委員会室には三三歳の中曽根康弘もいた。当選二回の国民民主党の若手議員であった。国民民主党は両条約にこんな姿勢で臨んだ。中曽根が自著でインタビューに答えて語っている。

「私は、部分講和で、なし崩していくよりしかたがないと判断していたのですが、実際に講和条約の案が正式に出てきたときは、比較的寛大な条約だな、この程度なら部分講和でもやむを得ないか、という感じがしました。しかし、安保条約については内容はまったく知らされていなかった。吉田さんとしては、国民民主党を連れて行きたかったのでしょうが、私たちは、苫米地さんを同行させることには反対しました」

「私たちは『平和条約はいいが、安保条約までコミットできない。賛成するわけにいかない。だから、苫米地さんは行かない方がいい』と苫米地訪米反対をぶちました。それで、苫米地さんはひじょうに苦悩して……。優しいりっぱな人でしたからね。平和条約の調印にだけ出て、安保条約の締結には出ないという妥協案で手を打ったんです」（以上、中曽根康弘著『天地有情――五十年の戦後政治を語る』）

国民民主党の最高委員長（党首）の苫米地義三《とまべちぎぞう》（元官房長官）は結局、吉田を全権とする代表団に加わって訪米するが、安保条約の調印式には出席しなかった。

中曽根は前掲書で安保条約の原案について、「出発のときになっても知らされなかった。完全な秘密交渉でしたよ」と述べている。

五一年一〇月一八日、衆議院の両条約の特別委員会で、芦田が質問に立つ。「今回の平和条約はわが国の歴史における画期的の記録であり、永久に民族の脳裏に残るべき記念塔でありります」と、吉田が推し進めた平和条約を評価した。同時に、安保条約には批判を浴びせた。

「日米安全保障条約は世にもまれなる条約であり、しかもすべての細目を行政協定に譲っておる関係上、国会において政府の説明を待たなければ、無条件に賛意を表することはできないことはもちろんであります」（以上、若宮啓文《わかみやよしぶみ》著『忘れられない国会論戦』）

年齢は吉田が九歳上だったが、吉田と芦田は同じように外交官から政治家へという道を歩んだ。戦前は二人ともリベラリストとして知られ、軍部独裁と闘った。

吉田は戦争中に和平工作に動いて憲兵隊に監禁された。戦後は四五年九月から東久邇内閣と幣原内閣で外相を務めた後、首相となった。

芦田は三二年に衆議院議員となり、戦前は軍閥政治に反対した。「翼賛選挙」と呼ばれた四二年の衆院選も、翼賛政治体制協議会の非推薦で戦って当選した。戦後は幣原内閣の厚相、片山内閣の副総理兼外相を歴任した後、四八年三月から七カ月、首相を務めた。

戦後、吉田は日本自由党、民主自由党の総裁、芦田は日本民主党の総裁となる。政党のリーダーとしてもライバル関係にあった。吉田はこの時点で政権担当期間が通算四年を超え、講和実現という歴史的な仕事を成し遂げて、首相として絶頂期にあった。一方の芦田は、首相辞任後、昭電事件で逮捕され、裁判中の被告の身である。

政治家として好対照の道を歩んだ両者が国会で対決した。争点となったのは、憲法と自衛権、安全保障の関係であった。憲法と安全保障をめぐる戦後初の政争劇である。

日本の独立回復

四六年の六～七月、吉田は再軍備反対、自衛のための交戦権も否定という立場を鮮明にした。一方の芦田は自衛のための戦力保持と武力行使に道を開く修正案の作成に力を尽くした。五年後、対日講和と日米安保の両条約の調印を見て、芦田が吉田との論争に挑戦した。五年前の立ち位置の違いが、形を変えて、吉田と芦田の国会大論戦となって再現されたのである。

特別委員会で質問に立った芦田は、秘密交渉で結ばれた安保条約を槍玉に挙げた。一時間五〇分にわたって吉田首相を追及した。

まず安保条約が日本から米軍の駐留を懇請した形になっている点を憲法との関わりで問題にした。続いて日本が自国の防衛のために自ら漸進的に責任を負うことをアメリカは期待するとうたった安保条約の前文を取り上げ、「責任」の中身を問いただした。

安保条約によって駐留する米軍の地位などを定める日米行政協定は翌五二年二月に調印され、安保条約と同時に発効することになる。五一年一〇月の段階では中身が全く明らかにされていなかった。芦田はその点にも触れた。

吉田追及の最大の的は憲法の自衛権の問題である。最後に駐留米軍という外国軍隊と憲法第九条の関係、一年二カ月前の五〇年八月に発足していた警察予備隊と自衛権の問題に言及した。前述のとおり、芦田は四六年の夏、憲法制定過程で、原案の第九条に有名な「芦田修正」を加え、自衛のための戦力保持と武力行使に道を開いた。自衛のための戦力保持については、「芦田修正」にもかかわらず憲法第九条に違反すると見る違憲論や、再軍備阻止を説く反対論が根強かった。反対に、再軍備のための改憲を唱える勢力もあった。

芦田の姿勢は、自衛のための戦力保持は違憲ではないという立場に立った再軍備論である。一方の吉田は、本心はともかく、答弁など言葉の上では一貫して「戦力の不保持」と「再軍備反対」と言い続けた。首相だった四六年六月に「憲法は自衛権の発動としての戦争も交戦権も放棄」「正当防衛による戦争を認めるのは有害」と国会で述べた。四八年一〇月に政権復帰を果たして第二次内閣を担った後も、こんな答弁を口にした。

「日本は戦争を放棄し、軍隊をなくしたが、武力によらざる自衛権は有している。外交その他の手段によって国家を守る権利はある」（四九年一一月二一日。衆議院外務委員会で共産党の野坂の質問に対して）

五〇年一月一日、マッカーサーが年頭の辞で、日本の憲法は自己防衛の権利を全面否定したとは解釈できないと述べた。講和の論議も高まってきた。独立を回復すれば自衛権の内容が問題になる。一月二八日、吉田は衆議院の本会議で、前に唱えた「武力によらざる自衛権」について与党の自由党の世耕弘一《せこうこういち》（後に経済企画庁長官）から説明を求められ、答弁した。

「いやしくも国が独立を回復する以上は、自衛権の存在することは明らかであって、その自衛権が、ただ武力によらざる自衛権を日本は持つということは、これは明瞭であります。……いかなる状況によって自衛権をどう発動するかということは、まったく外来の事情によることでありまして、その事情によって、状況によって、自然自衛権の内容も違うことと思います」（浅野善治《あさのよしはる》・岩﨑隆二《いわさきりゅうじ》・植村勝慶《うえむらかつよし》・浦田一郎《うらたいちろう》・川﨑政司《かわさきまさじ》・只野雅人《ただのまさひと》編『憲法答弁集［1947—1999］』）

再軍備の密約

前述したように、吉田は七月八日、マッカーサーから警察予備隊創設を指示する書簡を受け取り、一カ月後に警察予備隊令を公布して、事実上、再軍備に踏み出したわけだが、それでも「再軍備ノー」と言い続けた。一七日、参議院本会議で答弁する。

「日本独自の立場から、再軍備は致すべきでないと私は確信している。また国民の考えもここにあると思う」（以上、前掲『戦後総理の放言・失言』）

さらに五一年一月、通常国会の施政方針演説で述べる。

「国の安全は国民自らの手で守るべきは勿論であるが、これを直ちに再軍備に結びつけて軽々に論断することは私のとらざるところである。わが再軍備論はすでに不必要な疑惑を中外に招いており、また事実上、敗戦後のわが国力は強大なる軍備に堪え得ないことは明かである。一国の安全独立は軍備のみの問題ではなく、頼むべきは国民の独立自由に対する熱情である」（前掲『回想十年』第二巻）

芦田は五一年一〇月、こんな答弁を繰り返してきた吉田の真意と吉田内閣が結んだ安保条約の隠された真実を明らかにしようとした。前掲の若宮著『忘れられない国会論戦』が議論を紹介し、背景の事情についても詳しく解説している。それによると――。

吉田は安保条約の前文に登場する「防衛のための漸進的な責任」について答えた。

「一国の独立が他国によって保護を受けるということは、国民の自主性がこれを許さないのみならず、国民としては決して承諾することができないから、国力がこれを許すならば、なるべく早く持つ決心で、持ちたいと思いますが、しかしこれは直ちにということはできないから、米国政府としては私の所論によって漸進的に、漸増的に日本が自ら責任をとることを期待するという考えを持ったわけであります」

この年の四月一六日、講和条約と安保条約の締結交渉のためにハリー・トルーマン大統領の特使としてジョン・ダレス（後に国務長官）が来日した。芦田はダレスとの交渉で対米軍事協力を約束する軍事協定の話をしたのではないかと吉田に迫った。

「ダレス氏と軍事協定の話をしたことは私は記憶はないのであります」

吉田は全面否定した。

芦田は行政協定についてでは、「多分外務省では行政協定の案ができておる。条約局長のポケットを探してみてください。むろん行政協定の内容は、しろうとにだって想像できる程度のものに違いない。だから、政府は素直に大体のことをお話しになるのがいいと思う。そうすれば国民も安心します」と誘い水を送って吉田の答弁を引き出そうとした。

吉田はにべもなく言い放った。

「この行政協定はしばしば申す通り——安全保障条約は、わずかに講和条約ができたその翌日締結せられたのであって、行政協定まで入るいとまがなかったから、当時は遂に協定するに至らなかったのであります。これから協定いたすのであります。ないからないと申すのであります。多分条約局長のポケットをお調べになっても、まだないと思います」

芦田が最も力を込めたのは、憲法制定時から直接、芦田自身が関わってきた自衛権の問題であった。まず駐留米軍と自衛権の関係を取り上げた。

駐留米軍が日本防衛のために侵入軍と戦い、日本も協力することを安保条約が予想している点を問題にした。日本に駐留する外国の軍隊が交戦状態に入るのは憲法違反となるというのが吉田の従来の憲法解釈だったのに、解釈が変わったと指摘した上で、それなら日本が自衛の兵力を持つのも憲法違反とはならないのでは、と言って、吉田の再軍備反対論を攻撃した。芦田は自説を唱える。

「国家の大局からみて軍隊が必要ならば、軍隊を作るのがいいじゃないか。憲法を改正しなければ軍備ができないというならば、改正すればいいじゃないか。が、万が一にも憲法をもぐって、日陰者のような軍隊を作ろうということであれば、われわれは到底賛成することはできません」

いつになったら日本は軍備が持てると考えているのかと吉田に尋ねた。吉田は言う。

「これは国力の回復が第一でありますが、さらにまた日本に対して軍国主義の復興であるとか、あるいは国家主義の復興であるとか、あるいは日本が再び軍隊をもって進撃的態度に出るのではないかというような疑惑、恐怖は、まだアジア極東においては持っているのでありますが、彼の国においても、その疑惑、恐怖がなおあるのであります。外国が日本の平和主義あるいは民主主義の確立というような事実を十分認めた時に、軍備をするということも一つの方法でありましょう」

もう一つ付け加える。

「国内的から申しても、さらに軍備をするために重税を課するということは、国民の負担に耐えないことでありますし、かたがた今はその時期にあらずと考えておるわけであります」

警察予備隊の創設

吉田は首相在任中、警察予備隊を発足させた。保安隊を経て、退陣の半年前の五四年六月、外敵への防衛任務を担う自衛隊に改組し、防衛力の強化と拡充に努めた。

実際は再軍備の道に乗り出していったが、口では再軍備反対と言い続けた。吉田は前掲の『回想十年』第二巻で、「一体、私は再軍備などを考えること自体が愚の骨頂であり、世界の情勢を知らざる痴人の夢であると言いたい」と前置きして、再軍備反対の理由を三つ挙げた。まずアメリカの巨大な軍備と日本の事情を比べる。

「米国はその戦勝の余威を以て、且つまた世界に比類なき富を以て、あの巨大な軍備を築き上げたもので、他の国があれに匹敵し得る軍備を持つということになれば、それこそ大へんな負担であり、仮りにその負担に堪え得るとしても、あれだけの費用をかけてさえ、果して今日の米国の如き進歩した高度の武装を実現し得るや否やは疑問とされるそうである。況んや、敗戦日本が如何に頑張ってみても、到底望み得べきことではない。これが私が再軍備に反対する理由の第一である。第二に、国民思想の実情からいって、再軍備の背景たるべき心理的基盤が全く失われている。第三に、理由なき戦争に駆り立てられた国民にとって、敗戦の傷跡が幾つも残っておって、その処理の未だ終らざるものが多い」

警察予備隊や保安隊は再軍備ではないのかという疑問が生じるが、吉田は強弁する。

「国会で警察予備隊を中心に発せられた質問に対して、私は『これは治安維持の目的以上のものではない。国連加入の条件であるとか、その準備であるとか、再軍備のためであるとか、そんな意味は全然含んでいない。目的は国内治安の維持であり、その性格は軍隊ではない』と答えたが、これが発端となって、かの戦力論議を含む違憲論が始まったといってよかろう」

「憲法第九条にいうところの戦力の意味については、前に記した如く、当時の法務庁で研究して統一解釈を下していた。それによると『近代戦争を有効に遂行し得るだけの装備編成を持つものを指す』という。その限界に達しないものは、憲法にいう戦力には該当しない。従って警察予備隊も保安隊も、その規模及び実力からいってこの『戦力』には該当しない」

「私どもはこの法務庁の統一解釈によって総てを説明し、保安隊を自衛隊に切り替えた後においても、この部隊は戦力、すなわち近代戦遂行力を持たぬものだから、憲法に違反しないという建前をとってきた。そして、戦力を具有するに至るならば、それはたとえ自衛のためであろうとも、憲法の改正を経ぬ限り許されぬことであるとの説明をもって通してきた」

法務庁は後の法務省である。自衛隊への改組が決まると、防衛任務を負う自衛隊は軍隊ではないかと問題になった。吉田は国会で「自衛隊が軍隊であるかどうかは、〝軍隊〟の定義にもよることであるが、憲法上交戦権が制限されている以上、これを普通の意味において軍隊といえるかどうかは疑わしい。しかし、いずれにしても、定義の問題であるから、戦力に至らしめない条件の下に、軍隊と呼んでもよかろう」と答える。「戦力なき軍隊」が流行語になった。

「私はこの呼び方を、むしろわが意を得たりとさえ思ったのである。だが世間の批判はさらに躍進して、政府の見解が一歩を踏み出したとか、解釈が変ったとか、あるいは偽瞞的再軍備であるとか、いろいろの攻撃的批判が盛んになった。しかし、政府の根本態度は少しも変らないのであって、従来の予備隊、保安隊の当時は、直接侵略に対抗するという任務が特になかったから、そこまで立ち入った説明をする必要がなかっただけの話である」

吉田は書いている（以上、『回想十年』第二巻）。

安上がりの安全保障

吉田への攻撃は三方向から飛んできた。

再軍備反対派や護憲派は、アメリカの言いなりになって憲法解釈をねじ曲げ、なし崩し的に再軍備の道を突き進もうとしている、と批判した。再軍備論者は、黒を白と言いくるめて実態を国民に知らせず、日陰者の軍隊を造ろうとしている、と非難した。もう一つは日本に再軍備と自主的な防衛力の増強を求めるアメリカ側で、いくら再軍備を要求しても首を縦に振らない吉田に不満を募らせた。

元陸軍中将の辰巳栄一《たつみえいいち》は軍事問題に明るい点を買われて、戦後、吉田から頼まれ、GHQとの間で軍事に関する舞台裏の交渉役を引き受けた。辰巳は回顧している。

「昭和二十七年一月のことであるが、日本の陸上防衛要員を如何程にするかという問題で、日本政府と米軍総司令部との間に、幾度となく論議が行われた。米国側の主張は、こゝ数年の間に陸上兵力を三十二万五千に増強すべきであるというにある（昭和二十五年八月、七万五千で発足した警察予備隊はこの当時陸上兵力十一万となっていた）。これに対し吉田総理は国力に応ずる防衛力の漸増の方針を堅持して譲らず、三十万という尨大な数字には殆んど一瞥の関心も示さなかった」

昭和二十七年は一九五二年である。結果はどうなったのか。

「吉田政府は二十八年度末まで十一万で押し切ってしまった。私は当時米側の執拗な要請と、吉田さんの頑としてこれを相手にしない強硬な態度に板挟みとなって、陰ながら苦労をしたものである。その頃一部の世論は吉田首相を向米一辺倒として屢々非難した。私の知る限りにおいて、これほど的をはずれた批評はない。恐らく終戦後歴代の総理大臣の中で、吉田さんほど卒直、頑強に自己の信念を通し、従って米国側からも煙たがられた人はないと、私は信じている」（以上、前掲『回想十年』第二巻所収の「回想余話・再軍備と吉田さんの頑固さ」）

吉田は一九五一年一月、通常国会での答弁でこんな言葉を口にした。

「再軍備を未来永劫しないと言っているのではない。現下の状況においてこれを致すことをしない、とこう申しておるだけの話である」

吉田内閣で四九年二月から三年半余、蔵相を務めた吉田側近の池田勇人《いけだはやと》（後の首相）が、三方向からの攻撃を巧みに払いのけながら独自路線を貫いた吉田流政治の神髄を述べている。

「吉田さんは総理大臣時代、殊に昭和二十五年の朝鮮事変から以後は、憲法の規定をくぐって、わが国の再軍備を強引に押しすゝめて来たように、世間では今になってもまだ思っている人が多い。多いどころか殆んど誰もがそうだろう。ところが、これは事実とは全く逆である。アメリカが、とかく日本の軍備をせっついて来るのに対して、吉田さんは『国民の生活が安定して、そういう気持が自然に出て来るようになったら』という答を何十遍となくくり返して来たし、場合によっては、憲法第九条を引用して先方を困らせる手も使った」

間近に目撃した吉田の頑固さと柔軟な対応ぶりの二刀流を、池田が評している。

「吉田さんの考え方は『本当に国民に実力が出来、またその気持が出るまでは、国の防衛はアメリカに背負ってもらうより外はない。もっとも先方にそれをさせる以上は、こちらも出来るだけのことはしているという一応の建前は崩すわけにいかない』ということだったので、さりとて現職の総理大臣としてこの本当の腹の中をそのまゝいえるわけもないし、仕方がないから、あゝやって唇をムッと、への字に結んで、数年間押し通すということになったわけだ」（以上、

（『回想十年』第三巻所収の「回想余話・誤解されている吉田さん」）

敗戦から占領を経て独立回復に至る日本の再出発の時代に舵取りを担った吉田は、富国軽軍備路線を選択した。安全保障と防衛にはなるべく国費を使わず、国民の負担を小さくして、国力の回復と国民生活の向上を最優先にした。

その路線を推進するために、冷戦下で西側陣営入りを選択し、アメリカの傘の下に入った。同時に、軍事力の分担や防衛力増強、あるいは自主防衛努力などの要求はうまくかわして「安上がりの安全保障」の道を追求し続けた。

戦争の放棄と戦力不保持を定めた憲法第九条は、吉田の富国軽軍備路線にとっても重宝な武器となった。アメリカの要求を退ける際の言い訳としても役立ったが、もう一つ、国内の自主防衛派や再軍備論者の主張をはね返す盾としても有効だった。

それに対して、吉田打倒をもくろむ反対陣営は、吉田が武器として活用し始めた憲法を標的の一つに取り上げ、攻撃を仕掛けた。反吉田陣営の総帥は、四六年五月に政権到達目前で公職追放に遭い、後継首相の座を吉田に譲って政界から一度、姿を消した鳩山である。五一年八月六日に追放解除となる。五二年一〇月の衆院選で返り咲きを果たした。

吉田に政権の移譲を求めたが、拒否された。吉田打倒の「吉・鳩戦争」が火を噴いた。鳩山は吉田が主導した占領政治の打破を主張した。富国軽軍備路線で戦後の基礎を築いた吉田に対して、戦後の出発点となった新憲法の否定と自主憲法制定を掲げて戦いを挑むのである。

第二章

六〇年安保改定——岸信介の選択

「革命前夜」

首都・東京の騒乱を見て、「革命前夜」と受け止めた人は多かった。一九六〇（昭和三五）年の五月から六月にかけて、東京の中心部の国会議事堂と首相官邸の周辺は連日、デモの嵐に包まれた。デモのスローガンは「安保反対」「内閣打倒」であった。

当時の岸信介首相は戦後、占領時代の五一年九月に吉田茂内閣の下で調印され、五二年四月に発効した日米安保条約の改定に乗り出した。

岸は第二次大戦終結前、満洲国総務庁次長や商工省（現経済産業省）の次官、東条英機《とうじょうひでき》内閣の商工相や国務相・軍需次官などを歴任した。戦後、A級戦犯容疑者として巣鴨プリズンに収容された。その後、不起訴で釈放となる。不死鳥のように蘇った。

五二年四月に公職追放が解除になる。五三年四月の衆院選で当選して政界復帰を遂げた。そのときから、岸は「占領体制からの脱却」を唱えてきた。もう一つ、「日米新時代」をうたい、「日米対等」の実現を訴えた。

五五年の自由民主党結党後、初代の幹事長を務める。石橋湛山《いしばしたんざん》内閣の外相を経て、五七年二月二五日、病気で早期退陣した石橋の後を継いで首相となった。

政権を担った岸は、就任から三カ月余が過ぎた六月一六日、訪米のために羽田空港を飛び立った。「日米対等」を実現するには不平等な内容を持つ安保条約の改定が必要と目標を定めた。その道筋をつけるのが訪米の隠れた狙いであった。

二回にわたったドワイト・アイゼンハワー大統領との首脳会談で、岸は持論の「日米新時代」を強調した。アイゼンハワーもこの言葉自体には異論はなかった。

岸は首脳会談で沖縄と小笠原の返還を主張したが、アメリカ側は耳を貸さなかった。岸はもう一つ、安保条約の改定を要求した。

安保問題は岸にとっては二年前の訪米のときから引きずっている因縁のテーマであった。鳩山一郎内閣時代の五五年八月、岸は政府の訪問団に同行してアメリカを訪れた。代表は外相の重光葵《しげみつまもる》（元改進党総裁）で、岸と農相の河野一郎《こうのいちろう》（後に副総理兼国務相）はお供だった。

重光と国務長官のジョン・ダレスの会談が行われ、岸と河野も同席した。重光は安保条約の改定を持ち出した。ところが、ダレスが首を縦に振らない。

「時期尚早」「新条約には、日本は自国防衛のために応分の貢献を」「アメリカが攻撃を受けた場合、日本が軍隊の国外派遣を行うには、憲法改正が必要」といった主張を繰り出す。「日米対等の条約を作る力が日本にあるのか」と言って日本側の条約改定の申し入れを拒否した。重光が執拗に食い下がったが、ダレスは日本を相手にする気はないという姿勢であった。

応酬の一部始終を目撃した岸は、会談が終わりに近づいたころ、一言、印象を述べた。

「時機さえ熟すならアメリカは安保条約改定問題を討議することを知り、喜ばしく思いました。日本国民の生活水準の向上と、共産主義を生む不安定な現状況の一掃が、何よりも肝心です。必要なのは、日本の保守勢力の合同、共産主義と対抗できる経済計画の作成、そして、日本の防衛力増強プログラムの強化です。そうなれば、在日米軍の撤退と、日本国憲法の改正がしやすくなるでしょう」（NHK取材班『NHKスペシャル　戦後50年その時日本は〈第一巻〉』）

岸はダレスの強い態度が印象に残った。ダレスの言葉を聞いて、そういうことなら、何としても安保改定を実現しなければ、と逆に意を強くした。最大の目標は「日米対等」の実現である。それには安保改定は欠かせないと判断した。

安保改定交渉開始

それから一年半が過ぎた五七年二月四日、岸が石橋内閣で首相臨時代理を務めているときであった。岸は病気療養中の石橋首相に代わって衆議院本会議で施政方針演説を述べた。社会党委員長の鈴木茂三郎《すずきもさぶろう》が代表質問を行った。

鈴木は米軍の砂川基地（現在の東京都立川市）で起こった流血事件や沖縄での基地反対闘争を取り上げ、日米安保条約の不平等性を問題にした。

「これらの問題についてアメリカ政府と交渉し、あるいは国連に提訴し、誠意をもって問題の解決に当たることはもちろん、こうした問題の根本的解決のため、同時に日本民族独立のために不平等条約の改廃を断行するため、総理は国民とともに、政府を引っ提げて力強く一歩を踏み出す決意を持っていないかどうか」

後に岸が条約改定を推し進めたときに「安保反対」を唱えて抵抗運動の中心となる社会党の委員長が、自民党政府に向かって「不平等条約の改廃」の口火を切ったのである。

社会党はほかの議員も国会で同じ主張を繰り返した。翌五日、参議院本会議では外交に詳しい羽生三七《はにゅうさんしち》が代表質問に立った。

「この条約と協定は、サンフランシスコ平和条約締結の際に、早急の間に取り決められたものですが、実に多くの欠陥に満ちた条約であり、協定であります。しかも昨今の国内的、国際的情勢との関連においてこれを見るときに、速やかに再検討さるべきものであることは、ここに改めて言うまでもないところと信じます」

片務的で不平等な内容を包含する条約を、双務的で対等なものに改めるために安保条約に検討を加えるべきだ、と説いた。

後に岸が政界引退する約一年四カ月前の七八年五月、二日にわたって計五時間、インタビューを行った。首相在任中の五七〜六〇年、政権の最大の達成目標に安保改定を掲げて挑戦した理由を質問した。岸は明快に答えた。

「当時、野党はだな、私に対して、『安保改定、しなきゃあいかん。日米対等の安保に改める意思はあるのか。旧安保条約はアメリカの占領下にあるのと同じ状況じゃあないか』という意味のことを質問してきた。それに対して、私は『必ず改定する』と。旧安保は、日本における内乱とか、治安の維持についても、アメリカ軍が主導するという規定があった。日本の国際的地位を高めていく上でも、安保改定が必要で、私の内閣の使命の一つと考えたわけだ」

岸は社会党も含めて多くの国民が安保改定を望んでいると意を強くした。政権を握れば、自分の手で改定を実現しようと決意を新たにした。

四カ月後、首相として訪米した岸は六月二一日、国務省五階の長官室に足を運んだ。日米共同声明の作成作業はこの日の午前中に完了する予定だったが、交渉に手間取り、午後までずれ込んだ。共同声明の骨子がやっと固まったとき、岸がダレスに声をかけた。

「これで日米は対等の立場になりました。しかし、一つだけ対等でないものがあります。これを直さなければ」

「対等でないものとは何ですか」

岸から指摘を受けたダレスはけげんな表情で問い返した。「安保条約」と、岸は答えた。重光・ダレス会談から一年一〇カ月を経て首相として正式に安保改定を持ち出したのだ。今度はダレスは一方的に拒否するといった態度は取らなかった。「おっしゃるとおり確かに安保改定に取り組む必要がある」

一転して前向きの姿勢を示した。「日米で条約検討のための安全保障委員会を設置しよう」と述べ、安保改定を原則的に受け入れた。

八月、日米間で安保条約の中身を検討する安全保障委員会がスタートした。改定要綱がまとまるまで一年余を要した。

五八年九月、外相の藤山愛一郎《ふじやまあいいちろう》（元大日本製糖社長）が訪米してダレスと会談した。アメリカ側は安保改定に同意する。共同声明で初めて改定交渉に応じることを表明した。

安保改定はいよいよ本番を迎える。一〇月に改定の日米交渉が東京で始まった。

翌五九年四月八日、自民党は七役会議で日米安保条約改定要綱と行政協定調整要綱を決める。一一日には自民党の総務会が政府の改定要綱を了承した。

社会党の変心

五九年六月二日に参議院選挙が行われた。自民党は勝利を収める。岸は「内閣改造と党役員改選を直ちに実施する」と宣言した。政権を担って二年四カ月が過ぎ、岸内閣の最大の課題である安保改定が山場に差しかかるところである。

「安保改定はこのメンバーで仕上げなければならない。新条約の批准まで済ませるには党内の結束が何より大切だ」

岸は内閣改造には相当の覚悟で臨んだ。

一八日に新閣僚が発表された。弟の佐藤栄作蔵相、安保改定の担当の藤山外相の二人以外は総入れ替えにした。ポスト岸をうかがう池田勇人には通産相のポストを用意した。初入閣の中曽根康弘を科学技術庁長官に起用した。

岸は改造人事を発表する前、首相官邸に井野碩哉《いのひろや》（元農相）を呼んで告げた。

「この改造は新安保条約を通すためのものです。安保改定を進めると、もしかすると、大きな反対運動が起こるかもしれない。警備態勢をしっかりしておく必要があります。法務大臣と国家公安委員長のポストが重要になる。法務大臣を引き受けてくれませんか」

岸はかつて共に東条内閣の閣僚を務め、戦後も一緒に巣鴨生活を送った古い同志の井野に、治安・警備対策の要である法相を頼んだ。自治庁長官兼国家公安委員長には内務省出身で元福島県知事の石原幹市郎《いしはらかんいちろう》を登用した。

岸派では特に岸の信任の厚い川島正次郎《かわしましょうじろう》（後に自民党副総裁）、椎名悦三郎《しいなえつさぶろう》（同）、赤城宗徳《あかぎむねのり》（後に農相）、福田赳夫の四人を「岸派四天王」といった。岸は安保改定の仕上げとなるこの改造で四人をそれぞれ重要なポストに配置した。

五七年七月から幹事長を務め、五九年一月に一度、無役になっていた川島を幹事長に戻した。商工省時代の後輩の椎名を官房長官に起用し、官房長官だった赤城を防衛庁（現防衛省）の長官に回した。昭電事件で無罪判決を受けた前幹事長の福田は農相で入閣させた。

岸は一方で、五三年の政界復帰のときから憲法改正に意欲的だった。安保改定をそのためのステップと位置づけて精力的に取り組んだ。それだけでなく、安保改定を成し遂げれば、岸内閣への評価が高まり、長期在任の展望が開けるという政権戦略の計算もあった。

安保改定をやれば内閣の点数が上がると岸が考えた理由の一つに、この問題に対する野党の社会党の対応がある。社会党は最初、「不平等条約は改めるべきだ」と声高に主張した。ところが、社会党も賛成だからと思って挑戦したのが誤算の原因となった。岸は社会党の「変心」を読み違えたのである。

社会党は途中から安保条約に対する姿勢を変えた。「不平等性の是正」という主張は口にしなくなった。代わりに「中立要求」「安保廃棄」「反米」「岸打倒」を言い立てた。

岸は七八年五月のインタビューで、その点について、こんな見方を口にした。

「安保改定を私に迫った勢力がだ、安保反対に変わった。野党の社会党と共産党と、背後の国際共産主義の力が働いた。当時、警察当局や内閣の調査室、そのほかの機密情報で、そういう点を確信していましたね」

反米、反安保はもちろんだが、社会党をはじめとする安保反対勢力の底流には、根強い反岸感情があった。かつての「戦争協力者」「A級戦犯容疑者」であり、戦後の民主政治を担うのにふさわしくない保守反動政治家という反感が消えていなかった。

それればかりか、首相就任以来、自分の路線を明確に打ち出して一直線で推し進める手法は反岸感情の火に油を注いだ。「対決一本槍の強権政治」「極端な政治主義」「戦前型の独裁体質」と批判を浴びせた。

「アメリカ帝国主義は敵」と位置づける社会党は、米ソ冷戦構造の下で、西側陣営からの離脱、アメリカとの同盟関係解消を打ち出し、岸内閣との対決姿勢を明確にした。

岸の後悔

参院選後の五九年一〇月二六日、自民党は両院議員総会で安保改定を党議決定した。六〇年一月六日、協議開始以来、一年三カ月ぶりに安保条約改定交渉が妥結した。

岸内閣は一四日、新条約の本文、付属の交換公文、議事録、新行政協定の草案などを正式に閣議決定する。二日後の一六日の朝、新安保条約に調印する日本側の全権団がアメリカに向けて飛び立った。岸首相本人が首席全権となり、外相の藤山、自民党総務会長の石井光次郎《いしいみつじろう》(後に衆議院議長)、政務調査会長の船田中《ふなだなか》(同)らを率いて調印式に臨んだ。

一九日、調印を終え、岸はアイゼンハワー大統領と会談した。日米修好条約批准一〇〇年の記念の年という名目で訪日を要請した。

岸は安保改定実現と同時に退陣に追い込まれるとは思っていない。大統領訪日で人気浮揚を図り、長期政権を目指すつもりだった。

「今年の六月二〇日ごろに日本に行きたい。ついては、早い機会に皇太子ご夫妻がアメリカを訪問することを希望します」

二回目の日米首脳会談の席で、アイゼンハワーは訪日受諾を表明した。

通常国会は一月三〇日に再開された。この国会は新安保条約の批准を行う「安保国会」となった。岸は六月半ばまでに批准を済ませ、その後にアイゼンハワーを日本に迎えるというスケジュールを立てた。

「安保条約について国民の信を問いたい。再開国会の冒頭に衆議院を解散するつもりだ」

岸は側近に打ち明けた。帰国後、川島幹事長を呼んで相談した。

「解散はすべきではありません。党内をまとめ切れない。選挙資金のめども立たない」

ノーという答えが返ってきた。岸も幹事長の反対は無視できなかった。結局、解散には踏み切れずに終わった。

岸は後年、振り返って自著『岸信介回顧録　保守合同と安保改定』に書き残している。

「私は年初以来、解散すべきかどうかについてとつおいつ考えていた。新条約調印のため渡米してアイク（アイゼンハワー大統領＝筆者註）と話し合った結果、アイクの訪日は六月二十日ごろと予定されているので、それまでに新条約の批准を終えるとすると、審議日数、選挙運動期間等を逆算して、解散の日は二月二十日までが限度であった。解散するとすれば通常国会が再開されて、新条約が国会に提出された二月五日の直後が、タイミングとしては絶好と思われた。二月早々、私は川島幹事長と解散について相談した。幹事長は絶対反対だった。理由としては、松村《まつむら》（謙三《けんぞう》。元文相＝筆者註）一派が反対していて党内をまとめきれない、選挙資金のメドが立っていない、などを挙げていた。（中略）政治家として先輩なので、私としては遠慮するところもあり、とうとう踏み切れなかった。（中略）今振り返ってみると、あのとき思い切って解散すべきだった」

衆院選が実現していても、岸の狙いどおりに自民党勝利、反対勢力粉砕、批准達成、大統領訪日、長期政権という展開になったかどうかは分からない。その懸念はあったが、岸は「あそこで解散しておけば」とその後、何度も悔しがった。

「安保反対」から「岸退陣」へ

一方、反対運動は新条約調印の前年の五九年の春から本格化した。三月、社会党は労働運動のナショナルセンターの総評（日本労働組合総評議会）などと一緒に日米安保条約改定阻止国民会議を結成した。四月一五日、安保阻止国民会議は第一次統一行動のデモを実施し、東京の日比谷公園で中央集会を開いた。

最初の大きなデモは一一月二七日の第八次統一行動だった。夜、国会の周りを安保阻止国民会議の三万人のデモ隊が取り巻いた。その中の全学連（全日本学生自治会総連合）を中心とする約二万人が国会の構内に突入し、警備に当たっていた警察隊と衝突した。

デモ隊の国会乱入は戦後初めての出来事だった。これを見た自民党の議員が「これは革命だ」と口走った。

六〇年に入ると、デモの嵐はますます大きくなった。岸内閣は結局、衆議院の解散・総選挙なしで新安保条約の批准のための国会に臨むことになった。二月五日、批准のための新安保条約承認案が国会に提出された。

解散・総選挙の線が消えてからは、自民党内の関心は批准達成と岸退陣に移った。

「岸首相は安保改定が実現すれば辞任するという姿勢を明確にすべきだ。そうすれば、批准に協力してもいい」

反主流派は批准達成と岸退陣をセットにした「安保花道論」を主張し始めた。岸から「総裁三選に立候補しない」という言質を取ろうとした。

「三選問題は安保改定実現後の情勢による」

岸は辞めるとも辞めないとも言わない。進退問題はぼかしたままで乗り切る作戦である。

四月二六日に全学連主流派が国会突入を図って警察隊と衝突し、多数の負傷者が出た。五月一四日、約一〇万人の請願デモが国会を包囲した。首相官邸は連日、激しいデモの渦に取り囲まれた。「安保反対」「岸を倒せ」のシュプレヒコールを繰り返した。

五月一九日、国会審議は山場を迎えた。社会党は座り込みを行って採決阻止を図る。衆議院議長の清瀬《きよせ》一郎《いちろう》は警官五〇〇人を導入して本会議を開いた。野党と与党反主流派の欠席のまま五〇日の会期延長を議決した。

翌二〇日未明、衆議院は批准案を強行可決する。これで参議院の議決がなくても、一カ月後に自然承認で新安保条約の批准が完了する。

岸は五月一九日がぎりぎりの期限と考え、強攻策に打って出た。アイゼンハワー訪日が控えていたからだ。六月二〇日ごろの訪日という日程から逆算すると、衆議院での採決は自然承認を待つのに必要な一カ月前がタイムリミットだった。岸は一カ月、時間が過ぎるのを待つだけとなった。そうすれば安保改定は実現する。

デモの勢いは五月一九日を境にますます激しくなっていく。反対勢力は闘争の目的を「安保反対」から「岸打倒」に絞って攻撃を続けた。岸政権を見詰める一般国民の視線も次第に険しくなった。岸はじりじりと崖っ縁に追い詰められていった。

六月四日には安保改定阻止第一次実力行使が全国で展開され、合計五六〇万人が参加した。一〇日の午後九時半から首相官邸で臨時閣議が開かれた。科技庁長官だった中曽根はそのときの模様を日記に書き残している（中曽根康弘著『政治と人生――中曽根康弘回顧録』より）。

「午後九時三十分臨時閣議。これは国際共産主義の暴力的陰謀であって、強圧的政策で臨めの議論が多い。騒擾罪適用、破防法適用等、池田通産相、佐藤蔵相、村上建設相、渡辺厚相、赤城防衛庁長官ら主張する。強いばかりが能ではないと発言する。松田文相、暴力に負けてはならないが、ここで一歩退いて考え、措置せねばならん。強いばかりが能ではないと発言する。前回と変化してきた。石原国家公安委員長、井野法相、ようやく苦悩の色濃くなった」

村上建設相は後に村上派を率いる村上勇《むらかみいさむ》、渡辺厚相は佐藤派の渡邉良夫《わたなべよしお》、松田文相は後の衆議院議長の松田竹千代《まつだたけちよ》である。

樺美智子の死

デモが国会の周りを取り巻いているころである。川島は総理府総務長官を務める大野派の福《ふく》田篤泰《だとくやす》（後に郵政相）を呼んで相談を持ちかけた。

「君の地元に、昔から有名な『三多摩壮士』という強いのがいるだろう。集めてくれないか」

川島はデモに対抗させるために国会周辺に右翼を集結させる計画を立てたのだ。福田は東京の多摩地区を選挙区とする自民党の中堅議員だった。

大正時代に政友会総裁や首相を務めた原敬《はらたかし》の親衛隊長だったという男が多摩地区にいた。

福田はその人物に会って手配を頼んだ。二日後に四十数人の屈強な男たちが集まった。福田は国会に近い四谷の旅館に待機させた。

しばらくして、「自民党は暴力団を雇った」とうわさになった。結局、「三多摩壮士」の出動は見合わせた。約一週間、旅館に泊め、酒を飲ませただけでそのまま帰宅させた。

デモの波と世論の反発の中で立ち往生する自民党が、対抗手段として最初に思いついたのが右翼の動員であった。岸をはじめ、川島や自民党副総裁の大野伴睦にはそんな戦術にすぐに飛びつく体質があった。それを知って反対勢力の「岸打倒」の火はさらに燃え上がった。

五月三一日、アメリカの国務省は大統領の訪日日程を発表した。六月一日、社会党は議員総辞職を決める。六日には党大会を開いて大統領訪日阻止を決定した。

岸は七日の閣議の後、藤山外相、池田通産相、佐藤蔵相、福田赳夫農相らと協議して、大統領訪日の予定に変更なし、と申し合わせた。表向きは「訪日実現」の方針を堅持し続けたが、岸は舞台裏でひそかに大統領の訪日延期の可能性を探った。

交渉に当たったのは農相の福田である。五月二五日、福田はアメリカ大使館を訪問し、アメリカ側から訪日延期を申し出てもらうことはできないかどうか、駐日大使のダグラス・マッカーサー二世（後にアメリカ国務省次官補）に打診した。アイゼンハワーはフィリピン、台湾経由で六月一九日に来日し、二二日まで滞在することになっている。福田は新安保条約が発効するまで一〇日ないし二週間程度、先に延ばしてほしいと頼み込んだ。

日本側から延期を申し入れると、岸内閣の失点がはっきりして政権崩壊の引き金になるおそれがあった。そのためにアメリカ側から延期を言い出した形にしたかったのだ。

アメリカ側は拒否した。アメリカはアメリカで、自分のほうから延期を申し入れた格好になると、同じようにアイゼンハワー政権の弱体化につながる危険性があった。結局、訪日延期計画は日の目を見ずに終わった（以上、前掲『ＮＨＫスペシャル　戦後50年その時日本は〈第一巻〉』参照）。

「デモの中から死者が出たらしい」

六月一五日の夜七時過ぎ、首相官邸にニュースが届いた。岸は一言も感想を口にしなかった。とはいえ、それまで目にしたことがないほどの沈痛な面持ちである。

一五日、安保改定阻止第二次実力行使に全国で五八〇万人が加わった。全学連主流派は国会突入を図って警官隊と衝突する。東京大学の女子学生の樺美智子《かんばみちこ》が死亡するという事件が起こった。

岸内閣は夜中の零時過ぎから臨時閣議を開いて対応を話し合った。椎名は死を悼むという趣旨の政府声明の文案を持って閣議に臨んだ。

「こんな生温い声明文ではだめだ」

池田と佐藤がクレームをつけた。結局、死を悼むという内容ではなく、「国際共産主義の陰謀」を非難するという挑戦的な声明となった。それが燃え上がったデモの勢いに油を注ぐことになる。中曽根は「安保騒動日記」に閣議の様子を書き記した。

「午前零時十八分臨時閣議。池田通産相が椎名官房長官の談話の手ぬるさに対し、開催を要求した由。今回も岸首相、佐藤蔵相は強硬姿勢で、国際共産主義勢力の陰謀につき、最大限に警察力を動員して制圧し、この旨の強硬な声明を改めて出そうとする。（中略）池田通産相、全国から必要な警察官を導入し、カネに糸目をつけず、警備に万全を期せと発言。（中略）石原国家公安委員長は、警備力には限界あり、政治がそれを救ってくれなければ手に負えぬ事態、と悲痛である。とうとう本音を吐いた。彼らは米大統領訪日の十九日に、女子大生の一大国民葬を営み、何万人もの人間を集めるだろう。そこでアジられたら、葬儀場を中心にデモはモップ（暴徒）化し、米大統領や岸首相の身辺に思わざることが起こる。私は石原長官に非常に同情し、支持すると発言。この発言により一座は白け、散会」（前掲『政治と人生』）

米大統領訪日を断念

深夜に東京の南平台町の私邸に帰り着いた岸は、防衛庁長官の赤城を呼び出した。池田派の大橋武夫《おおはしたけお》（後に運輸相）ら四〜五人の自民党議員が岸を取り囲んで着席している。

赤城が一八年後の七八年、インタビューに答えて、その場面を振り返った。

「デモ警備に自衛隊を使うことはできないのかという話は、国防関係閣僚会議の席で、当時の池田通産相や佐藤蔵相が強く主張していた。『何とかならないのか』と何度も二人から強く言われたことを覚えている。椎名官房長官もわざわざ防衛庁まで来て、『赤城君、党内で君の評判が非常に悪くなっている』と言っていた」

赤城が首相の岸とのやり取りを明かした。

「自衛隊出動問題では、岸さんは何も言わなかったが、一回だけ、口にした。樺美智子さんが死んだ夜、南平台に呼ばれた。岸さんは初めて私に『自衛隊は出せないのか』と聞いた。自衛隊に武器を持たせて出動させることはできないのかという質問です。私は『出せません。自衛隊に武器を持たせて出動させれば力になりますが、同胞同士で殺し合いになる可能性がありま す。そうなれば、これが革命の発火点、導火線に利用されかねない』と答えた。岸さんは『それでは、武器を持たせずに出動させるわけには行かないかね』と言葉を継いだ。私は『武器なしの自衛隊は治安維持では警察よりも数段劣ります。武器なしの治安出動の訓練も積んでいません。そんな状態で自衛隊を出動させると、国民の目には自衛隊は役に立たないと映るでしょう。自衛隊不要論も出てきます。私が防衛庁長官のときに自衛隊廃止の原因を作るわけには行きません。あなたが総理大臣として、どうしても出動させるというのなら、私を罷免してからにしてほしい』と言った」

赤城は最後までノーと言い続けた。赤城の懐旧談が続く。

「岸さんは『大統領が訪日したとき、空港から都心まで沿道に防衛大学校の学生を立たせるわけに行かないか』という質問を口にしたのも記憶している。ただ、岸さんは質問を発して私の話を聞いただけで、こうするつもりだというような自分の意見は一言も言わなかった。岸さんの話しぶりから、私は岸さんが自衛隊出動に踏み切るものと思った。この夜、南平台から、その足で六本木の防衛庁に帰ってきて、帰宅せずに待機していた自衛隊の陸海空の三幕僚長に相談した。三人とも『出動させるのは、とても無理です』という意見だった。私はその晩、一人で『出動させろ』と岸さんに言われたらどうするか、辞表を出すべきか、権限のある総理が出動させるというのであれば、出動させるしかないのでは、と随分迷った」

岸は女子大生死亡事件に遭遇して、訪日するアイゼンハワー大統領の警備に自信が持てなくなっていることは明らかであった。何とかして予定どおり大統領訪日を実現したいと思い、ぎりぎりまで可能性を探り続けた。

警備態勢、治安維持対策を見極めた上で、大統領訪日を中止するかどうか、決断を下すつもりであった。そのタイムリミットが迫っている。

赤城たちが帰っていった後、岸は秘書の中村長芳《なかむらながよし》（後にプロ野球・ロッテオリオンズのオーナー）と午前三時ごろまで議論した。中村がそのときの会話を打ち明けた。

「私は『訪日を要請した側から断ると、内閣に統治能力がないということになってしまいます。どんなことがあっても断るべきではありません』と訴えました。岸さんは『外国の元首が訪日すれば、日本の元首が羽田空港に出迎えなければならない。アイゼンハワー大統領は軍人だからまだいい。しかし、天皇陛下は軍人じゃないんだよ。おれは死んでもかまわんが、陛下にもしものことがあってはいけない』とつぶやきました」

岸は最後に大統領訪日を断ることを決めた。

一夜明けて一六日の午後四時、岸は臨時閣議を招集した。大統領訪日延期を要請することを正式に決める。藤山外相がマッカーサー大使を外務省に呼んで閣議の決定を伝えた。

その瞬間、岸は退陣を決意した。一八年後にインタビューで決断の真意を告白した。

「それはね、アメリカの大統領の日本訪問を途絶えさせたことだ。アイゼンハワーの訪日を断るときには、私も随分悩んだですよ。安保改定の行程で一番悩んだのはそのことだ。アメリカの元首が日本を正式に訪問するという日程を決めて、すでにアメリカを出発しておったんだから、私が治安の関係で日本に迎えることができなかったということは、当時の政治の最高責任者として、そのときに何かしなきゃならないけれども、私としてはこの安保条約を発効せしめたら辞める、と」

政権担当は三年四カ月で終わった。岸はその点についても、感想を口にした。

「辞めたときは、ちっとも残念ではなくて、ある意味で非常に満足して辞めたよ。私は、内閣の任期が長いかどうかじゃなしに、何をしたか、何をやるかが大事なんでね。あのときに辞めなくてもよかったんでは、という人もいるけど、そうは思わない。あのときに辞めたから、日本のためによかったと思うんだよ。頑張っておったら、やっぱり人心がナニしなかったよね」

「岸総理とともに討ち死にだッ」

ついに新安保条約批准の自然承認の日となった。その瞬間は一九日の午前零時である。

一八日の朝、岸がまだ南平台町の私邸にいたとき、閣僚の一人が訪れて進言した。

「総理、今日の閣議は官邸ではなく、防衛庁で開いたらいかがですか」

「いや官邸に行こう」

岸はきっぱりと言った。新安保条約成立は首相官邸で迎えるという決心は、すでに昨日のうちに固めている。

一八日の夜、岸の記憶では、「自然承認の成立の一時間ぐらい前でしたろうか」と述べているが、警備の最高責任者である警視総監の小倉謙《おぐらけん》（後に農地開発機械公団理事長）が首相官邸にいた岸を訪ねて、申し入れを行ったという。七八年五月のインタビューで言い足した。

「『デモが熾烈で、機動隊のみんなが疲れていて、総理大臣官邸を守り切れないかもしれません。総理は官邸以外のところに移ってもらいたい』と言われたんですよ。『移れって言ったって、官邸が護衛できないなら、どこなら大丈夫なの。君らが警備する上で、ここよりも絶対に安全っていうのはどこ』と聞いたら、警視総監の返事がないんだよ。私は『何か起こっても最後まで官邸で、と言う以外に方法はないじゃないか』と言ったのを覚えてますね」

返答に窮した小倉は、最後に納得して帰っていった。岸は小倉とのやり取りを思い出しながら、一八日の午後一時過ぎ、私邸を出て官邸に向かった。

首相専用車は国会議事堂に面した正門を避け、裏門を通って首相官邸に潜り込んだ。国会の周りには朝からデモの波が押し寄せている。

「治安関係の閣僚を集めてくれないか。それからいつでも臨時閣議が開けるように全閣僚に待機するように言ってほしい」

岸は官邸入りすると、官房長官の椎名を呼んで命じた。椎名は自分の部屋に戻り、法相の井野、自治庁長官の石原、防衛庁長官の赤城らに電話をかけ、官邸に出向くように伝えた。ほかの閣僚には官房副長官や首相秘書官たちが手分けして禁足令を伝達した。

午後の閣議が終わった後、岸は南平台町の私邸に戻った。夕方、もう一度、官邸に出向いていく。自然承認の瞬間を官邸で迎えるためである。

官邸の首相執務室の真下に「小食堂」と呼ばれる小部屋があった。岸は夜八時過ぎ、執務室を出てトイレで用を足した。執務室に戻らず、そのまま下の小食堂に降りていった。

官邸を取り巻くデモの喧騒をよそに、農相の福田と労相の松野頼三《まつのらいぞう》（後に自民党政調会長）がのんびりとテレビを見ている。画面に映っているのはプロ野球中継である。二人のわきに腰を下ろして葉巻をくゆらせながら、一時間近く巨人・中日戦を観戦した。

いよいよ残り三時間となった。激しいデモの嵐は今にも官邸の玄関を破って突入しそうな空気となった。

「官邸内にいる閣僚に、それぞれ自分の役所に帰るように伝えてくれ」

九時過ぎ、岸は首相秘書官に命じて閣僚たちを官邸から退去させた。身に危険が迫ってきたのだ。安保改定が実現するなら、命を落とすことになっても仕方ないと岸は覚悟を決めている。殺されるなら自分一人で十分と思った。

閣僚たちは裏門から次々と帰途に就いた。椎名、井野、福田、赤城、官房副長官の小笠公《おがさこう》韶《しょう》らは官邸内に残った。

「おまえも役所に戻れ」

岸は弟の佐藤に告げた。

「兄さん一人を置いていくわけには行かないよ」

佐藤は腰を上げようとしない。結局、兄弟二人だけが執務室に残った。

「一杯やりましょうや」

佐藤はどこからかブランデーのボトルとグラスを持ってきた。酒は岸のほうは昔から行ける口だ。佐藤はたしなむ程度であった。

佐藤が酌をすると、岸はぐいっと一杯あおった。二人はちびりちびりとブランデーをなめながら自然承認の瞬間を待った。

一一時を回ったころからデモが投石を開始した。バリバリ、ドンドンとあちこちから石が建物にぶつかって物が壊れる音が聞こえてくる。

閣僚は帰したが、官邸内には、岸や佐藤とともに、岸派や岸と親しい自民党議員が三〇人前後も立てこもっている。投石が始まるのと相前後して執務室に押しかけてきた。

池田正之輔《いけだまさのすけ》（後に科技庁長官）、宇田国栄《うだくにえ》（当時は衆議院議員）、遠藤三郎《えんどうさぶろう》（同）、大倉三郎《おおくらさぶろう》（同）、小川半次《おがわはんじ》（同）、小島徹三《こじまてつぞう》（後に法相）、床次徳二《とこなみとくじ》（後に総理府総務長官）、南条徳男《なんじょうとくお》（後に農相）、福家俊一《ふけとしいち》（当時は衆議院議員）、坊秀男《ぼうひでお》（後に蔵相）らである。首相の執務机の前のソファの周りに岸を取り囲むようにして座り込んだ。

「岸総理とともに討ち死にだッ」

池田が興奮気味に叫んだ。それに応えるように、全員が「おおッ」と気勢を上げた。

「歴史的な一日」

「総理につないでほしい」

タイムリミットの午前零時が近づいたとき、大野が首相官邸に電話をかけてきた。大野は党三役の川島、石井、船田らと一緒に国会の近くの赤坂プリンスホテル（現在は廃業）に陣取っている。

「新安保条約が成立したときに出す内閣声明の文案に『内閣総辞職』という言葉がない。そちらで辞職声明を出さないなら、こっちで発表しますよ」

大野は有無を言わさぬ口調で岸に迫った。農相だった福田が著書『回顧九十年』に書き残している。

「党四役の言い分はこうだ。新安保条約は成立したが、批准書の交換がなければ発効しない。批准書には天皇の御名御璽が必要だから、批准書を宮中に持っていかなければならないが、この大群集に取り囲まれていては無事にお届け出来るかどうか分からず、下手をすると累を皇室に及ぼすおそれがある。批准書に陛下の御署名、御捺印をいただいて交換をすませるためには、まずこの大群集を退散させなければならないが、もう実力で排除する時間はない。ここは岸内閣が『退陣する』と声明することで群集をなだめる以外にない、というものであった」

何としても岸退陣を言わせたい大野ら党四役は、天皇の批准書署名という話を持ち出して催促した。

「分かった。福田君を行かせるから」

岸は力なく答える。

「批准書の交換は、実は一〇日前にハワイで済んでいると言ってくれ」

岸は知恵を授けた。実際には批准書の交換は終わっていなかった。そう言ってこの場を切り抜けようとしたのである。

福田はボディーガード役の岸派の福家を伴って官邸を出る。福家が生前、その場面を振り返って語った。

「玄関前はデモに包囲されていた。福田さんと一緒に、官邸の庭から裏の溜池に通じる秘密の地下道を通って外に出た。大野副総裁ら党四役は『批准書は交換済み』という話にまんまと引っかかった。福田さんと私は赤坂プリンスホテルからもう一度、首相官邸に戻るつもりだったが、デモに阻まれて、結局、この晩は官邸には帰れなかった」

「歴史的瞬間」を目前にした岸は、背筋をぴっと伸ばしたまま腰をかけ、腕組みしてじっと一点を見つめている。そのままの姿勢を崩さない。議員の一人がその場の空気を和らげようとして場違いな冗談を言った。

「うん、そうだな」

岸は生返事を口にして、また硬い表情に戻った。やがて一九日の午前零時になった。

「ついにやったぞ」

時計の針が「12」の数字を指した途端、小川が手をたたいて叫んだ。全員が一斉に立ち上がり、手に手を取って握手する。数時間前は三〇人もの議員がいたのに、周りには七人しか残っていない。途中で一人減り、二人減りして姿を消したのだ。

「『七人の侍』だなあ」

誰かが笑いながら言った。岸もこれまでの硬い表情を崩し、トレードマークのそっ歯をむき出しにして、居合わせた子分たちと手を握り合った。

新安保成立の「歴史的な一日」が終わった。岸はこの晩、一睡もしなかった。一九日の朝六時過ぎ、デモの群れが消えるのを見計らって官邸を出た。首相専用車はフルスピードで南平台町の私邸に向かった。

秘書の片貝光次《かたがいみつじ》が私邸の玄関で出迎えた。その場面を回想した。

「岸さんは『棺を蓋《おお》いて事定まるという言葉がある。私のやったことは歴史が判断してくれるよ』と一言、きっぱりと口にしました」

長男の岸信和《きしのぶかず》（元首相秘書官。元西部石油会長）は「父のつぶやきを聞いた」と後に回顧した。

「父は『安保改定がきちんと評価されるには五〇年はかかる』と言っていた」

自然承認を受け、岸内閣は二一日、閣議で新安保条約の批准を決定した。直ちに天皇の認証を得る。国内手続きはすべて完了した。

アメリカ側は日本の批准完了を待って、二二日、上院で新条約を承認した。二三日の午前一〇時過ぎ、白金台の外相公邸で藤山外相とマッカーサー大使との間で批准書の交換が行われる。新安保条約が正式に発効した。

同じ時刻に岸は臨時閣議を開いた。全閣僚を前にして退陣を表明した。

第三章

非核三原則と核拡散防止条約——佐藤栄作の深謀

非核三原則

岸田文雄内閣は序章で触れたとおり、二〇二二（令和四）年一二月一六日、国家安全保障会議と閣議で、安保三文書を決定した。その中の外交・安全保障の最上位の指針といわれる国家安全保障戦略で、初めて「反撃能力」を認めた。

国家安全保障戦略は「Ⅵ　我が国が優先する戦略的なアプローチ」の章の「2　戦略的なアプローチとそれを構成する主な方策」の「(2)　我が国の防衛体制の強化」で、「宇宙・サイバー・電磁波の領域及び陸・海・空の領域における能力を有機的に融合し、その相乗効果により自衛隊の全体の能力を増幅させる領域横断作戦能力に加え、侵攻部隊に対し、その脅威圏の外から対処するスタンド・オフ防衛能力等により、重層的に対処する」と記した上で、「我が国への侵攻を抑止する上で鍵となるのは、スタンド・オフ防衛能力等を活用した反撃能力である」とうたった。

続けて「反撃能力」の内容について、「相手からミサイルによる攻撃がなされた場合、ミサイル防衛網により、飛来するミサイルを防ぎつつ、相手からの更なる武力攻撃を防ぐために、我が国から有効な反撃を相手に加える能力」と定義する。併せて、「この反撃能力については、一九五六年二月二九日に政府見解として、憲法上、『誘導弾等による攻撃を防御するのに、他に手段がないと認められる限り、誘導弾等の基地をたたくことは、法理的には自衛の範囲に含まれ、可能である』としたものの、これまで政策判断として保有することとしてこなかった能力に当たるものである」と説明している（以上、「ア　国家安全保障の最終的な担保である防衛力の抜本的強化」より）。

岸田内閣は過去の歴代政権が「保有することとしてこなかった能力」である反撃能力の保有を初めて容認した。とはいえ、国家安全保障戦略は、序章で述べたように、一方で、安保・防衛政策の前提となる「Ⅲ　我が国の安全保障に関する基本的な原則」の章で専守防衛と非核三原則を掲げている。

安全保障問題に詳しい国民民主党の前原誠司《まえはらせいじ》（元外相）は、「私は憲法改正の一丁目一番地は第九条だと思っています」と述べた上で、「第九条の改正は今でも相当、ハードルは高い。こういう状況で、今、『専守防衛、非核三原則、積極的平和主義』という基本方針を変えて、三文書を作れるかというと、なかなか難しい。どうしても憲法の議論になってしまう。専守防衛は時代と共に変化するもので、聞く人によっては、屁理屈にしか聞こえないかもしれませんね」と付言する。

日本の核政策では、非核三原則と並ぶもう一つの基本方針は、核拡散防止条約の調印と批准によるNPTへの参加である。調印は七〇年二月三日、批准は七六年六月八日であった。

専守防衛の選択、非核三原則の採用、核拡散防止条約調印の三点をすべて実現したのは、佐藤栄作首相である。安倍晋三の祖父の岸信介の実弟だ。佐藤の長男の佐藤龍太郎《さとうりゅうたろう》（元ジェイアール西日本ホテル開発社長・会長）が、伯父の岸と父・栄作を比較して両者の憲法観を語った。

「岸は『現在の憲法は、アメリカが作って日本に与えた植民地用のものだから、直さないといけない』と。栄作と岸の考え方で一番大きな違いはそこですよ。栄作は『自民党の結党精神が憲法改正をうたっているが、それは鳩山一郎が言ったこと』と言っていました。栄作は『現憲法をいかに活用するかということしかありえない。憲法問題で世論を割って騒ぎを起こすことは国民生活の上でプラスになることではない』という非常に常識的な考え方があった」

専守防衛

「専守防衛」という言葉が政治の現場で初めて用いられたのは、鳩山一郎内閣時代の一九五五年七月五日だ。国会での大臣答弁に登場した。衆議院内閣委員会で、社会党の茜ケ久保重光《あかねがくぼしげみつ》の質問に対して、外務官僚出身の杉原荒太《すぎはらあらた》防衛庁長官が答弁の中で、「今後の国の防衛というものは侵略というのではなくても、ほんとうに専守防衛というふうな上からいたしましても、航空のことというものがゆるがせにできない」と述べた（「第二十二国会・衆議院内閣委員会第三十四号　会議録」）。それが最初である。

一五年後の七〇年一〇月、佐藤内閣時代に防衛庁発行の初めての防衛白書（表題は「日本の防衛」）が刊行された。その中の「第2部　日本防衛のあり方」の「3　日本の防衛力」に、「(4)　専守防衛の防衛力」と題して、以下のような記述がある。

「わが国の防衛は、専守防衛を本旨とする。専守防衛の防衛力は、わが国に対する侵略があった場合に、国の固有の権利である自衛権の発動により、戦略守勢に徹し、わが国の独立と平和を守るためのものである。したがって防衛力の大きさおよびいかなる兵器を装備するかという防衛力の質、侵略に対処する場合いかなる行動をするかという行動の態様等すべて自衛の範囲に限られている。すなわち、専守防衛は、憲法を守り、国土防衛に徹するという考え方である」

「専守防衛」という用語が登場する初めての防衛白書が刊行されたとき、佐藤内閣で防衛庁長官だった中曽根康弘は、後に前掲の自著『政治と人生』で、その場面を書き残している。

「防衛庁はかねて発刊に意欲を示し、試作品もつくられていたが、日の目を見るに至っていなかった。各省庁間で日本の防衛のあり方に関する確信のある意思統一ができていなかったことや、野党に攻撃の材料を与え、政府が不利になるとして、慎重な声が根強かったことによる。私は当時の情勢下、防衛庁が積極的に国民の広場にその所信を公開する意義を認め、自民党首脳の了解も得て、積極的に刊行を推進した。かくして十月二十日の閣議で、初の『防衛白書』の提出は了解され、これを公刊した」

中曽根は一二年後の八二年一一月、政権の座に到達する。後に八五年一月二五日の施政方針演説で自ら「私は内閣総理大臣の重責を担って以来、戦後政治の総決算を標榜し」と述べることになるが、首相就任後、初の施政方針演説の八三年一月二四日の発言では、防衛庁長官時代に「専守防衛」を防衛白書に登場させた点を踏まえて、「防衛力の整備は、憲法の許す範囲内で、みずからを守る必要の限度において自主的判断のもとに行うものであります。その際、非核三原則を堅持し、専守防衛の姿勢を貫き、近隣諸国に軍事的脅威を与えないという従来からの方針を守るべきことは当然であります」と表明した（世界平和研究所編『中曽根内閣史　資料篇』より）。

「専守防衛」は以上のように七〇年版の防衛白書への登場以来、現在まで約五三年、日本の安保・防衛政策の重要な柱として位置づけられてきたが、二〇二二年二月から始まったロシアのウクライナ侵攻、膨張主義の中国による台湾有事の懸念、核ミサイル開発に突き進む北朝鮮（朝鮮民主主義人民共和国）など、日本周辺の安全保障環境の悪化に伴って、長年、防衛の基本原則として定着してきた専守防衛という考え方と路線に疑問を呈する声も強くなった。日本維新の会で長く政調会長を務めた政策通の浅田均《あさだひとし》（参議院議員会長）は、「専守防衛という考え方は、第一撃は甘んじるわけで、国内を戦場にしてしまう。一国平和主義を変えなかった帰結で、本当に最悪の考え方です。国内を戦場にしないことを考えなければならない」と唱える。

防衛問題に詳しい自民党の石破茂《いしばしげる》（元幹事長、元防衛相）は、「専守防衛は軍事用語ではなく、政治用語ですし、そもそも冷戦期の発想です。国際法慣習における自衛権よりもさらに抑制的な防衛思想で、軍事的には極めて困難です。この厳しい国際状況で、なおそれを維持するというのは、軍事的合理性には合致しないと思います」と説いている。

核兵器合憲論

二〇年一一月二四日と二一年一月一九日、政権の座を降りて間もない安倍元首相からじっくり話を聞く機会があった。銃撃事件で不慮の死を遂げる一年半前である。話題が日本の安全保障と憲法との関係に及んだ場面で、「現行憲法の下で、核武装は可能だと思いますか」と質問すると、安倍は岸元首相の国会答弁を持ち出して、「私の祖父も『不可能ではない』と述べている」と語った。

安倍は一回目の首相となる四年四カ月前、小泉純一郎《こいずみじゅんいちろう》内閣の官房副長官だった〇二年五月、評論家の田原総一朗《たはらそういちろう》が塾頭を務める「大隈塾」に呼ばれ、早稲田大学でのシンポジウムに参加した。そのときの発言を報じた『サンデー毎日』〇二年六月二日号の記事（「安倍晋三官房副長官が語ったものすごい中身」）によると、安倍はこんな言葉を吐いたという。

「大陸間弾道弾はですね、憲法上は問題ない」

「原子爆弾だって問題ではないですからね、憲法上は。小型であればですね」

「日本には非核三原則がありますからやりませんけれども、戦術核を使うということは昭和三十五年（一九六〇）年の岸総理答弁で『違憲ではない』という答弁がされています」

岸の正統的な後継者を自任していた安倍は、祖父の岸の答弁を例に引いて「核兵器合憲論」を唱えた。

岸の国会答弁は、首相就任から間もない一九五七年五月七日の参議院内閣委員会での発言である。五七年四月二九日、当時の岸内閣はアメリカがネバダ州で行った核実験について中止を申し入れた。その問題に関連して、社会党の田畑金光《たばたかねみつ》（後にいわき市長）が核兵器の保有と憲法の関係について質問した。それに対して、岸が答えた。

「主として攻撃に用いられるもの、もしくは攻撃用と考えられるようなものは、これは持てないことは当然である。しかし防御というような意味において、その防御を全うするためにはこの程度のものは考えておかなければ、とても一般の攻撃兵器の発達その他によって日本への侵略を防ぐことはできないというような場合も私は起ってくると思います。そういう意味において憲法の解釈としてはそういう場合において、たとえ単に核兵器といわれたから、これはもう一切いけないのだというふうに解釈することは憲法の解釈としては適当でない」（前掲『憲法答弁集［1947—1999］』）

岸は一週間後の五月一四日、記者会見で補足して説明した。

「核兵器そのものも今や発展途上にある。原、水爆もきわめて小型化し、死の灰の放射能も無視できる程度になるかもしれぬ。また広義に解釈すれば原子力を動力とする潜水艦も核兵器といえるし、あるいは兵器の発射用に原子力を使う場合も考えられる。といってこれらのすべてを憲法違反というわけにはいかない。この見方からすれば現憲法下でも自衛のための核兵器保有は許される」

「実力のない自衛は無意味である。兵器は現在も技術的、科学的に進歩しているが、日本も近代戦に対処しうる有効な自衛力を持たなければならない。将来通常の兵器は役に立たなくなる場合も考えなければならない」

翌一五日、参議院本会議で田畑がさらに岸の姿勢を追及した。岸は重ねて答える。

「単に核兵器という言葉がついているだけで、そのような武器を持つことは憲法違反だとはいえないと思っている。しかし今日核兵器を持とうとは思っていないし、自衛隊を核装備しようとは考えていない」

岸は核兵器発言を繰り返した狙いについて、退陣後の八三年、自著に書き記している。「『現憲法下でも核兵器の保有は可能』という私の発言は、日本国政府の見解として公式記録にとどめられることになった。私は憲法解釈と政策論の二つの立場を区別し、それぞれを明確にしておくことが日本の将来にとって望ましいと考えたのである。この憲法論は今日なお有効に作用している」（以上、前掲『岸信介回顧録』）

沖縄米軍基地の核問題

岸は六〇年七月、安保改定を置き土産に政権の座を降りた。次の池田内閣時代の六四年七月、岸の実弟の佐藤が自民党総裁選に名乗りを上げ、三選を目指す池田に挑戦した。

佐藤は出馬の記者会見で、「ソ連には南千島の返還を、アメリカには沖縄の返還を積極的に要求する。（中略）池田内閣が沖縄の返還を正式にアメリカに要求したのを聞いたことがないが、私がもし政権をとれば、いずれアメリカに出かけてジョンソン大統領に正面からこの問題を持出すつもりだ」（朝日新聞・七月四日付朝刊）と表明した。

総裁選は池田の辛勝となる。三選を果たしたが、池田は四カ月後にがんに見舞われ、六四年一一月九日に政権の座を降りた。

後継の座を手にした佐藤は沖縄返還の方針を掲げ続ける。長期政権を築いた佐藤は退任一年前の七一年六月に現職首相として沖縄返還を実現した。

佐藤が沖縄返還に向けて実際に動き出したのは、就任から二年二カ月が過ぎた六七年一月だった。滋賀県大津市での記者会見で「沖縄返還は施政権の一括返還が望ましい」と言明し、「全面返還」の方針を明確にした。

一一月七日、野党各党との個別会談で、「次の日米交渉で施政権返還を議題にする」と表明する。さらに「七〇年をめどに返還を主張する」という方針も明らかにした。

一週間後、佐藤は訪米し、リンドン・ジョンソン大統領と首脳会談を行った。会談の席で、「両三年内に双方の満足しうる返還時期について合意することを目途とする」と書かれた英文のメモをジョンソンに手渡した。当時は未返還だった東京都の小笠原群島の一年以内の返還と併せて、メモにあった「両三年の合意を目途に」という文言が日米共同声明に盛り込まれた。

半年後の六八年五月に日米協議がスタートした。

日本国内でも沖縄問題の議論が活発になる。最大の争点は施政権返還の条件で、沖縄の米軍基地に配備されている核兵器の本土復帰後の扱いについて、核付きか核抜きかが論争点として浮上した。

一方で、佐藤は日米共同声明の一カ月後、核政策について、独自の非核三原則を打ち出した。返還される小笠原群島での核保有の可能性について、六七年一二月一一日、衆議院予算委員会で、社会党の成田知巳《なりたともみ》（後に委員長）が質問した。佐藤は答弁で、「本土としては、私どもは核の三原則、核を製造せず、核を持たない、持ち込みを許さない、これははっきり言っている。その本土並みになるということなんです。（中略）この三原則を忠実に守るということでございます」（以上、「第五十七国会・衆議院予算委員会　第二号　会議録」より）と、初めて非核三原則を言明した。

非核三原則の存在を前提に、沖縄が返還された場合、沖縄にも適用されて「核抜き・本土並み」となるのか、沖縄の米軍基地は三原則の例外とする「核付き返還」か、それとも沖縄返還を機に、非核三原則の見直しや放棄に踏み切り、日本全体の「核付き」を容認するのかという問題をめぐって、議論が沸き起こった。野党や左派勢力には、非核三原則は一時の方便で、佐藤は沖縄の核保有容認による三原則廃棄と日本の核武装を企図している、と疑う人もいた。

社会党、公明党、共産党の三党は、非核三原則の国会決議案を提出した。政府を縛るのが狙いだったが、佐藤は応じない。六八年三月二日、衆議院予算委員会で共産党の松本善明《まつもとぜんめい》（後に国会対策委員長）の質問に答える。

「いま直ちに日本に核を持ち込ます、こういうことを考えてもおりません。また、安全保障条約があるから日本に直ちに核兵器を持ち込む、こういうものでもございません。しかし、ただいまのような約束をすることは、おそらく安全保障条約の中身について拘束を加えることになるのじゃないか、かように私は思いますので、そういうことをただいまからすることは行き過ぎじゃないか、かように思っております」（前掲『憲法答弁集［1947―1999］』）

佐藤は石橋をたたいて渡るタイプである。返還への挑戦は表明したが、非核三原則の国会決議だけでなく、沖縄問題でも慎重姿勢を崩さなかった。「核付きか核抜きか」について野党側から執拗に問い詰められたが、佐藤は「相手のある話」と切り返し、「白紙」と言い続けた。

「核抜き本土並み」を主張

一一月六日、アメリカで大統領選挙が行われ、共和党のリチャード・ニクソン元副大統領が民主党のヒューバート・ハンフリー副大統領を破った。

大統領就任式を控えた六九年一月六日、佐藤は駐米大使の下田武三《しもだたけぞう》（後に日本野球機構コミッショナー、最高裁判所判事）に帰国を命じた。外相の愛知揆一《あいちきいち》（元官房長官、法相、文相。後に蔵相）、官房長官の保利茂《ほりしげる》（後に衆議院議長）、官房副長官の木村俊夫《きむらとしお》（後に外相）を交えて返還交渉の進め方を協議した。保利が自著『戦後政治の覚書』で回顧している。

「下田大使によると『米国務省の意見はなかなか強い。難しい』と言う。（中略）これに対して首相は『まとまらんでもまとまっても〝核抜き本土並み〟でいかなければダメだ』と強く主張、下田大使も首相の〝洗脳〟を受けたわけだ。この時の下田さんは立派だった。帰朝報告は、国務省の非常に厳しい考え方を伝えた。しかし佐藤首相から『核抜き本土並みでなければ交渉はまとめない』と強い指示があり『成否は別にして最善を尽くします』ということで米国へ帰った」

佐藤の指示は政府内の担当者向けで、公式的にはその後も「白紙」のままだった。国会でも繰り返し質問を浴びたが、「相手のある話」と逃げ続けた。

三月一〇日の参議院予算委員会で「白紙」に終止符を打つ。「沖縄が返還されたときに、沖縄の基地を本土と別扱いにすることは、なかなか事実問題としてむずかしいことではなかろうかと思います」と述べた後、返還後の沖縄の米軍基地について発言した。

「その機能をそのまま今後持続するということになれば、たいへんな変化でございます。それが条約改定なしにそういうものがあろうとは思いません。また、逆な言い方をすれば、沖縄が本土に返ってくれば、当然日本の憲法も、また安全保障条約もその地域にそのまま適用になる、これが普通の考え方でありますから、別な取りきめがあればその改正をしなければならぬ、これはもう理論的に当然の帰結でございます」(「第六十一国会・参議院予算委員会　第九号　会議録」より)

保利がその日、補足説明を行った。自著で回想している。

「その昼か午後の内閣記者団との会見で『結局どういうことなのか』とつっこまれた。そこで『首相はハッキリとは言わんが、結局言わんとするところ、考えているところは、沖縄返還のあり方は本土並みだ。核は存置しない。また存置させない。沖縄返還基地は本土並みにしか使えない。すなわち核抜き本土並みということだ』と答えた。これが公式発言の最初になっている」（前掲『戦後政治の覚書』）

佐藤は「核抜き本土並み」を打ち出したが、アメリカ側が応諾するのかどうか、実際は確信を持てる段階に至っていなかった。アメリカは大統領交代から日が浅く、国務、国防両省とも返還交渉の準備に着手したばかりだった。両省が返還に伴う政策の選択肢を列挙した報告書を、ヘンリー・キッシンジャー大統領補佐官（後に国務長官）が主宰する国家安全保障会議に提出したのは四月の中旬、返還後の基地についてアメリカ政府の方針が決まったのは下旬以降である。佐藤はアメリカの決定を見ずに見切り発車したのだ。

本格的な返還交渉がやっとスタートした。六月、外相の愛知とウィリアム・ロジャーズ国務長官との協議で「七二年返還」が内定する。おぜん立てが整った。

非核三原則を堅持

佐藤は六九年一一月一七日に訪米し、三日間にわたってニクソンと首脳会談を行った。二一日に共同声明が発表された。佐藤は記者会見で胸を張って「成果」を披露した。

「一九七二年中に沖縄が、核兵器の全く存在しない形でわが国に返還され、返還後の沖縄には、日米安保条約及びその関連取り決めが、そのまま本土におけると全く同様に適用され、事前協議についても、なんら特別の例外を設けないということであります。これはまさに政府の対米交渉の原則がすべて貫かれたことを意味します」（以上、楠田實《くすだみのる》編著『佐藤政権・2797日〈下〉』）

七一年六月、沖縄返還協定が調印された。秋の臨時国会で批准が完了する。七二年一月のニクソンとのサンクレメンテ会談で五月一五日の返還が決まった。

佐藤は望みどおり返還式典を現職首相として挙行する。二カ月後、政権の座を降りた。

ところが、沖縄返還に関する日米合意には、表には出さない約束の「密約」が隠されていたことが後日、明らかになった。返還前に沖縄の米軍が握っていた出撃の自由、核兵器を含むすべての装備の自由の維持を認めるという密約である。先述のとおり、佐藤は返還が決定した直後の記者会見で、「核兵器が存在しない形での返還」「返還後の沖縄には安保条約が本土同様に適用」「事前協議にも特別の例外を設けない」とアピールしたが、実は日米両政府の間で「核抜き」返還の特例を認める裏取引があったのでは、といわれた。

以上のように、佐藤が打ち出した非核三原則は、政権の最大の目標であった沖縄返還に関して、返還後の米軍基地の在り方と背中合わせで浮上した方針であった。この非核三原則と憲法との関係について、返還実現から四年さかのぼった六八年四月三日、参議院予算委員会での社会党の稲葉誠一《いなばせいいち》の質問に対して、佐藤内閣の防衛庁長官だった増田甲子七《ますだかねしち》（元官房長官）が答弁で述べている。

「防衛だけの戦術的核兵器、いわゆる戦術的核兵器を持つことは憲法違反ではない。（中略）

しかしながら、原子力基本法によりまして、日本で開発することは原子力基本法に触れる。（中略）戦術的核兵器の持ち込み、外国の軍隊が日本において持つということは、これまた憲法違反ではないけれども、非核三原則がまたそこに働くわけでございます。（中略）憲法違反の関係は、戦略核兵器は外国の軍隊ならば日本に持ってよろしい、しかし持たない。戦術的核兵器は憲法上の関係は日本は持ってよろしい。しかしながら、原子力基本法という法律に触れるから持たない。それから一般的に非核三原則が働くからして全部持たない、これは政策として持たない、こういうことになるわけでございます」

非核三原則は以後の歴代政権も「遵守」を表明してきた。佐藤の退陣後、田中角栄《たなかかくえい》、三木武夫の両首相に続いて政権を担った福田赳夫首相は、七八年三月一一日、参議院予算委員会での答弁で、憲法と核兵器保有の問題に触れた。

「第九条によって、わが国は専守防衛的意味における核兵器はこれを持てる。ただ、別の法理によりまして、また別の政策によりまして、そういうふうになっておらぬというだけのことである」（以上、前掲『憲法答弁集［1947―1999］』より）

福田の退任後、四年を経て八二年一一月に政権を握った中曽根康弘首相は、前述のとおり、八三年一月二四日、衆議院本会議での施政方針演説で、防衛力整備に関して、非核三原則堅持と専守防衛貫徹の方針を表明した。

それから約三一年後の二〇一三年一二月一七日、二度目の政権担当の安倍首相は国家安全保障戦略を打ち出した。その中の「Ⅱ　国家安全保障の基本理念」の「1　我が国が掲げる理念」にも、以下のような記述がある。

「我が国は、戦後一貫して平和国家としての道を歩んできた。専守防衛に徹し、他国に脅威を与えるような軍事大国とはならず、非核三原則を守るとの基本方針を堅持してきた」

二〇二二年一二月に岸田内閣が決定した新しい国家安全保障戦略にも、前述のとおり、「専守防衛に徹し」「非核三原則を堅持する」という明文が存在する。専守防衛と並んで、非核三原則は佐藤の一九六七年の国会答弁以後、現在まで、日本の安全保障政策の柱として生き続けている。

核拡散防止条約

非核三原則と並んで、日本の核政策でのもう一つの大きな選択は、核拡散防止条約への参加であった。

佐藤が国会で非核三原則を明言して二七年が過ぎた一九九四年、世界の視線が朝鮮半島に集まった。朝鮮半島はバルカン半島、中東のシナイ半島、カンボジアなどのインドシナ半島と並んで「世界の火薬庫」と呼ばれてきた。その火薬庫から火が噴き出すか、それとも発火寸前で消し止められるのか、瀬戸際の攻防が何カ月も続いた。

一触即発の原因となったのは、北朝鮮の核兵器保有疑惑問題であった。北朝鮮の核疑惑が初めて指摘されたのは、八九年の夏あたりであった。以来、たびたび核開発のうわさが聞こえてきた。その後、しばらくの間、国際的に大きな問題になることはなかったが、九三年の初めごろから、再び核査察をめぐる綱引きが大きく報じられるようになった。

態度を硬化させた北朝鮮は三月一二日、NPTからの脱退を宣言する。俄然、世界中の目が北朝鮮に向き始めた。

核防条約は六八年七月一日にアメリカ、ソ連、イギリスの核保有三カ国と非保有の五八カ国で調印され、七〇年三月五日に発効した多国間条約である。核戦争の発生の防止、核軍縮の実現、原子力平和利用の国際協力の推進などを目的として結ばれた。

核保有国を増やさないことを主眼としていて、非保有国が核を開発したり、保有することを禁止する。そのために国際原子力機関（IAEA）との間で査察の受け入れを含む保障措置協定の締結を義務づけた。

北朝鮮がNPT脱退を宣言して二〇日が過ぎた九三年四月一日である。日本では前の日に九三年度予算が成立したばかりであった。

政権の座にあった宮沢喜一《みやざわきいち》首相は、首相官邸で恒例の予算成立に伴う記者会見に臨んだ。いつものように、最初に政局の見通しや焦点の政治改革問題について聞かれた。終わり近くなって、記者の一人が核疑惑問題について質問した。

「核疑惑を指摘されています北朝鮮がＮＰＴ脱退を決めましたが」

宮沢は政局や政治改革については歯切れが悪かったが、急に滑らかな口調となった。

「どうしてこの条約を脱退するのか、理解できませんなあ。どう考えても、利があるやり方とは思えません。脱退して何の益があるのか、よく考えてほしいですね」

日本のＮＰＴ参加を決定したのは、非核三原則の提唱者の佐藤で、非核三原則の表明から二年一カ月余が過ぎた七〇年二月三日、日本は核防条約に調印した。

だが、批准には意外に手間取った。後述するように、三木内閣時代の七六年五月になって六年ぶりにやっと承認された。

宮沢は批准成立のとき、担当大臣の外相だった。自身の在任中に批准を仕上げたという自負がある。それから一七年、巡り巡って首相として北朝鮮の核疑惑問題にぶつかったのだ。

「世界の核防体制が大きな曲がり角を迎えている今、核問題に対するわが国の基本的な姿勢、政策に変更はないのかどうか、総理のお考えを伺いたい」

関連して、記者がこれまでの日本の非核政策に変化がないかどうかをただした。宮沢は待ってましたとばかりに身を乗り出して話し始める。

「その点ははっきりしています。わが国は核は持ちませんと一貫して言っています。だから、核防条約に調印し、一七年前にきちんと批准して、ずっとそれを守っているんです」

宮沢は「非核堅持」を言明した。

NPTの矛盾

日本が佐藤内閣時代に核防条約に調印したのは、条約発効の七〇年三月五日まで残り一カ月という時期だった。駆け込みで二月三日に閣議決定し、その日のうちに調印が行われた。駐米大使の下田、駐ソ大使の中川融《なかがわとおる》（後に国際問題研究所理事長）、駐英大使の湯川盛夫《ゆかわもりお》（後に式部官長）がそれぞれ核保有三カ国の首都のワシントン、モスクワ、ロンドンで条約に署名した。

核防条約は佐藤内閣が閣議決定した時点で、日本を除く九四カ国が調印し、そのうち、五一カ国が批准済みであった。米ソをはじめ、加盟各国は日本に早期調印を催促した。佐藤内閣は国際的な圧力を無視できなくなる。「発効前の調印」を目標に準備を進めてきたのだ。

一方、国内には根強い反対があった。この条約が最初から大きな矛盾を内包していたためである。核保有国の核独占を容認している。保有国の軍縮についての確認がない。フランスと中国の二保有国が加入していない。この条約によって核兵器拡散防止という本来の目的が達成される保証がない。

平和利用の点でも、保有国の原子炉は査察を受けず、非保有国だけが受けるという不平等性がある。非加入国との提携などの平和利用の国際協力が妨げられる。多くの問題点が早くから指摘されてきた。

野党各党も政府の調印決定をこぞって非難した。社会、共産の両党は、条約の矛盾点を取り上げるとともに、対米追随外交と攻撃した。公明党と民社党は、早期調印に対する慎重論を無視したと批判した。

野党ばかりか、自民党の中にも異論を唱える人たちがたくさんいた。

佐藤内閣は国内の大きな反対論を押し切る形で調印を強行した。佐藤は日本の核保有という選択肢を封印する条件として、日米同盟に基づく「核の傘」の提供という確約をアメリカから取り付けたのだろう。その上で調印に踏み切ったと見て間違いない。

条約調印の閣議決定の終了後、外相の愛知が記者会見に臨んだ。

「条約には調印しますが、核保有国が具体的に核軍縮の措置を取ることが必要です。わが国の至高の国益が危うくなれば、脱退も可能だということに触れておきたい。条約の批准は慎重な態度が必要だと思います。原子力の平和利用という点で、ほかの国と比べて査察の条件などで不利にならないと見極めた上でなければ、批准の手続きは進めないつもりです」

以後の核防条約批准について、調印とは切り離して処理することにした、と愛知は説明した。わざわざその点を明確にしたのは、根強く存在する異論や反対論に配慮したからである。

案の定、日本は調印は済ませたものの、その後、批准は何年もたなざらしにされた。

政権は佐藤の後、田中に移る。田中は政局の火種となりそうな批准問題には関心を示さない。

田中内閣でも手つかずのままに終わった。

三木内閣が批准に挑戦

七四年一二月、首相が三木に交代した。四カ月余が過ぎた七五年四月二五日、三木内閣は調印から五年もたなざらしにされてきた核防条約の批准承認案を閣議決定し、国会に提出した。

それから三九日後の六月三日、条約調印にこぎ着けた佐藤が他界した。首相として七年八カ月の長期在任を誇ったが、佐藤は批准問題が片づいていないのが最後まで心残りだった。弟子筋に当たる福田らに、「やり残した仕事の中で一番気掛かりなのは核防だ。何とかしてほしい」と死去の直前まで繰り返し訴えた。

この点に着目したのが三木である。首相就任前は「反佐藤」を鮮明にしていて、外交路線は対極と見た人が多かったが、不思議なことに核防条約問題では、佐藤と三木は姿勢が一致した。首相となった三木は「唯一の被爆国であるわが国の使命は核戦争の防止である」と、ことあるごとに強調する。条約批准に前向きの姿勢を打ち出した。

三木は少数派閥の出身である。「世論・民意との結託」によって自民党内の派閥力学に対抗するという手法を駆使する。核防条約批准に積極的に取り組む方針を鮮明にした。

三木内閣によって国会に提出された条約批准承認案は、まず衆議院の外務委員会の審議に付された。七五年に外務委員会の理事を務め、翌七六年に外務委員長となった三木派の鯨岡《くじらおか》兵輔《ひょうすけ》（後に衆議院副議長）が、批准実現を目指した三木の姿勢を回顧した。

「三木さんは、戦争は絶対にしてはならないという信念に基づいて、核兵器についても廃絶すべきだと主張していた。ですが、いきなりなくすことができないなら、核不拡散しかない。条約の中身に多少、問題があっても、この際、日本も批准したほうがいいと考えたんです。あのころは毎日、熱意のこもった訴えを聞かされましたよ」

といっても、与野党共にまだ反対論が消えていない。野党側は社会党が態度未定、公明党と民社党はやっと「条件付きで賛成」に転換、共産党は従来どおり反対という色分けであった。

最も強硬に反対したのは、青嵐会を中心とした自民党のタカ派グループと、社会党の親中国派の人たちであった。ほかにも、自民党には椎名ら、原子力の平和利用の面での不平等を問題にするグループや、アメリカの「核の傘」への全面依存を懸念する外交・国防通の議員など、批准慎重論を説く人たちが相当いた。

二五日、国会提出の日に行われた自民党の総務会では、反対論や慎重論が噴出した。参議院議員の玉置和郎《たまきかずお》（後に総務庁長官）、衆議院議員の森下元晴《もりしたもとはる》（後に厚相）らが、批准案の国会提出を決めた党執行部を激しく攻撃した。

三木政権一年目の通常国会が七月四日で幕を閉じた。結局、批准承認には至らなかった。批准案は審議未了に終わり、継続審議となった。

九月一一日から一二月二五日まで開かれた次の臨時国会でも、核防条約批准案は審議未了となる。一二月二七日、翌七六年五月二四日までの一五〇日の会期で、次の通常国会が開幕した。継続審議の批准案は三度目の国会を迎えた。

ロッキード国会

三木政権時代、衆議院議長だったのは、政界で「暗闇の牛」と呼ばれた前尾繁三郎《まえおしげさぶろう》である。大蔵省出身で、池田元首相の右腕として池田政権で三年間、自民党幹事長を務めた。

池田の死後、派閥の宏池会を引き継いだが、佐藤首相時代の六八年一一月、自民党総裁選に出馬して三位となる。派内で指導力と決断力を疑問視する声が高まった。七一年四月に大平正芳《おおひらまさよし》(後の首相)擁立グループのパワーに負けて派閥の長の座を譲った。

田中内閣時代の七三年五月、失言問題で辞任した中村梅吉《なかむらうめきち》(元法相)の後任として、衆議院議長の座がめぐってきた。それから間もなく二年という七五年四月二五日、核防条約批准承認案が国会に提出されたが、この国会では審議未了で批准はならなかった。

次の七六年は、前尾にとっては議長として三回目の通常国会であった。自分の在任期間は長くてもあと一年と自覚している。衆議院は三年前の七二年一二月一〇日に総選挙が実施された。衆議院議員の任期満了は七六年一二月で、前尾議長も次の衆院選まで、と見られた。

当時、三木内閣で外相の座にあったのは、前尾の最側近だった宮沢である。宮沢が後に振り返って、核防条約をめぐる状況を解説した。

「日本はとにかく条約には調印したわけですが、このまま批准しないで放っておくと、やがて核武装するのでは、と解釈されるおそれがありました。日本としてはそれは困る。他方、この条約は、すでに保有している国の核は認めて、それ以外の国の保有を禁止するという一種の不平等性を容認しています。そこが嫌だという反発も強かったのですが、もうそろそろ批准しなければ、という空気になったんです」

ところが、七六年、政治は激動の渦の中にあった。戦後最大級の疑獄事件といわれたロッキード事件で大揺れに揺れた。

通常国会が始まって一カ月余が過ぎた二月四日、アメリカの上院外交委員会が多国籍企業小委員会の公聴会を開催し、航空機製造会社のロッキード社がトライスター機の売り込みのために日本やオランダ、イタリアなどに工作資金を流していたと明らかにした。日本では、右翼で政財界のフィクサーの児玉誉士夫《こだまよしお》や総合商社の丸紅などに、三〇億円以上が流れたと暴露した。

野党四党は国会で追及を始める。波乱の「ロッキード国会」の幕開けである。

二日後の二月六日、三木は衆議院予算委員会での答弁で真相究明を約束した。国会は事件に関係したとされる関係者の証人喚問を実施した。その後、焦点はアメリカからの資料の提供問題に移る。野党側は三月八日、資料の国会への提供を求めて、審議の拒否を決めた。国会はストップした。予算の年度内成立は不可能となった。

審議再開のめどが立たないまま四月を迎えた。会期末まで二カ月を切った。

「このまま時間が過ぎてしまうと、今年も核防条約の批准ができなくなる」

議長の前尾は長引く国会空転を見て焦り始めた。一刻も早く審議を再開させなければ、と一人で打開の方策を練る。

核防条約の批准には、首相の三木が積極的な姿勢を示してきたが、この問題では、前尾も早くから同じ考えであった。議長という立場上、三木のように態度を鮮明にするわけには行かなかったが、批准実現には内心、並々ならぬ執念を燃やしている。

七六年は六月二七日からプエルトリコで開催される第二回主要先進国首脳会議（サミット）が控えていて、国会の会期延長は困難な情勢であった。条約承認案は憲法上、衆議院が可決した後、国会休会中を除いて三〇日以内に参議院が議決しないときは衆議院の議決が国会の議決となる。つまり、条約の批准は、衆議院が可決すれば、三〇日後に自然成立する。

前尾は「国会の延長なし」を前提に会期末から逆算した。何らかの事情で参議院の議決が得られない場合を想定すれば、この国会で核防条約の批准を達成するには、遅くとも会期末の五月二四日の三〇日前に当たる四月二四日までに衆議院で可決する必要があった。

国会は四月に入っても空転を続けた。前尾は懸命に再開の道を探った。タイムリミットまで残り一〇日前後となる。自ら収拾に乗り出す腹を固めた。

「核防条約の承認に全力を」と

四月一六日、参議院議長の河野謙三《こうのけんぞう》と話し合った。共同で収拾工作を始めることにした前尾と河野は、三木と野党各党党首との会談を二〇日に設定した。国会正常化のための衆参両院議長の裁定案を与野党に示す。何としても二〇日中に決着をつけ、二一日から核防条約批准案の審議をスタートさせるつもりであった。

国会正常化の成否のポイントは、最終的に野党四党の足並みがそろうかどうかである。特に野党第二党の共産党の出方が注目された。

委員長の宮本顕治《みやもとけんじ》は「前尾議長のあっせんだから」と言って与野党五党首会談に出席した。自民党出身の議長だが、前尾は就任以来、「与党三分、野党七分」の構えで臨んだ。立場が弱い野党側に重心をかけるほうが結果的に公平な議会運営につながると考えたからだ。共産党からも信頼を得ることができたのは、その前尾の姿勢が評価されたからであった。

野党側は最後に衆参両議長の裁定案を受け入れた。審議再開のめどが立った。二一日の午後、衆議院議長公邸で与野党五党首の会談が行われ、正式に合意する。二二日、国会は四三日ぶりに正常化された。

議長秘書だった平野貞夫《ひらのさだお》は朝九時半過ぎ、前尾邸に出迎えに行った。後に参議院議員となる平野は、衆議院事務局から差し向けられた秘書だった。一七年後の九三年、初の非自民連立の細川護熙《ほそかわもりひろ》内閣が誕生する際、新生党代表幹事だった小沢一郎《おざわいちろう》の懐刀として活躍して、政界で「小沢の知恵袋」と呼ばれることになる人物である。

前尾は平野の顔を見るなり、「核防条約の審議の状況はどうなっているのか」と問いただした。平野は目をぱちくりさせた。

国会は正常化にこぎ着けたものの、会期は一カ月しか残っていない。審議が再開されても、ロッキード国会は荒れ模様だ。成立が大幅に遅れている七六年度予算を優先的に仕上げなければならない。

それ以外に、ロッキード事件の糾明問題、財政特例法案、国鉄（日本国有鉄道）運賃、電報・電話料金の値上げ法案、地方交付税法改正案、独占禁止法改正案など、審議待ちの重要案件が目白押しである。この先、一カ月でとても核防条約に割く時間はない、と平野は思った。振り返って語る。

「この条約には自民党にも社会党にも反対論があり、政府もこの国会での承認はあきらめている感じで、批准をやり遂げるのはとても無理という空気でしたから、私は簡単に状況を説明しました。ところが、前尾さんは『この国会で承認しなかったら、今年はだめになる。五党首会談をどうしても二〇日中にやりたかったのは、二四日までに衆議院を通過させて自然成立させることを考えていたからだ。すぐに登院して関係者に会う』と言うんです。これから真っ先に核防条約の批准に取り組むと言って聞かない。私は事務局勤めが長かったから、国会の慣例を持ち出して、『お言葉ですが、議長は特定の政策について、ご自分の意向を強調すべきではありません。やっと国会が正常化したのですから、少しのんびりされたらいかがですか』と進言した。前尾さんは『国会の慣例とか、そういう次元の問題ではない。とにかく今から核防条約の承認に全力を尽くすから、その準備を頼む』と言って耳を貸さなかった」

批准の実現

平野は一〇時半に国会入りした。早速、外務委員長の鯨岡、前外務委員長の栗原祐幸《くりはらゆうこう》（後に防衛庁長官）、外務政務次官の塩崎潤《しおざきじゅん》（後に総務庁長官）と連絡を取った。

三人が議長室に集まる。緊急の対策会議が始まった。

「参議院自民党のタカ派の人たちと、社会党の親中国派が特に強く反対しています。説得には時間がかかりそうです。この国会で仕上げるのはとても無理でしょう」

三人は口々に言った。黙って聞いていた前尾が意見を述べる。

「僕も野党に話をする。君たちもあきらめずに最善の努力をしてもらいたい」

前尾は一度も「無理」とか「断念」といった言葉は口にしない。

三人がいなくなって、平野と二人だけになると、「社会党の説得はどうやればいいか」と一言、質問した。「とりあえず議運の山口理事と藤田理事をお呼びになって、社会党内の事情を聞いてみたらどうでしょうか」と平野が答える。

一一時少し前、衆議院の議院運営委員会が始まる直前に、社会党理事の山口鶴男《やまぐちつるお》（後に総務庁長官）と藤田高敏《ふじたたかとし》が議長室に姿を現した。前尾は「社会党の状況はどんな具合ですか」と真剣な表情で尋ねた。

山口が「党内には親中国派を中心に、根強い反対論があります。ですが、賛成する人も多く、国際局長をはじめ、執行部でも何とか党内を取りまとめなければ、と考えているところです」とありのままを伝える。社会党では国際局長の川崎寛治《かわさきかんじ》がこの問題に当たっている。

「これを長年、放置することは、日本の国際的信用に関わります。ぜひ党内を説得して、今国会での批准実現に協力してほしい」

前尾はふだんとは違って強い口調で頼み込んだ。山口も藤田も、こんなにやる気満々の前尾は初めてである。前尾の積極さにおされて、二人とも「議長のご意向を党の幹部に伝え、何とかまとめるように努力します」と即座に応じた。

議長室を出ると、山口は平野に話しかけた。首をひねりながら「議長はどうしてあんなに核防条約に熱心なのかね。今ごろ急に」と尋ねる。平野も困惑した顔で答える。

「今朝、突然、言い出して、実のところ、困惑しているんです。理由をお尋ねしても、おっしゃいません。思い当たるとすれば、外務大臣と親しいということぐらいですが、その程度であんなに熱心になるというのも、妙ですねえ」

三年間、前尾に付きっきりの平野も、今度ばかりは真意を計りかねた。核防条約の担当大臣は前尾直系の宮沢である。

核防条約批准案の審議が二三日の朝、スタートした。衆議院外務委員会で宮沢や防衛庁長官の坂田《さかた》道太《みちた》（後に衆議院議長）らが出席して質疑が始まった。それでも、与野党共に反対する人たちが大勢いて、前尾の狙いどおりにこの国会で批准案が成立する可能性は乏しかった。

午後、首相の三木が衆議院外務委員会に出席する。質疑を行った。前尾や三木の積極姿勢が効きめを発揮したのか、自社両党の反対派の声は、ここへ来て収まり始めた。

与野党とも、共産党を除いて、批准実現論が大勢を占める。実質的な審議は二三日の一日だけで打ち切り、直ちに採決に付されることになった。

外務委員会の審議は二四日にすべて議了となる。ただ、決議案文の調整に手間取り、採決は二七日にずれ込んだ。

その結果、「自然成立」は不可能となった。批准の実現には、会期末の五月二四日までに衆参両院の議決を経なければならなくなった。

衆議院外務委員会は予定どおり四月二七日に自民、社会、公明、民社の各党の賛成で批准案を可決した。さらに翌二八日、本会議の議決も得る。即日、参議院に送付された。

参議院での採決は会期末ぎりぎりとなった。残り三日となった五月二二日、参議院外務委員会は、衆議院と同じく、共産党を除く各党の賛成で批准案を可決した。

国会の最終日の二四日、会期切れまで十数時間と迫った午前一〇時過ぎ、参議院の本会議が開かれ、批准案の議決が行われた。可決・成立し、ついに批准が実現した。

批准実現に懸けた前尾の戦いは終わった。七〇年二月の条約調印以来、六年越しの懸案がやっと解決した。

厳しい状況の中で、一人だけ、衆議院議長の前尾が核防条約の批准をこの国会で必ずやり遂げるんだと強い決意で臨み、国会の正常化と批准案の審議に自ら指導力を発揮した。短い会期の中で条約の承認にこぎ着けたのである。

「暗闇の牛」の前尾は昔から行動派とは正反対のタイプと見られた。行動力と決断力に欠け、いつもあえて自分から動こうとはしない政治家であった。

その代わり、永田町を代表する知性派という評価が定着している。政界一の読書家、蔵書家として知られた。著書も多い。一方、多種多芸に秀でた粋人で、三味線の名手として、知る人ぞ知る存在であった。

その「暗闇の牛」が突然、「駿馬」に変身した。わずか三三日間で、あっという間に批准承認を仕上げたのだ。無論、批准実現は前尾一人の力によるものではなかったが、このときの衆議院議長の行動力には誰もが目をみはった。

このときに限って、「暗闇の牛」はなぜ駿馬に変身したのか、その秘密は誰にも分からなかった。政界やマスコミの関係者はみんな不思議に思った。

内奏中の居眠り

前尾は七六年一二月九日、衆議院議員の任期満了で議長職を離れた。三年六カ月の在任は、この時点で戦後最長を記録した。在職中は与野党の信望を集め、「名議長」と称えられた。

議長終了から五年の歳月が流れた。前尾は八一年七月七日、議長時代に秘書を務めた平野を誘って、東京の神田にある「もと宮」という料理屋に出掛けた。夕食の膳を囲みながら、杯を手に思い出話を始めた。平野がその場面を追想する。

「五年前の通常国会で、前尾さんは両院議長の裁定までして国会の正常化を図った。それは『核防条約の批准をどうしても達成したいという狙いがあったから』と話し始めました。『そのわけは天皇陛下だよ』とつぶやいた。前尾さんは議長時代、国会の報告などで昭和天皇にお目にかかるたびに、陛下は核防条約のことをお尋ねになったという。外国の元首とお会いするとき、しばしば話題になったらしい。『条約に署名したまま五年も六年も放置していたことに、唯一の被爆国として、相当お心を痛めておられたご様子だった』と前尾さんは漏らした」

そんな隠された事情があったのかと、平野は目を丸くした。

「一二月には衆議院議員の任期が満了になるので、それまでに何とかしなければ、と思った。

議長として最後の仕事だと心に決めていたんだ」と、前尾は明かした。

前尾が衆議院議長となる一年前の七二年五月一五日、沖縄返還が実現した。そのとき、前尾は佐藤内閣の法相だった。

前々日の一三日、前尾は皇居に出掛けた。政府は沖縄返還に伴って恩赦を実施することにした。恩赦には憲法上、天皇の認証が必要である。認証を受けるために担当大臣として昭和天皇に内奏に行ったのだ。

アメリカの副大統領のスピロ・アグニューが来日中だった。天皇はその日、アグニューと昼食を共にする予定になっている。前尾はそれが終わった後、午後三時に天皇の前に出た。

内奏文は法務省の大臣官房で用意した。前尾は用語が難解すぎると思ったので、事前に書き直させた。それでも分かりにくさは少し残った。

内奏は天皇と二人きりで行うのが慣例になっている。ほかには誰も同席しない。

前尾は天皇と向かい合った。陛下は少しお疲れのご様子だな、と前尾は思った。天皇と顔を合わせるのは初めてではなかった。以前も内奏や園遊会などで何回か会ったことがあった。

前尾は内奏文を取り出して読み上げる。初めのうちは、天皇は何度もうなずきながら黙って耳を傾けた。しばらくして、そっと視線を向けると、天皇はあくびをこらえるしぐさを見せた。

法務省の事務方が作った長文の内奏文には、恩赦に該当する人たちの氏名が列挙されている。前尾は一人一人、事務的に名前を読み上げていく。

しばらくして、異変に気づいた。小さな寝息が耳に届いたのだ。書類を手にしたまま、そっと様子を見る。天皇はすやすやと居眠りしている。前尾はどうしようかと迷った。といって、途中でやめるわけに行かない。声を落としてそのまま終わりまで読み通した。

奏上は終わった。天皇は目を閉じたままである。よほど疲れていたと見え、ぐっすりと眠り込んでいる。部屋は二人だけだ。前尾は困り果てた。

内奏中の天皇の居眠りなんて、もちろん初めての出来事である。お目覚めまでお待ちするか、と決める。終わった後、いすに腰掛けたまま、黙って三〇分近くも眠りが解けるのを待った。

それでも、目覚める気配はない。物音を立てないように部屋を出た。侍従長の入江相政《いりえすけまさ》（元学習院教授）に相談に行った。

「それはいけません。予定より、だいぶ時間が過ぎたので、どうされたのかと気になっていました」と言って、入江はすぐに立ち上がる。前尾を連れて急ぎ足で部屋に駆けつけた。天皇の背中に回る。両手で肩を大きく揺り動かした。その様子を、前尾は屏風の陰から見守った。

天皇は目を覚ました。前尾はもう一度、元の席に着く。入江は部屋を出ていった。天皇はぴんと背筋を伸ばしていすに座り直した。何事もなかったような顔で、前尾の言葉を待った。

「今回の恩赦については、三つの問題がございます」

もう一度、内奏文を読み直すわけには行かない。前尾は要点だけ簡潔に説明することにした。大赦を実施するかどうか、沖縄の犯罪に限って特別の恩赦を行うかどうか、復権について、選挙違反を除外するかどうか、の三点が問題になったことを報告する。

聞き終えると、天皇は二、三、質問を発した。前尾が答える。天皇はよく通った声で、「よろしい」と告げた。これで認証が完了するのである。

「退出してもよろしいでしょうか」と前尾が許可を求めた。天皇はうなずく。別れ際に、前尾は一言、「本日はお疲れのところ、本当に失礼いたしました」とおわびを言った。天皇は照れくさそうな表情で初めてにやっと笑顔を浮かべた。

一週間後、前尾は虎ノ門のホテルオークラ東京に出向いた。日本画家の山口蓬春《やまぐちほうしゅん》の一周忌の集まりに出席した。たまたま隣の席に入江侍従長がいた。前尾が声をかける。入江は笑いながら、「先日はありがとうございました」と返事した。

「あの後、陛下は『法務大臣に悪かったなあ』とおっしゃっておられましたよ」

天皇に代わって、前尾に謝意を伝えた。

岩手山麓での天皇と前尾

二年が過ぎた七四年五月一八日、前尾は秘書の平野を伴って岩手県に向かった。翌日、岩手郡松尾村（現八幡平市）にある岩手山麓の岩手県県民の森で、昭和天皇と皇后の両陛下が出席して、恒例の全国植樹祭が行われた。植樹祭は衆議院議長が大会委員長を務めることになっている。前尾は天皇のお供で岩手に出掛けたのだ。

一八日の夜、両陛下と一緒に、県民の森の近くの八幡平ハイツに宿泊した。ホテルではなく、労働省（現厚生労働省）が勤労者のために計画・出資して建てた公共の宿だが、設備はホテル並みである。赤い三角屋根が印象的な北欧風の三階建ての本館のほかに、和室の離れもあった。八幡平温泉の一つで、標高二〇三八メートルの雄大な岩手山を目前に仰ぐ高原の宿だ。前尾は本館の三階の部屋に通された。両陛下は同じ敷地内に建つ別棟の離れに宿泊した。

前尾は平野ともう一人の事務局員、それに護衛官の四人で夕食の膳を囲んだ。酒好きの前尾はいつものように晩酌を始める。酒の相手をした平野が思い出を語る。

「前尾さんは『芸者は呼べないか』と言うんです。私はフロントに電話した。聞くと、三〇キロ以上も離れた盛岡市から呼んでくるほかないという話です。手配はうまく行きました。夜の一〇時ごろ、年配の芸者三人がやっと到着しました」

一人が小唄の師匠だった。

「あんた、春日流なのか」

前尾はご機嫌になった。小唄は五六年に習い始めて一八年の芸歴だった。稽古場は東京の赤坂の料亭「吉野」で、家元から「春日」の姓の名前ももらっている。

三味線は、小唄よりも四～五年遅れて五〇歳を過ぎてから覚えた。前尾は自著『続々　政治家のつれづれ草』の中で「政治家と三味線」という一項を設けて書きつづっている。

「国会議員には唄の名手は多いが、三味線を弾く人は極く稀であるし、六十を越してからはどうにか弾き語りができるようになったので、存外お座敷がかかる。とうとう東横ホールのこけら落しに引張りだされて、田中角栄君の唄に私の糸で『仮名屋小梅』と『巽よいとこ』に出演したのが評判になった」

前尾は岩手山麓に足を運んだ芸者たちと妙に気が合った。高原の風が肌に心地よかったため、窓は開けたままである。すっかり興に乗り、夜中の一時過ぎまで三味線と小唄を楽しんだ。山あいに、深夜までときならぬ三味線の音色が流れた。

翌朝、午前一一時過ぎ、前尾は両陛下とともに会場入りした。初夏の岩手山は青葉の緑に残雪が映え、目が覚めるほどの美しさである。

全国から参加した一万六〇〇〇人の人たちが迎えた。天皇はまず簡単なあいさつを述べる。決められたとおり、スコップを手に、炎天下でナンブアカマツなどの苗木四本を植樹した。

天皇は予定の行事を済ませて席に戻ると、「ところで、前尾」と、周囲の誰にも聞こえないような小声で、隣にいた前尾に話しかけた。

「ゆうべは随分にぎやかだったね」

前の晩、芸者たちと深夜まで楽しく三味線と小唄に興じていたことを話題にしたのだ。

天皇は文句をつけたり、皮肉を言ったりしたのではない。目じりにしわを寄せ、口元をほころばせて、そっとささやいた。天皇に冷やかされた前尾は平身低頭となった。

「お耳に届きましたか。まことに申し訳ございません。大変、失礼をいたしました。いやはや、何とおわびを申し上げたらいいのか」

穴があったら入りたい気分である。大きな体を縮めて深々と頭を下げる。

「気にしなくていい。あまり楽しそうだったので」

天皇は笑いながら言葉を継ぐ。実は愉快な夜を過ごした前尾がうらやましかったのだ。

昭和天皇の想い

天皇は内心、前尾のことがお気に入りだったと思われる。天皇は立場上、人に対する好悪の感情を表に出すことは、終生、ほとんどなかった。いつも誰に対しても、「平等の扱い」を心掛け、特定の人への肩入れと受け取られかねない言動は自ら厳しく戒めた。

政治家や官僚、戦前の軍人など、国政に関わる人たちの好き嫌いについては、なおさら慎重な態度を取った。とはいえ、天皇も人間である。表に出さないだけで、当然、好き嫌いはあった。内奏に出向いた前尾の前で居眠りをするという出来事があって以来、すっかり前尾のファンになったようだ。

天皇は日本が核防条約に調印した七〇年以来、来日した外国の元首たちと会見するたびに、批准問題について質問を浴びたという。それだけではない。天皇自身、外国の賓客から指摘を受けるまでもなく、唯一の被爆国である日本は核兵器の不拡散を推進するために一刻も早くこの条約を批准すべきだと考えていたようだ。

批准が実現する七カ月前の七五年一〇月三一日、天皇は皇居内の宮殿「石橋の間」で日本記者クラブの代表五〇人が参加する記者会見に応じた。

九月三〇日から約二週間、天皇は初めて訪米した。会見はその印象などを聞くために行われた。質問は、旅行の思い出に始まり、日米の比較論、第二次大戦についての所感や戦争責任の問題などに及んだ。

「陛下は、これまでに三度広島へお越しになり、広島市民に親しくお見舞いのことばをかけておられるわけですが、戦争終結に当たって、原子爆弾投下の事実を、どうお受止めになりましたのでしょうか」

記者の一人が「被爆」に対する感想を尋ねた。天皇が答える。

「原子爆弾が投下されたことに対しては遺憾には思ってますが、こういう戦争中であることですから、どうも、広島市民に対しては気の毒であるが、やむを得ないことと私は思ってます」

(高橋紘《たかはしひろし》著『陛下、お尋ね申し上げます』より)

天皇は一言だけ、「やむを得ないこと」と述べた。とはいえ、敗戦が目前に迫った四五年八月六日、広島に原爆が落とされ、一瞬にして十万人以上の命が失われたのである。そのことについて、「統治権の総攬者」の立場にあった天皇は、実際には、ただ仕方なかった、と受け止めていたわけではないだろう。

天皇は広島原爆投下の八日後の八月一四日、最後に自ら戦争終結の「聖断」を下した。決断を促した要因は、もちろん原爆投下だけではなかった。戦況の悪化に伴い、もっと早い段階で戦争終結の腹を固め、その道を模索してきたが、決断が遅れた。最終的に、原爆投下によって何としても戦争を終わらせなければ、という気持ちに駆り立てられたことは間違いない。

敗戦を挟んで四四年八月から四六年五月まで侍従長を務めた海軍大将の藤田尚徳《ふじたひさのり》は、原爆投下直後の天皇の様子を、著書『侍従長の回想』に次のように書き残している。

「八日朝、東郷外相が決意の色を浮かべて参内してきた。そして御文庫地下壕の御座所に進んだ外相は、原子爆弾に関する米英の放送を詳細に言上すると、陛下は原子爆弾の惨害をよく知っておられ、次のように、一刻も速やかに和平を実現することが先決問題である点を外相にお示しになった。『このような新武器が使われるようになっては、もうこれ以上、戦争を続けることは出来ない。不可能である。有利な条件を得ようとして時期を逸してはならぬ。なるべく速やかに戦争を終結するよう努力せよ。このことを木戸内大臣、鈴木首相にも伝えよ』」

報告に来た外相は外交官出身の東郷茂徳《とうごうしげのり》、内大臣は天皇側近の木戸幸一《きどこういち》、首相は鈴木貫太郎である。

原爆投下の知らせを聞いて、天皇は最終的に戦争終結の決心を固める。一方で、もう少し早く戦争を終わりにしていれば、多くの尊い生命が失われずに済んだのに、という痛恨の思いが襲い、ひそかに胸を痛めたのではなかったか。

前尾議長の非核の信念

戦後も、天皇はずっと「原爆体験」という重い荷物を背負い続けた。六〇年代後半になって、核拡散防止という問題が浮上したとき、胸の中で、再び「原爆体験」が頭をもたげてきたものと思われる。

前尾は「核防条約はどうなっているのか」と、天皇から何度も同じ質問を受けた。「相当お心を痛めておられるご様子」と受け止めたのである。

昭和天皇は、国政の報告のために首相や各大臣、衆参両院の議長などが内奏にやってくると、自分からよく質問を発したという。尋ねる内容については、現実の政治課題に直接、関わるような際どい問題もあった。

佐藤内閣の最後の七一~七二年に官房長官を務めた竹下登《たけしたのぼる》（後に首相）は、在任中の七二年五月、沖縄返還に遭遇した。首相退任後の竹下をインタビューしたとき、「その後、蔵相などを経て首相となるまで、陛下とお会いするたびに、何度も『沖縄はどうかね』とお尋ねになった」と竹下は明かした。

現憲法は第四条第一項で「天皇は、この憲法の定める国事に関する行為のみを行ひ、国政に関する権能を有しない」と定めている。戦前の大日本帝国憲法の第四条にある「天皇ハ国ノ元首ニシテ統治権ヲ総攬シ此ノ憲法ノ条規ニ依リ之ヲ行フ」という規定とは異なり、政治的には一切の権限を持たず、責任も負わない。

国政に関わる首相や大臣、議長などと会って話をするときも、政治的な判断を含むような発言は控えなければならない。その制約の下で、昭和天皇は、自分の心情や関心を示すのに、自ら進んで質問を発するという方法を編み出したのである。

核防条約問題でも、天皇は議長だった前尾に向かって、「批准を実現するように」などと露骨な言葉は一言も発しなかったようだ。「批准はどうなっているのか」と、いつも質問のスタイルを取った模様である。昔から信頼を寄せる前尾に、その話法で自分の心情と関心を伝えようとしたのであろう。

批准が実現した直後の七六年七月一〇日、前尾は『現代政治の課題』という表題の論文集を刊行した。この中で、世界の核戦略と核拡散防止問題について、自分の基本的な考え方と「非核の信念」を表明している。

「戦後の世界の軍備と戦略は核兵器の出現によって一変し、核中心の軍備と戦略の時代となった。（中略）米ソ戦争が回避され、平和が保たれてきたのは、核戦力において断然他を引き離している米ソ二超大国の核兵器の保有が、与って力のあったことは否定できない。（中略）しかし、核兵器を持つ国がふえていくことは、そのために貴重な資源を消費する国がふえることを意味し、しかも、それによって地域的な紛争さえ常に核戦争の危険をはらむことになる。（中略）表面的には不公平と思われても、核兵器を持つ国がこれ以上ふえないようにすることは、単に紛争頻発地域の住民のために望ましいばかりでなく、世界の平和にとっても大いに望ましいことといわなければならない」

前尾自身、天皇から言われるまでもなく、元来、核防条約の早期批准については賛成であった。核拡散防止の推進を目指す「非核」論者の前尾の主張は明快だが、それでは非核保有国の日本は「核中心の軍備と戦略の時代」の世界において、安全保障でどんな道を志向すべきなのか。前尾は今から四七年前、この点について、以下の諸点を強調している。

「元来わが国は核攻撃については、第一に対象国との距離の短さによる持ち時間の乏しさ、第二に国土面積の狭さによる被害度の大きさ、第三に人口と生産施設の集中による核攻撃に対する弱さなど、地理的に非常に不利な条件にある。（中略）核戦略においては、日本は脆弱性の高い弱小国で、（中略）核の戦争抑止力は第一撃に対して、第二撃による『確証破壊能力』にあるといわれているが、日本は第一撃で全滅するので、第二撃能力は問題とならない」と指摘し、非核三原則を採用する「非核」路線の選択は間違っていないと説く。

前尾は日本の選択肢として「第二次大戦後の歴史的運命からいっても遠交近攻の地理的運命からいっても、日米安全保障体制が必然性をもってくる」という前提の下に、「日本を守るものは誰よりもまず日本人自らでなければならない」と唱える。その上で、自衛権に基づき、

『専守防衛』を目的とする日本の防衛力について考察している。
「核兵器の出現によって、攻撃力が『戦争抑止力』と変ってきたと同様に、防衛力も『防止力』、最近の国際政治上の用語では拒否能力（denial capability）といわれるものに変ってきた。『防止力』とは、わが国に対する侵略が、そのために支払う犠牲が、それによってうる利益よりもはるかに高いものにつくことを相手に認識させ、それによって侵略することを放棄させる抑止力をいう」

前尾は一九七〇年代半ばの時点で、すでに抑止力を軸とする防衛力の考え方を明確に意識し、核防条約の批准実現の道を目指し続けたのである。

第四章

防衛費一パーセント枠の設定——三木武夫の執着

安保三文書改定と防衛費増額

二〇二二（令和四）年一二月に安保三文書を決定した岸田文雄首相が改定に向けた議論の開始を初めて公言したのは、二一年一〇月八日に国会で行った初の所信表明演説であった。二二年二月二四日、ロシアによるウクライナ侵攻が開始した。岸田は九カ月後の一一月二八日、首相官邸に財務相の鈴木俊一《すずきしゅんいち》と防衛相の浜田靖一《はまだやすかず》を呼び、指示を発した。

「1　現下の安全保障環境を踏まえ、防衛力を抜本的に強化する。中核となる防衛費については、5年内に緊急的にその強化を進める必要がある。そのための予算は、財源がないからできないということではなく、様々な工夫をしたうえで、必要な内容を迅速に、しっかりと確保する。2　令和9年度において、防衛費とそれを補完する取組をあわせ、現在のGDPの2％に達するよう、予算措置を講ずる。（「3」以下は略）」

さらに一週間後の一二月五日、岸田から鈴木と浜田に、続きの指示があった。

「1　調整中の次期5年間の中期防の規模については、抜本的強化を進めるための必要な内容をしっかり確保するため、与党とも協議しつつ積み上げで約43兆円とすること。（「2」略）」

（以上、財務省の広報誌『ファイナンス』二〇二三年四月号所収の渡辺公徳《わたなべこうとく》「新たな国家安全保障戦略等の策定と令和5年度防衛関係予算について」より）

二〇一八年一二月に閣議決定された中期防は、二〇一九（平成三一）年度から二〇二三（令和五）年度までの日本の国防計画で、二二年一二月の安保三文書改定の閣議決定と同時に廃止され、三文書の一つの防衛力整備計画に引き継がれた。

岸田は就任の約一年二カ月後、「二〇二八年度の防衛費をGDP（国内総生産）比二パーセント、約四三兆円に」と指示した上で、目標達成を視野に、三文書改定を決めたのである。

当初予算での防衛関係費は、一九九五年に設立された沖縄に関する特別委員会（SACO。正式名称は「沖縄における施設及び区域に関する特別行動委員会」）の会計経費や米軍再編関係経費などを除いた一般防衛関係費を見ると、岸田内閣発足後の二〇二二年度予算で、防衛費は約五兆一七八八億円、二二年度の名目GDPの当初見積もりの額は約五六四兆六〇〇〇億円だったから、防衛予算の対GDP比は〇・九一七パーセントであった（二三年度は岸田の防衛力増強の方針もあり、当初予算の防衛関係費は約六兆七八八〇億円、名目GDPを約五七一兆九〇〇〇億円と見込んだ場合、対ＧＤＰ比は一・一八七パーセント）。

岸田の指示は実に「五年後にＧＤＰ比で約二・二倍、防衛予算額で約八・三倍に」という内容である。

長期計画方式を導入

自国の防衛のための費用を、どういう形でどれだけ負担するか。戦後、日本の防衛費の問題は、防衛体制の整備の進展に合わせて、日本独自の特異な歴史をたどった。

出発は一九五〇（昭和二五）年六月の朝鮮戦争の勃発に伴う警察予備隊の発足である。八月、ＧＨＱ最高司令官のダグラス・マッカーサーの命令で、自衛隊の前身の警察予備隊が誕生した。その後、五二年四月に対日講和条約が発効して、日本は独立を回復する。八月、警察予備隊と海上警備隊を統合して保安庁が設置された。

独立までは、日本政府が負担する防衛費はマッカーサーの鶴の一声で決まる形が続いた。独立回復後は、アメリカ側の指示を受けることもなくなり、日本で計画を立てるようになった。五四年七月、防衛庁設置法が施行され、保安庁が防衛庁に衣替えする。自衛隊が発足した。そのころから、防衛力整備のための長期計画が必要ではないかという声が高まった。

防衛庁と自衛隊の発足から二年八カ月後の五七年二月、日米安保条約の改定を視野に入れる岸信介首相が登場する。岸内閣は三カ月後の五月二〇日、戦後初めて現憲法下での防衛政策の基礎となる「国防の基本方針」を政府の国防会議と閣議の両方で決定した。

後年、第二次安倍晋三内閣が二〇一三（平成二五）年一二月に国家安全保障会議と閣議で「国家安全保障戦略」を決定する。そこまで、日本の安全保障と防衛の政策の基本方針とされたのが、一九五七年の「国防の基本方針」であった。

内容は「国連の活動の支持、安全保障に必要な基盤の確立、効率的な防衛力の漸進的な整備、アメリカとの安保体制」の四項をうたっていたが、自衛隊が果たす具体的な役割に関する規定はなかった。その点を具体化するために、岸内閣は五七年六月一四日、国防会議が決定した「防衛力整備目標について」に基づいて、戦後初の長期防衛計画である一次防を策定した。

保安庁の発足から約五年の準備期間を経て、長期防衛計画がスタートすることになるが、一次防が始まる五七年度までは長期計画はなかった。警察予備隊発足後の八年間の防衛費は、年度ごとに予算を決める単年度主義が取られた。

一次防は五八年度から六〇年度までの三カ年計画であった。防衛費は、五八年度から七六年度までの一九年間、六一年度を除いて、すべて三年ないし五年の長期計画に基づいて決定された。第二次防衛力整備計画（二次防）は六二年度から六六年度まで、第三次防衛力整備計画（三次防）は六七年度から七一年度まで、第四次防衛力整備計画（四次防）は七二年度から七六年度までの五カ年計画として策定された。

防衛費は長期計画によって総枠を決め、各年度の予算を配分するという方法が取られたが、実はこの長期計画方式には、大蔵省が猛反対した。予算の単年度主義の原則からはみ出すことになるからだ。

将来の財政状況がはっきりしない段階で、長期計画に基づいて後年度の財政支出まで約束すると、防衛費だけが膨らみすぎる場合が生じる。大蔵省はそこを問題にした。

逆に、長期計画で防衛費の総枠を決めておくと、それ以上に膨らむ心配がない。総枠によって、その期間は防衛費に歯止めがかけられることになる。結局、防衛庁側の言い分が認められ、長期計画方式が導入された。

「平和時の防衛力」構想

四次防の初年度である七二年の七月、七年八カ月の長期政権を担った佐藤栄作首相が退陣し、田中角栄首相が登場した。四次防は佐藤政権末期の七二年二月、国防会議と閣議で計画の大綱が決定済みだった。計画の主要項目は未決定で、内容の策定は次の内閣に先送りされたまま、佐藤は政権の座を降りた。

田中は首相就任二カ月後の九月二五日、それまで国交がなかった中国を訪問した。外相の大平正芳、官房長官の二階堂進《にかいどうすすむ》（後に自民党副総裁）ら、総勢五一人の日本政府代表団を率いて、懸案の日中国交回復交渉に臨むために中国を訪れたのだ。

北京入りしたその日の午後、早速、田中と中国の周恩来《ジョウエンライ》首相の第一回目の首脳会談が人民大会堂で開かれた。単なる顔合わせではなく、本格的な話し合いの第一歩である。

交渉の最大の焦点は「台湾」と「安保」であった。安保問題では、日米安保条約を認めたまま中国が日本との国交回復を了承するかどうかが、交渉全体の行方を左右すると見られた。

交渉が始まって一時間以上が経過したとき、田中は「日中国交回復のためには、日米安保条約の堅持が大前提でなければなりません」と切り出した。周は「それで結構です」とあっさりと答える。中国が初めて公式に「安保」容認を打ち出したのである。

中国から帰国すると、田中は首相官邸に防衛庁の幹部を呼んで指示を出した。

「延び延びになっている四次防をすぐに始めるぞ」

帰国から九日後の一〇月九日、田中は国防会議と閣議で、前の佐藤内閣時代からたなざらしになっていた四次防の内容を決定した。

「日本は四次防程度の防衛力で打ち止めにする、と国会で言えたら、国民のコンセンサスが得られるのになあ」

前々から周りに漏らしていた田中は閣議の後、防衛庁長官の増原恵吉《ますはらけいきち》に指示を発する。

「四次防の決定を機会に、平和時における日本の防衛力の限界を明らかにする必要がある。その研究を始めてもらいたい。これを示さないことには国民のコンセンサスが得られない」

「平和時の防衛力」という構想は、半年前の七二年四月、一人の防衛官僚によって提唱されたプランだった。防衛庁の事務次官だった島田豊《しまだゆたか》（後に防衛弘済会会長）が経緯を述べる。

「三次防、四次防と、防衛費は膨らむ一方でした。一体、どこまで膨らむのかという疑問に答えなければならなかった。デタント（緊張緩和）の時代だったから、それに対応して研究し、まとめたのが『平和時の防衛力』構想です」

この「平和時の防衛力」構想が、後に防衛費の対GNP比一パーセント枠の設定の基となる防衛計画の大綱の下敷きとなるのである。

「KB論文」による波紋

「平和時の防衛力」構想を提唱したのは、防衛庁防衛局長の久保卓也《くぼたくや》であった。久保は七二年四月、「私見だが」と断りながら、この構想を初めて世に問うた。

「一九七一年の三月ごろ、防衛庁内に『防衛力整備の考え方（未定稿）』という文書がひそかに出まわり始めた。『取扱注意』の印が押された二五ページ、タイプ印刷のこの小冊子には、昭和46・2・20、KB個人論文、と表紙にあるだけ。いわゆる匿名論文だが、背広、制服を問わず防衛庁の幹部たちには、これが久保卓也論文であることはすぐにわかった」（中馬清福《ちゅうまきよふく》著『再軍備の政治学』より）

久保は「平和時の防衛力」構想を発表する一年ほど前、「ＫＢ個人論文」という形で、もう一つ別の構想を著したことがあった。そのときも、それが防衛庁内に伝わると、大きな反響を呼んだ。

久保は戦争中の四三年に東大法学部政治学科を卒業して内務省に入った。七〇年一一月、警察庁交通局長を最後に防衛庁に転じた。

七四年六月まで約四年間、防衛局長として四次防決定に関わった。防衛施設庁長官を経て、七五年七月、防衛事務次官に就任した。その後、国防会議事務局長となる。七八年一一月に退任するまで、都合八年にわたって防衛政策決定で中枢的役割を担い続けた。

部下や新聞記者などから「プロフェッサー」というニックネームで呼ばれた。学者肌の理論家だったからだ。政府や自民党への根回しなどにはあまり熱心ではなかった。

住まいは東京都内の一戸建ての公務員住宅だった。場所は泉岳寺の近くの伊皿子だが、びっくりするほど古い家で、ドアを開け閉めすると、やもりが床にパタッと落ちてくる。酒好きの久保は、やってきた部下や新聞記者を相手に、杯を傾けながら、黒縁の眼鏡越しにいつも理路整然と安全保障問題を解説した。

「ＫＢ個人論文」が出回ると、防衛庁内は騒然となった。久保は従来の脅威を前提にした「所要防衛力」の考え方を捨て、「基盤的防衛力」の整備への方向転換を提言した。「基盤的防衛力」は、有事の際に中心となる要員の教育・訓練を防衛力整備の主眼とする考え方であった。

「これは脱脅威論だ。防衛の基礎は相手の能力を基準にすべきではないか」

「軍備はもともと相対的なものだ。あらかじめこちらで限界を設定することはできない」

制服組を中心に、防衛庁内で批判が巻き起こった。久保にすれば、ある程度の批判や抵抗は織り込み済みであった。久保が防衛次官だった時代、その下で防衛局長を務めた丸山昂《まるやまこう》（後に防衛庁事務次官を経て日本自動車連盟副会長）が振り返って語っている。

「久保さんは、国防には国民のコンセンサスが絶対に必要だという考え方でした。ところが、当時の国会論争などを見ると、コンセンサスからはほど遠い状態だった。野党はすべて自衛隊に反対していたんですから。こういう状態を放置するのはよくないという前提に立って、もっと低い水準の防衛力というところから論議を始めるべきだと久保さんは考えたんです」

首相の田中の指示で浮上した「平和時の防衛力」構想の具体化作業は、制服組の抵抗に遭って難航した。事態を打開するために、七三年一月、次官の島田は記者会見で妥協案を示した。

「平和時の防衛力の限界というよりも、平和時の防衛力の整備を想定して作業を進めています。ですから、必ずしも防衛力の上限を示そうという意図ではありません」

二月には、長官の増原も、同じような趣旨の発言を行い、制服組の反発をかわそうとした。

他方、野党も国会で「平和時の防衛力」を問題にした。

といっても、「限界」論争が蒸し返されたのではない。野党は、防衛庁見解だけでなく、国防会議の審議を経た政府の公式見解を提出せよ、と迫った。毎度おなじみの不毛の手続き論争である。

田中はその意思がないことを表明する。国会審議はしばしば紛糾した。もともと田中が「平和時の防衛力」の限界を示そうとしたのは、コンセンサス作りという名の対野党対策を考えたからだった。そのために野党と対立したのでは何の意味もない。

田中はもはやここまでと観念した。あっさりと「平和時の防衛力」問題から手を引いてしまう。久保構想は一度、撤退を余儀なくされた。

ポスト四次防をめぐる論争

一年一〇カ月が過ぎた七四年一二月、「平和時の防衛力」構想に再び浮上のチャンスが訪れた。田中に代わって三木武夫が政権を握る。防衛庁長官には坂田道太が起用された。

坂田は最初、三木内閣で法相に就任する予定だった。三木はその旨を坂田に伝え、坂田も了承した。それが急遽、防衛庁長官に回ることになった。

三木は防衛庁長官に中曽根派の山中貞則《やまなかさだのり》（後に通産相）を起用する考えだったが、中曽根派内から強い反対が出て、山中起用がつぶれる。代わって稲葉修《いなばおさむ》が浮上した。三木は稲葉に法相ポストを用意した。そのために、法相候補の坂田が防衛庁長官に回ったのだ。

坂田は防衛問題に対する特別の抱負も野心もなく、防衛庁の門をくぐった。就任後、長官室に進講に出向く防衛課長の伊藤圭一《いとうけいいち》（後に国防会議事務局長）に、「長官として何をしていいか分からない」とたびたび率直な気持ちを漏らした。

長官就任から半年余が過ぎた七五年夏、ポスト四次防の防衛計画の作成作業が本格化した。坂田は防衛局長だった丸山に告げた。

「早晩、自民党の単独政権が終わる時代がやってくる。防衛についても、今のうちから野党ものめるような基盤を造っておくべきだ」

一度、お蔵入りとなっていた「平和時の防衛力」構想を持ち出す。それに基づいて基盤的防衛力の整備を行う方針を打ち出した。久保構想が息を吹き返すことになる。

防衛問題に素人の坂田は、防衛問題で国民のコンセンサスを得るにはどうすればいいか、考え続けた。その結果、かつて久保が中心となって練り上げた基盤的防衛力構想を実現するしかないという結論に達したのだ。

久保は坂田が長官に就任して八カ月が過ぎた七五年七月に防衛庁の事務次官に就任した。最大の課題はポスト四次防の防衛整備計画の策定であった。年来の主張である基盤的防衛力構想の実現を坂田に懸命に訴えた。

坂田は久保の最大の理解者となった。久保の死後に刊行された久保卓也遺稿・追悼集刊行会編『遺稿・追悼集　久保卓也』に、坂田は「久保さんの功績を偲んで」と題して、次のような一文を寄せている。

「久保さんの物腰はいかにも柔軟であったが、また一面西欧的合理主義を身につけた理論家だった。（中略）昭和五十一年十月国防会議の議を経て閣議決定された『防衛計画大綱』は、それから六年も経っていろいろ議論もあるが、わが国の防衛政策の甚本となっている。『防衛計画大綱』を一口で言えば、①際限のない防衛力増強に不安を抱く国民の声に耳を傾け、それに歯止めをかけたことである。（中略）国民一人一人が毅い国を守る気概を持ち、さらに、日米安保条約が揺るぎのない信頼関係のもとに保持される限り、日本の安全は保障されるというのが、久保さんの防衛政策の眼目であった。それはまさに久保さんの卓見というべきである」

四次防は七二年度から七六年度までの五カ年計画であった。計画終了の時期を約一年半後に控えた七五年の後半、ポスト四次防をめぐる論争が本格化した。

基盤的防衛力を主眼とするポスト四次防計画の構想に対して、制服組を中心として、伝統的な所要防衛力の考え方にこだわる人たちから、不満の声が上がった。防衛庁では、背広組と制服組とが、坂田を交えて、何度も議論を闘わせた。

七五年一〇月、その議論に決着をつける形で、坂田が断を下した。

「わが国の防衛力の整備については、去る昭和四八年二月、当時の増原防衛庁長官が国会で明らかにした『平和時の防衛力』を上限とした基盤的防衛力を目標とする」

昭和四八年は一九七三年である。坂田の決断で、やっと久保構想が公式に認知されたのである。一一月中旬、この方針が国防会議議員懇談会に提案され、了承を得る。これに基づいて、以後の約一年間、ポスト四次防の策定作業が進められることになった。

防衛費の単年度主義の採用

ポスト四次防の防衛計画には、もう一つ歴史的な転換点となる大きな変化があった。二〇年にわたって続いた長期計画方式をやめ、予算の単年度主義を採用したのである。「五次防」といった五カ年計画の防衛力整備計画を作らず、防衛計画の大綱によって装備の目標を定め、その経費は年度ごとの予算で決めていくというやり方に変更した。

七三年一〇月、第一次石油危機が見舞った。その影響で、経済の見通しが立たなくなったことも理由の一つであった。長期計画方式を続けることが事実上、不可能になったのだ。

防衛計画の策定では、事前に防衛庁と財政当局の間で折衝が行われる。先述したとおり、大蔵省は長期計画方式にいつも難色を示してきた。ポスト四次防で単年度方式が採用された事情について、七四年六月から大蔵省主計局長を務めた竹内道雄《たけうちみちお》（後に事務次官を経て、東京証券取引所理事長）が想起している。

「長期計画方式をやめたいというのは、大蔵省ではなくて、防衛庁のほうが言い出したと記憶しています。何次防なんて言って計画を立てても、いつも期間内に達成できない。それでは自衛隊の士気にも影響する。それなら、実現可能な計画を作るほうがいいというのが防衛庁の考え方でした。坂田長官ご自身も熱心だったと思います」

単年度主義を採用すると、長期計画で設定された防衛費の定量的な歯止めがなくなる。そこで、別の歯止めを設けるべきか、設けるならどんな歯止めがいいかといった問題が浮上した。一方、坂田は防衛庁長官の諮問機関として「防衛を考える会」という会合を設置した。坂田の防衛政策を補う頭脳として活用するのが目的であった。会を設けた狙いは、活動をまとめた報告書『わが国の防衛を考える』（防衛を考える会事務局編）に次のように記述されている。

「坂田防衛庁長官は、かねてから、わが国の行政官庁の意思決定のあり方について疑問をもっていた。（中略）坂田長官は、これからの防衛政策の検討に当たっては、防衛庁部内の意見を十分反映させることは当然として、国民各界各層の良識をあらかじめ汲み上げる必要があると考えた。そのためには、従来の役所の政策決定方式では十分とはいえなかった。『防衛を考える会』は、このような坂田長官の考え方をもとに、防衛庁が四次防以後の防衛政策を検討するに当たって、国民の良識の声を聴くために設けられたものである」

メンバーは、中小企業金融公庫副総裁の荒井勇《あらいいさむ》、評論家の荒垣秀雄《あらがきひでお》（元朝日新聞記者）、外務省顧問の牛場信彦《うしばのぶひこ》（元駐米大使。後に対外経済担当相）、日本電信電話公社総務理事の緒方研二《おがたけんじ》（後に日本電気副社長）、日本経済研究センター理事長の金森久雄《かなもりひさお》、京都大学教授の高坂正堯《こうさかまさたか》、東京市政調査会理事長の河野義克《こうのよしかつ》（元参議院事務総長）、野村総合研究所社長の佐伯喜一《さえききいち》（元防衛庁防衛研究所所長）、作家の角田房子《つのだふさこ》、評論家でNHK解説委員の平沢和重《ひらさわかずしげ》、ケン・リサーチ社長の村野賢哉《むらのけんや》の一一人であった。

坂田の長官就任から約四カ月が過ぎた七五年四月七日、最初の会合が開催された。以後、六月二〇日まで計六回、会議を持った。

メンバーは午前一一時ごろ、六本木の防衛庁本館六階の会議室に集まった。昼食を挟んで午後二時か三時ごろまでディスカッションを行った。坂田は、特別の用事がなければ、いつも同席した。自分ではほとんど発言せず、終始、聞き役に徹した。

対GNP比一パーセント歯止め論

この会で、防衛費の対GNP比一パーセント歯止め論が議論されたのである。それについて、六回の会議の「まとめ」として作成された報告書に、次のような記述がある。

「防衛費として、国民の支持が得られる限度は、GNP一パーセント以内が適当ではないだろうか。現在のように、経済成長が鈍化しているときはもちろんのこと、順調なときでも一パーセントを超えるとなると、国民の共感を得るのはむずかしい。この数字に理論的な根拠はなく、事実上こうなったのかも知れないが、何となく、防衛費の適否をはかる物差しのような役割を果たしている」

議論の中身について、メンバーの一人だった荒垣が振り返った。

「一パーセントの言い出しっぺは僕だと思った人がいたようです。実際には会合の全体の雰囲気の中で出てきたものですよ。何とはなしに、ああなった。理論的根拠はなかったけど、防衛費なんてものは、歯止めがないと、戦前のように雪だるま式に大きくなっていく可能性がある。一パーセントの歯止めを設けるのに反対の人はいなかったと思いますよ」

安全保障の専門家として会に加わった佐伯が内実を明かした。

「三回目の会合から議題を設けて論議することになった。その三回目のとき、内外情勢とGNP比一パーセント論の話が出た。といっても、防衛費論議はせいぜい二〇〜三〇分でした。防衛費はGNPの一パーセント程度ということで、いつの間にかコンセンサスを得ている。こんな意見が多かったように記憶しています。一パーセント程度がいいとか、一パーセント以内でなければだめだとか、詰めた論議をしたわけではありません」

後に中曽根康弘内閣になって、首相の諮問機関として「平和問題研究会」という会ができた。その座長となった高坂は、八四年一二月に「一パーセント枠見直し」の提言を行って一パーセント枠撤廃問題の火つけ役となった。その高坂もメンバーの一人だった。

「あのときは、私も一パーセントを強力に言いました。当時は世界中の国が軍事費を使いすぎていた。日本が一パーセント以内でやれないはずはないと私は思っていましたから。だけど、一パーセントといっても、あのときは目の子算で一パーセントという数字が出てきただけなんです。一パーセントが望ましいという程度の話だったんですよ」

防衛費の歯止め問題は、ポスト四次防計画の策定作業と並行して、防衛庁や国防会議事務局の内部でも、早くから論議されてきた。歯止め不要説も、制服組を中心として、一部で主張された。

大勢は歯止め必要論に傾く。歯止めを設けなければ、国民のコンセンサスが得られず、防衛計画そのものが成立しなくなるおそれがあったからだ。

その後、議論の中心は、何が歯止めとして適当かという問題に移った。予算総額の一割説、国民所得の何パーセントという考え方、対ＧＮＰ比論など、いろいろと論議されたが、やはりＧＮＰ比が一番いいという結論になった。

一方で、一パーセントという数字は、以前は歯止めとしてではなく、別の主張の根拠として使われてきた経緯があった。日本の防衛費は一パーセントにも達していないのだから軍事大国ではない、といった言い方である。

七〇年、日米安保条約が一〇年の固定期限を終え、自動延長となった。防衛庁はその前に外務省と一緒に一パーセントを外国にアピールしたことがあった。そんな事情もあったから、一パーセントを歯止めに使うことには、あまり抵抗感がなかった。

加えて、日本の防衛費は実際に六七年度以降、七五年度まで九年間、ずっと一パーセントに届かないで推移している。高度成長が始まる前、日本のＧＮＰが小さかった時代は、防衛費は一パーセントを大きく上回った。

五一年度と五二年度は二パーセント以上で、五三年度に入って一パーセント台に落ちた。五七年度からは一・五パーセントを切る。六七年度に〇・九三パーセントを記録してからは、一度も一パーセントを超えていなかった（現実には八六年度までずっと一パーセント以下）。

防衛を考える会では、いろいろな議論があったが、最後に「一パーセント以内が適当」と報告書に明記した。この報告書は七五年九月、座長の荒垣から坂田長官に手渡された。

三木内閣で閣僚が激論

それから約一年が過ぎた七六年の九月初め、首相の三木が自民党政調会長の松野頼三と首相公邸の一室で長時間、密談した。松野は福田派の幹部だったが、七四年一二月の三木政権発足で政調会長に就任し、三木寄りとなる。三木の側近の一人に数えられるようになった。

二人は翌七七年度予算の基本方針について打ち合わせを行った。三木が告げる。

「防衛費の件だが、私は無軌道に走ってはいかんと思う。四次防もおしまいになる。何か新しい歯止めがほしい。たとえばの話だが、毎年の予算総額の何パーセント以内というふうなやり方はどうかね」

松野が即答する。

「予算の何パーセントまでというのはまずいですよ。ほかの政策の遂行に支障を来すおそれがあります」

三木はもう一つのアイデアを口にした。

「それならGNPの何パーセントというのはどうか。一パーセントがいいじゃないかな」

松野もこの方式には異論がなかった。

「今年の防衛費はGNPの〇・九パーセントにも達していません。一パーセントとの間には相当のすき間があります。五年は大丈夫です。GNP比というのは、歯止めとして国民に分かりやすいですよ。いいですね」

松野は三木との打ち合わせの後、次の三役会議で幹事長と総務会長の意向を確かめた。幹事長は中曽根、総務会長は灘尾《なだお》弘吉《ひろきち》（後に衆議院議長）である。

灘尾は「それで行けるのなら、私は異論はないよ」とすんなり了承した。中曽根は返答しない。松野は「総理の思想を生かすのだから、いいじゃないか。ここで決めても、それは三木内閣でのことだ。未来永劫、これで行くというわけじゃないんだから」と迫る。

中曽根はどうしても首を縦に振らない。三木内閣限定でしぶしぶ応諾という姿勢である。松野は暗黙の了解を得たものと受け止め、話を打ち切った。

二カ月後の一〇月二九日、ポスト四次防の防衛計画を正式に決定するための国防会議と閣議が開かれた。国防会議は防衛庁設置法第六二条によって、国防に関する重要事項を審議する機関として五六年に設けられた政府機関だ。

国防の基本方針、防衛計画、それに関連する産業などの調整計画の大綱、防衛出動の可否などの事項については、首相は国防会議に諮らなければならない。メンバーは外相、蔵相、防衛庁長官、経企庁長官、それに内閣法第九条によってあらかじめ指定された大臣である。通産相、官房長官、科技庁長官の三人が加わり、議長の首相を含め、計八人であった。

国会が開会中で、首相官邸ではなく、国会内の閣議控え室が会場となった。まず午前九時から国防会議が開かれた。

最初に事務局長の内海倫《うつみひとし》（後に人事院総裁）が議題の説明を行った。防衛計画の大綱案は、文言、別表とも、すでに事実上の調整作業と審議を終えている。別表は陸海空の三自衛隊の編成、主要装備の達成目標について、具体的な数字を挙げて定めたものだ。

この日の国防会議は、最終決定のための最小限の議論を行い、大綱案をメンバー全員が了承するだけでよかった。その後に、防衛費の歯止めをどうするかを議論した。

内海が「当面の防衛力整備について」と題した歯止め案の説明を行った。原案には「防衛力整備の実施に当たっては、各年度の防衛関係経費の総額が当該年度の国民総生産の百分の一に相当する額を超えないこととしてこれを行うものとする」と書かれている。

防衛庁長官の坂田が「超えないこととして」という文言を問題にした。

「この文章ですと、少しでも一パーセントを超えた場合、この歯止めに抵触することになります。ですが、石油ショック後の混乱もあって、現状では経済の見通しが立ちにくい面があり、今後、一パーセントをある程度、上回ることも十分、考えられます」

財政をあずかる蔵相の大平がすぐに反論した。

「時には一パーセントを超えてもかまわないとなると、歯止めとしての意味がなくなります。ここは原案どおり、『一パーセント以内』を明記すべきです。経済の見通しが立ちにくいという指摘がありましたが、経企庁が発表した中期経済見通しによれば、経済成長率は一三・六パーセントが見込まれています。一パーセントを超えるような事態は、当面、考えられません」

坂田が手を挙げて、もう一度、口を開いた。

「中期経済見通しの数字はそのとおりですが、低成長時代を迎えた今、現実にはそんなに高い経済成長率はとても見込めません。それを承知でおっしゃるなら、防衛計画を縮小しろということになります」

大平も坂田も、最後まで譲ろうとしない。

「今日はこのへんでおしまいにしよう。二人とも少し頭を冷やしてよく考えてほしい」

議長の三木が論争にストップをかける。この問題は預かりとした。次回の国防会議を一週間後の一一月五日に開くことを決め、ひとまず幕を引いた。

預かりとなった一週間、大蔵省と防衛庁と国防会議事務局では、各種のデータと首っ引きで数字を詰める作業が行われた。それぞれの省庁で闘わされたのは、防衛論議ではなく、専ら経済論議であった。

一パーセント枠の誕生

一一月五日を迎える。首相公邸で朝を迎えた三木は、八時少し前、予期せぬ客の訪問を受けた。副総理兼経企庁長官の福田赳夫である。両者は七四年七月、田中内閣時代に「三福提携」で手を結んでから二年余、良好な関係を維持してきたが、七六年に入って、空気が一変した。原因は二月に発覚したロッキード事件であった。事件への対応をめぐって、自民党内で三木の政治姿勢、政局運営に批判が高まった。七月二七日、田中が逮捕される。党内の反三木感情が発火点に達した。八月に入ると、三木退陣を要求する声が強まった。

一九日、党内の「反三木」陣営が挙党体制確立協議会を結成した。一〇月、挙党協が次期総裁候補として福田擁立を決めた。

ポスト三木を狙う福田は一一月五日、三木を訪ね、副総理兼経企庁長官の辞表を手渡した。三木は特に慰留もせず、黙って受け取った。田中内閣時代以来の蜜月が幕となった。

福田との面会を終えた三木は九時少し前、首相官邸に向かう。続きの国防会議に出た。一週間前に決定された防衛計画の大綱の中で、防衛費の歯止め問題だけが懸案として残された。それを審議する国防会議である。

三木の周りに、外相の小坂善太郎《こさかぜんたろう》、蔵相の大平、防衛庁長官の坂田、通産相の河本敏夫《こうもととしお》（後に自民党政調会長）、官房長官の井出一太郎《いでいちたろう》、科技庁長官の前田正男《まえだまさお》が着席した。もう一人のメンバーの経企庁長官の席は、四〇分前に福田が辞表を提出したため、空席であった。

閣僚以外に、国防会議事務局長の内海、官房副長官の鯨岡兵輔と梅本純正《うめもとよしまさ》（後に武田薬品工業社長）、大蔵省主計局次長の松下康雄《まつしたやすお》（後に事務次官を経て日本銀行総裁）、外務省アメリカ局長の山崎敏夫《やまざきとしお》（後に駐英大使）、防衛事務次官の丸山、防衛局長の伊藤、統合幕僚会議議長の鮫島博一《さめじまひろいち》が顔を並べている。

内海が議題の説明を行う。再び坂田と大平の論争が始まった。預かりになったこの一週間、事務レベルではさまざまな調整作業が行われたが、妥協点は見つからなかった。

坂田はもう一度、経済成長率を問題にした。大平は持論の「控えめな防衛力」を説き、歯止め論を展開した。ほかのメンバーはほとんど意見を挟まない。

黙って聞いていた三木が最後に断を下した。

「大平君の線で行こう。成長率は一三パーセント以上が見込まれているのだから、一パーセント以内と決めても、当分は大丈夫だろう。将来、これでまずいということになれば、そのときに見直しをすればいいじゃないか」

なおも坂田は食い下がった。「それなら」と言って、一つだけ注文を出した。

「総理の裁定が下った以上、歯止めの文章の中の『超えないこと』という点は了承いたします。ですが、代わりに『当面』と『めど』という文句を付け加えていただきたい」

三木もこの申し出は受け入れた。紆余曲折を経て、「当面の防衛力整備について」という事項が採択された。

「防衛力整備の実施に当たっては、当面、各年度の防衛関係経費の総額が当該年度の国民総生産の百分の一に相当する額を超えないことをめどとしてこれを行うものとする」

引き続いて閣議が開かれ、正式にこの文言が決定した。全文わずか七四文字にすぎない。これがその後、長く激しい論争を呼ぶ基となった「防衛費一パーセント枠」である。

防衛計画の大綱が一〇月二九日に決定し、一パーセント枠が一週間後の一一月五日に決まった裏には、もう一つ隠れた事情があった。防衛局長として二つの国防会議にも同席した伊藤が、舞台裏の内実を証言した。

「一パーセント枠を大綱と同日に決定すると、二つが同じレベルとなって、一パーセント枠が強くなりすぎるという心配があったからです。歯止めの問題は、大綱とは別の機会に決めようという狙いがありました。ですから、一一月五日の決定は、大綱そのものではありません。大綱には期限がありませんが、指針は期限を区切ってやっていくという意味が込められていたのです」

一パーセント枠決定のとき、総務会長の座にあった松野は、後日、インタビューに答えて反対の意見を述べた。

「大綱を決めた後、『ただし、一パーセント』といって一パーセント枠を決めたわけだから、むしろ一パーセントのほうにウェートがあるんですよ。一パーセントは大綱の後で決めたんだから、大綱と切り離しても問題ないという意見は間違いだね」

大綱は、際限のない防衛力増強に歯止めをかけるという狙いから誕生した。さらに、四次防スタイルの長期計画方式をやめて単年度主義を採用することを前提として大綱が生まれ、一パーセント枠が設けられた。

一パーセント枠は、ポスト四次防の落としだねとして誕生したのは間違いないが、大綱運用のための追加的な注意事項といったものでないことは明白である。大綱と一パーセント枠は誕生のときから一体不可分のものとして決定されたのである。

第五章

東芝機械ココム違反事件——経済安全保障の真実

「強いアメリカ」とココム規制強化

一九九四（平成六）年まで、ココムという国際機関が存在した。英文の名称を直訳すると、「多国間輸出統制調整委員会」だが、日本では「対共産圏輸出統制委員会」と称された。

冷戦が激化した四九年、アメリカの提唱で発足した。参加国はアイスランドを除く北大西洋条約機構（NATO）加盟の一五カ国と日本の計一六カ国だった。条約による加盟ではなく、各国の紳士協定に基づく参加という形を取ってきた。

ココムは長い間、ベールに包まれた存在だった。本部はパリのアメリカ大使館の別館内にあったが、誰でも自由に出入りできる場所ではなかった。加盟国の担当官が毎週一回集まって秘密会議を行った。

当初はソ連など共産圏諸国に対する禁輸による経済封じ込めが目的だった。その後、規制の狙いが次第に軍事技術や戦略物資の流出防止に移っていった。

共産圏一二カ国に対する禁輸品目のリスト（ココム・リスト）は、毎年一回開かれた高級会議で決められたが、内容は公表されなかった。当初は四〇〇以上だった。七〇年代後半のデタントの幕開けで約一一〇品目に減ったといわれた。

デタントで、東西貿易が飛躍的に拡大した。それにつれて、ヨーロッパやアメリカの産業界でココムを厄介な存在と見る空気が広がった。

八一年にアメリカでロナルド・レーガン大統領が登場したときから、再びココム規制強化の動きが出始める。レーガンは「強いアメリカ」を旗印に、対ソ軍事力の優位の回復を最優先させた。東側への軍事技術の流出にも神経をとがらせ、ココム規制に力を入れた。

レーガン政権の発足から約九年が過ぎた八九年一一月九日、戦後の東西冷戦の象徴だった「ベルリンの壁」が崩壊する。一二月二日、地中海のマルタ島での米ソ両国首脳の合意で冷戦終結が確認された。

その二日前の一一月三〇日、アメリカ国務省のローレンス・イーグルバーガー副長官（後に国務長官）がアメリカ外交官協会の会合でココム規制の行方に言及した。

「アメリカとココムの参加国は、東欧で起きている民主化に対して、建設的な対応の信号を送りたいと思っている。ココム緩和政策は東欧の改革の進展を支えると同時に、アメリカの企業にもチャンスを与え、かつアメリカの安全をも保障するものである」

二年後の九一年一二月二六日、ソ連が崩壊する。ココムは存在意義が薄れ、九四年三月に解散した。


まだココムが健在だった八五年一二月、パリの本部に日本から一通の英文の手紙が届いた。冒頭はこんな文章であった。

「以下に述べるのは、社会主義諸国、なかんずく、ソ連への先端技術の流出についての具体的な事実に基づく報告である。いわゆる『ハイテク流出』については、ココム加盟国当局が、その対策に苦慮しており、米国国防総省も自由主義諸国に対する脅威増大の原因として警鐘を鳴らしてきたが、その実態はなかなか摑めなかった」

続けて、和光交易という日本の対共産圏貿易専門商社が行った戦略物資の不法輸出の具体例が箇条書きで列挙されている。その中に、セラミックや単結晶などの製造装置と並んで、次の二つの記述があった。

「九軸同時制御の船舶用プロペラ加工機＝メーカー・東芝機械、買手・ソ連技術機械輸入公団。上記工作機械は四台、一九八三年、レニングラードのバルチック造船所へ納入され、原子力空母、原子力潜水艦などのプロペラ製造に使用されている」

「五軸同時制御の船舶用プロペラ加工機＝メーカー・東芝機械、買手・ソ連産業機械輸入公団。

上記工作機械は四台、一九八四年、レニングラードのバルチック造船所へ納入され、直径約五メートルまでのプロペラ製造に使用されている」

東芝機械は現芝浦機械である（二〇二〇年に商号改称）。送り主は手紙の末尾で述べている。「九軸同時制御の船舶用プロペラ加工機については、手持ちの資料を添付する。しかるべき対策、措置を講じられることを要請する。なお、より詳細な情報を要求されるなら、下記に連絡されたい」（以上、熊谷独著『モスクワよ、さらば』から）

住所、氏名、電話番号が明記されている。差出人は元和光交易モスクワ支店首席駐在員の熊《くま》谷《がい》一《かず》男《お》という人物で、二五年間、勤めた会社を数カ月前に辞めたばかりであった。

問題の東芝機械製のプロペラ用工作機械の輸出に直接、関わった当事者の一人で、ココム本部に自分たちが行った秘密取引を明らかにする手紙を送りつけたのだ。正真正銘の内部からの密告である。

ソ連との商談

熊谷はココム本部に手紙を書く一年前、同じ内容の文書を、まず日本のある公的機関に送り届けたが、一年たっても何の音さたもなかった。それで一年後に今度はココム本部に手紙を書いたのだ。熊谷が告発の動機を振り返って語った。

「私は前々からソ連の国家保安委員会（ＫＧＢ）とけんかしてやろうと思っていました。あいつらに思い知らせてやりたかった。個人的な憤怒ですよ。それが告発の唯一の理由でした。ＫＧＢに打撃を与えるには何ができるのか。そう考えてココム本部に手紙を書いたんです」

和光交易の本社は東京の中央区八丁堀にあった。ソ連、中国など、主として共産主義諸国を相手に貿易を行う商社である。五二年一一月に設立され、モスクワには六二年から駐在員事務所を置いている。年商は八六年当時で約三六億円であった。

密告に記された船舶用プロペラ加工機の商談は、熊谷が手紙を書く五年前の八〇年一〇月にスタートした。ソ連技術機械輸入公団のイーゴリ・Ａ・オシポフ副総裁が、和光交易の機械第二部長の土方《ひじかた》純一《じゅんいち》と熊谷に加工機の引き合いの話を持ちかけてきたのだ。オシポフはＫＧＢの一員である。

一カ月後、和光交易は東芝機械に打診を行った。東芝機械はすぐに検討を開始した。

当時の東芝機械は東芝が全株式の五〇・〇八パーセントを保有する東芝のグループ企業である。戦後間もない四九年三月、芝浦機械製作所として設立された。六一年六月に芝浦工機と合併して東芝機械と名前を変えた。

東芝の子会社とはいえ、東証一部上場の日本を代表する工作機械メーカーであった。和光交易から話があった七九年の三月期には、年間六四〇億円の売り上げを誇り、従業員も三六〇〇人という規模である。

東芝機械にとっては、九軸同時制御の工作機械四台で約四〇億円の売り上げが見込める大型取引であった。翌八〇年三月、社長の久野《ひさの》昌信《まさのぶ》に報告された。社長もココムに違反する不正輸出であることを知りながらゴーサインを発した。

ソ連に対しては、ココムや外国為替管理法で二軸同時制御の機械しか輸出できないことになっている。その点をソ連側に相談した。

東芝機械はソ連側からノルウェーのコングスベルグ社を紹介された。ノルウェーのコングスベルグ市にある国営の兵器会社で、正式にはコングスベルグ・ヴァーペンファブリック社といった。兵器のほかに、コンピューター、自動製図機、数値制御装置なども生産する会社である。東芝機械はコングスベルグ社と交渉し、一つの抜け道を発見した。九軸制御の機械を表向き二軸制御のものとして輸出する。その後、コングスベルグ社に頼んでソ連で二組の五軸制御の機械に改造してもらうやり方だ。

その後、この商談に大手商社の伊藤忠商事が登場する。それまで東芝機械がソ連に工作機械を輸出する場合、伊藤忠が公式の売り主となることが多かった。伊藤忠のような大商社が売り主なら、通商産業省（現経済産業省）に輸出申請する場合にも疑われなくて済む。

八一年二月、東芝機械から伊藤忠に話が持ち込まれる。伊藤忠も承諾した。四月、両社は伊藤忠のモスクワ支店でソ連側と九軸制御の工作機械四台の輸出契約を結んだ。八月、虚偽申請によって輸出貿易管理令に該当しない旨を示す証明書を通産省から取得した。

東芝機械は九月から商品の製造に入った。翌八二年の一二月から八三年の六月まで、四回に分けてソ連に輸出した。

別口の五軸制御の工作機械四台の輸出についても、八三年四月にソ連側と契約を結んだ。九月に通産省から輸出貿易管理令の非該当証明書を取得する。翌八四年四月から五月にかけてソ連に向けて送り出した。六月、先に輸出した九軸制御の工作機械のプログラム・マニュアルとプログラム、それにソ連側から要求があった関連商品を日本から運び出した。

「東芝機械はシロ」

熊谷がココム本部あてに密告の手紙を投函してから数週間が過ぎた八五年一二月であった。外務省からパリの日本大使館に派遣されている一等書記官の野本佳夫《のもとよしお》（後に駐スロバキア大使）が、東京の本省に電話をかけてきた。日本大使館に在籍しているが、ココム問題の担当官としてパリに派遣されているココム・アタシェである。

「東京からココム本部に密告のレターが届いています。ココムから関係各国に回してきました。コピーが私の手元にあります。そちらに送りますので、よろしくお願いします」

受話器を取ったのは経済局国際経済二課長の水盛五実《みずもりいずみ》（後に印刷局長）である。大蔵官僚だが、七四年に国際経済課が一課と二課に分かれたときから、二課長はずっと大蔵省からの出向組で占められている。当時、国際経済二課では、一般経済情勢の調査、通貨・金融問題などのほかに、ココムを含む安全保障関係の輸出規制も取り扱った。

しばらくして熊谷の出した手紙のコピーと分厚い関係書類が届いた。そのとき、水盛はそれほど深刻な問題とは思わなかった。

ココム違反事件は一年に二〇〜三〇件、ココム本部がルーチン・ワークとして通知してくる。信頼できる情報も、いい加減なものも、玉石混交で含まれている。密告の類も少なくなかった。熊谷の手紙もいつもの単なる投書と水盛は受け取った。

年が明けて八六年一月半ば、外務省でココム問題に関係する五つの役所の担当者による連絡会議が開かれた。不定期の集まりだったが、月の第一木曜日に開かれることから「一木会」と呼ばれた。五つの役所は、外務省、通産省、大蔵省、警察庁、防衛庁であった。外務省は経済局国際経済二課、通産省は貿易局輸出課、大蔵省は関税局輸出課、警察庁は警備局外事課、防衛庁は装備局管理課から、それぞれ課長補佐クラスが出席した。

外務省の担当官が、ほかの案件と一緒に東芝機械の件を報告した。熊谷の手紙と、ココムの議長名で外務省あてに届いた公電の写しを、通産省の担当者に渡した。通産省はココム規制に関する責任官庁である。貿易局の輸出課は、輸出許可を行うための審査など、直接その事務を担当する部署であった。

通産省の担当官には、何の引っかかりもなかった。輸出を許可する段階で何かトラブルがあったといった報告は上がってきていない。一応、内容を検討し、通産省が再調査することを決めた。ココム本部に対して回答を寄せる必要があったからだ。

間もなく貿易局輸出課は調査を開始した。といっても、輸出に関係した企業の当事者を呼んで事情を聞くだけである。

通産省では、ほかに機械情報産業局の通商課など三課がココム関連の輸出許可・承認や非該当証明の申請を取り扱った。東芝機械事件以前は、輸出許可申請書などの審査を行う担当官は機械情報産業局にわずか一三人、省全体でも四〇人しかいなかった。それで月平均五〇〇件もあったココム関連物資の輸出承認申請や、ココム規制品でないことを証明する非該当証明の発給申請などを一手にさばいていたのだ。

基本的に通産省の審査体制は、輸出企業は不正をしないはず、という前提に立っている。虚偽の申請を行ったりして故意に不正輸出を仕掛けてくる事態を想定していなかった。役所のチェックでココム違反を水際で防ぐといった意識は、通産省にはなかった。違反を見抜くには、申請の件数に比べて審査を行う人員が少なすぎた。

それだけでなく、「徹底審査」を励行すれば、輸出の遅滞を招く。長い間、輸出振興、産業界の保護を旗印にしてきた通産省は「徹底審査」には消極的だった。

東芝機械の場合も、書類審査だけでパスして輸出を終えている。通産省は、ココム本部から指摘を受け、やむをえず、申請書類どおりに実際に輸出が行われたかどうか、ひとまず事情を聴取することにしたのだ。

輸出課では一月から三月にかけて、東芝機械と伊藤忠の当事者を都合一〇回前後、通産省に呼んで事情を聞いた。突然、呼び出しを受けて、東芝機械は慌てた。もともとココム違反を承知で虚偽の申請書を提出し、会社ぐるみで不正輸出を行っていたからだ。

関係者が社内で対応を協議した。熊谷がココム本部に密告の手紙を出したことは、まだ知らされていない。ばれるはずがないから、「二軸の輸出」ということで言い通そう、という結論に達する。会社ぐるみで隠蔽工作を行って切り抜けようとした。

輸出課の係官の尋問に対して、東芝機械は社内での事前の打ち合わせどおり返答する。

「輸出したのは申請どおりの二軸の機械です。向こうに備え付けられている機械が九軸だったとしても、二軸の機械に二軸以上のNC装置を取り付けて動かすには、機械を大改造する必要があります。それは技術的に極めて難しい問題です。仮に大改造が行われていても、それには全く関与していませんよ。それを知っていて輸出したわけでもありません。輸出したこの機械のソフトも二軸のソフトです」

東芝機械側は「うその上塗り」に沿って作成した新しい資料を通産省に提出した。

通産省には、五年前に出された虚偽の申請書類が残っているだけである。実際に運び出された機械が二軸だったかどうかは、確かめたくても、すでにソ連側に渡っていて、手も足も出せない。残された書類や資料を基に追及しようとしても、会社ぐるみで不正輸出を行った東芝機械が簡単に違反を認めるわけがなかった。

通産省は三月、一木会の席で「東芝機械を調査したが、ココム本部から指摘されたような違反は見つからなかった」と回答した。報告を受けた外務省は、すぐにココム本部に「東芝機械はノット・ギルティ」と調査結果を伝えた。

アメリカが再調査を要請

外務省からココム本部に伝えられた「東芝機械はシロ」の回答は、そのままココム本部からアメリカ政府に通知された。アメリカ政府でココム規制も含めて輸出管理を担当しているのは商務省だが、ココム政策の中身については、国防総省が大きな力を持っている。東芝機械問題に対する日本政府の回答は、ココム本部から国防総省に届いた。

レーガン政権時代、国防総省には、キャスパー・ワインバーガー長官の下に、政策担当と研究技術担当の二人の次官がいた。日本政府からの回答を受け取った政策担当次官のフレッド・イクレは、書類を部下のリチャード・パール次官補に回した。

国防総省で防衛政策を担当する部門には、二つの系統があった。一つは国際安全保障局（ISA）で、NATO以外の国際安全保障問題を所管とした。安全保障に関する対日政策を決定するのもこの機関だった。

もう一つは国際安全保障政策局（ＩＳＰ）だ。対ソ政策、ＮＡＴＯ関係など、東西間の安全保障政策を担当した。パールはＩＳＰのトップである。

パールはココム問題の直接の責任者である部下のスティーブン・ブライアン次官補代理を呼んで、届いた東芝機械関係の資料を手渡した。レーガン政権時代、西側世界のココム政策を実質的に動かしていたのはパールとブライアンであった。

二人とも国防総省の中では折り紙付きの対ソ強硬派である。ソ連に対する軍事的優越こそ西側の安全を守る最大の武器と根っから信じ込んでいる。

パールは三〇歳前後で民主党の上院のスタッフとなった。一一年間、主として安全保障問題に携わった。その点を買われて、共和党政権から声をかけられ、八一年初めにペンタゴン入りする。八七年まで国防総省で東西軍事関係の最前線にいた。長い間、ペンタゴンの安全保障・防衛政策の第一人者で、ワインバーガーの懐刀といわれた。

「ソ連は悪の帝国」と言い切る対ソ強硬派の旗頭であった。そのために、七〇年代後半、新聞記者たちから「プリンス・オブ・ダークネス」というニックネームで呼ばれた。

ブライアンは四二年生まれで、四〇代前半である。学者の出身で、ペンシルベニア州のリーハイ大学の准教授の後、上院外交委員会の事務局のスタッフとなった。一〇年間、事務局長として腕を振るい、レーガン政権発足直後の八一年三月、国防総省に入った。

一方で、ブライアンの過去には、なぞに包まれた部分もあった。かつてイスラエルに機密を漏洩しようとしてアメリカ連邦捜査局（ＦＢＩ）から取り調べを受けたことがあるといううわさが、ワシントンの政界筋でささやかれた。国防総省でココム規制に異常とも思えるほどの執念を燃やしたのも、点数を稼いで、過去の傷をぬぐい去りたいと思ったからではないか、と見た人も少なくなかった。

ブライアンはパールに「看過できない案件。徹底的に調査を」と申し出る。東芝機械とコングスベルグ社の行為に関して、軍事技術上の意味、戦略上の影響など、より広い範囲の評価を調べるとともに、事実関係の確認を急いだ。

東芝機械が提供した工作機械がソ連の軍事力の向上にどれだけ貢献したか、アメリカが被った損失の程度なども知る必要があった。それらの諸問題について、陸海空軍にも統合参謀本部にも防衛情報局（ＤＩＡ）にも、高度な情報を集めて技術面の評価を下す部門がある。ブライアンは調査を依頼した。

同時に、国務省を通じて日本政府に再調査を要請した。国務省は駐日アメリカ大使館経由で、八六年六月下旬、日本の外務省と通産省に申し入れを行った。

八月、通産省貿易局長の畠山襄《はたけやまのぼる》（後に通商産業審議官を経て日本貿易振興会理事長）がワシントンのオフィスにブライアンを訪ねた。出張でニューヨークとワシントンに出掛けたので、ペンタゴンにも立ち寄り、ココム担当のブライアンにあいさつに出向いたのだ。

畠山は省内で「将来の次官候補」と呼ばれたエリート官僚だった。東大法学部を出て通産省に入り、八〇年に鈴木善幸《すずきぜんこう》内閣で首相秘書官となった。その後、産業政策局総務課長、官房の総務課長、資源エネルギー庁石油部長を経て、八六年六月の人事異動で貿易局長に就いたばかりであった。直後に担当局長として東芝機械ココム違反事件にぶつかった。

畠山は出張のついでにブライアンを訪ねたが、ブライアンは東芝機械の件は一言も口にしなかった。畠山はまだこの事件を知らない。普通に握手をして別れた。

帰国後、畠山は八月下旬に輸出課長の白川進《しらかわすすむ》（後に基礎産業局長を経て東京電力副社長）から報告を受けた。白川は「東芝機械の工作機械の輸出でアメリカからココム違反ではないかという問い合わせがあり、調査したが、特に問題があるとは思えない」と述べ、経緯を説明した。畠山は初めて東芝機械の一件を知った。

戦後初の重大事案

通産省は大した調査もせず、九月に外務省を通じてアメリカ政府に「再調査」の回答を寄せた。三月にココム本部に伝えたのとほとんど同じ内容であった。

しばらくして、ブライアンは東芝機械とコングスベルグ社に関するインテリジェンス・レポートを受け取った。ソ連の造船所の航空写真を含む膨大な資料であった。春に依頼しておいた調査に対して、ペンタゴンの情報調査部門の報告が届いたのだ。

ブライアンはワインバーガーに進言した。

「戦略ミサイルに関するわが国の優位性が失われる危険性があります。ソ連の潜水艦の所在が探知できなくなるのは、ペンタゴンに爆弾を仕掛けられたようなものです。日本はまだそのことが分かっていません。日本政府を動かすことが必要です」

穏健派の親日政治家として知られたワインバーガーも、ブライアンの提案には異議を挟まなかった。ブライアンはアメリカ側の独自調査の結果を添えて、再び国務省経由で駐日アメリカ大使館に連絡を入れた。当時、駐日大使だったマイケル・マンスフィールド（元アメリカ上院多数党院内総務）がそのときの模様を振り返った。

「確かに私のところに連絡が来ました。東芝機械の工作機械によってソ連の潜水艦のプロペラ音が小さくなったという話でした。専門家ではないので、詳しい内容は分からなかったが、安全保障上、困難なことが起こったと聞かされ、すぐに外務省に連絡しました」

他方、ブライアンから連絡を受けたアメリカの国務省は、ワシントンの駐米日本大使館にも話を持ち込んだ。大使の松永信雄《まつながのぶお》（退官後、日本国際問題研究所理事長）の下で経済問題担当公使を務めていた佐藤嘉恭《さとうよしやす》（後に外務省大臣官房長を経て駐中国大使）が問題の処理に当たった。その場面を回想した。

「八六年の一一月ごろ、国務省の経済問題担当の次官から『説明したいから』と呼び出しを受けて、二回くらい会いに行きました。普通なら向こうも局長が出てくれば済む話です。それがわざわざ次官が話をするという。これは尋常のことではないと思いましたね」

佐藤は東京の本省と連絡を取り、通産省から得た情報を基に、日本政府の対応について説明を繰り返した。通産省はまだ腰を上げようとしない。アメリカ側は不満を募らせた。

一二月の半ば、アメリカ国防総省のイクレとブライアンが東京の霞が関の外務省を訪ねた。イクレはワシントンからソウルを回って東京入りした。ブライアンは北京経由で東京に着き、イクレと落ち合って外務省にやってきた。

外務審議官の手島冷志《てじまれいし》（後に駐イタリア大使）が応対した。外務審議官は事務次官に次ぐ省内ナンバーツーのポストだが、英語訳では「次官」と呼ばれている。手島には東芝機械問題は初めての話だったが、担当の国際経済二課長の水盛が同席した。

イクレとブライアンは「東芝機械に重大なココム違反がある」と告げ、「情報組織が集めた情報が基になっているから、相手が同盟国でも、具体的な証拠は開示できないが、深刻な問題」と言い添えて、調査の開始を迫った。

水盛はその直後、省内の北米局安全保障課長の岡本行夫《おかもとゆきお》（後に北米一課長を経て外交評論家、首相補佐官）にイクレと手島の会談の模様を明かした。日本では国際安全保障問題の所管は、防衛庁ではなく、外務省の安全保障課である。安全保障課長は立場上、アメリカの国防総省と最も接触が多いポジションであった。

これはただならない事態だ、と岡本は深刻に受け止めた。日米間で安全保障に関してこんな重大な問題が発生したのは戦後初めてでは、と思った。

イクレとブライアンは通産省と防衛庁にも足を運んだ。通産省では八月にワシントンであいさつを交わした貿易局長の畠山が応対に出た。

アメリカ側の関係者によれば、二人は通産省でも徹底解明を訴えたという。通産省側は、不正輸出といわれても、根拠が単なる投書で、裏付ける具体的な嫌疑が浮かんでこないことに釈然としない感じを抱いている。それでもアメリカ側の迫力に負けて再調査を約束した。

ただし、この点については、通産省側は異なった見解を述べる。この会談では、東芝機械事件の話は出なかったと主張した。

事件の火つけ役

八七年となった。熊谷の密告から丸一年が過ぎた。

二月、通産省は八六年一二月にアメリカ側と約束した再調査の結果を公電でアメリカに知らせた。回答はまたもや「東芝機械はクロとは断定できない」という内容だった。

ペンタゴンでは、日本の通産省が「輸出振興」のためにココム違反を承知で見逃してやっていたのではないか、と疑う声も上がり始めた。事件への対応に関わった外務省のある人物が声を潜めて当時を振り返った。

「通産省が容易に腰を上げようとしなかった。裏に何か大きな秘密が隠されていたとは思えません。単に官僚的な消極性と責任逃れが原因でしょう。書類上のこととはいえ、通産省には一度、輸出を許可したという負い目があった。そこに追及の矢を向けられるのを、担当者ばかりか、省全体が恐れたんだと思いますね」

八七年三月初め、東京の三番町にあったホテル霞友会館で、外務省のある人物の大使就任を祝うパーティが開かれた。旧知の間柄だった通産省の畠山は招かれて出席した。

会場に足を踏み入れようとしたとき、すれ違いざまに顔見知りの外務省の幹部から声をかけられた。外務省側のココム問題の責任者だったこの人物は、畠山に顔を近づけ、周囲に聞こえないように、「本件は重要な話ですからね。頼みますよ」とささやいた。

畠山が東芝機械事件で外務省の関係者から話を振られたのは初めてであった。その前後から、本格的な再調査が必要、と畠山は考えるようになった。

本格的な再調査となれば、東芝機械、伊藤忠、和光交易などの関係者を呼んで尋問しなければならない。一度は表向き合法を装って正規の許可を得た上で輸出が行われている。それを覆すにはそれ相応の確たる材料が必要であった。

手元にあるのは、偽装工作が施された輸出時の関係書類と、熊谷がココム本部に出した投書の写しだけである。通産省はアメリカ側が握っていると思われる「確たる証拠」を手に入れたいと考えた。特に輸出された工作機械が実際にソ連国内に違法に持ち込まれたことを示す資料は欠かせない。

過去にも通産省はアメリカの国防総省に証拠資料の提出を求めてきたが、外務省を通じてもう一度強く申し入れた。折り返し返事が届く。アメリカ側は「詳しい説明を行うために、後日、使節団を日本に派遣する」と回答してきた。

通産省が使節団の訪日を待っていた三月二〇日、アメリカの新聞「ワシントン・タイムズ」が「ペンタゴンのターゲットは日本とノルウェーの企業」という見出しで、事件を報じた。ジェームズ・ドーシーという記者の署名記事である。

「国防総省は、ソ連に西側の高度な軍事技術を横流しした日本の大手電機メーカー・東芝とノルウェーの企業に対して制裁を通告しようとしている。そのことは昨日、政府周辺の消息筋の情報によって明らかになった。この情報によれば、ペンタゴンは、東芝とノルウェーの国営兵器会社・コングスベルグ社の製品の新たな調達と次の交換時期における商品の購入、および世界中の軍事施設における商品の購入を、数日以内に禁止する考えであるという」という書き出しで始まる一〇〇行余りの短い文章であった。

記事は最初から最後まで、工作機械をソ連に輸出したのは「東芝機械」ではなく、「東芝」と書いた。「東芝」とコングスベルグ社が組み、ココム規制に違反して、ミサイル搭載潜水艦のプロペラ音を小さくするための船舶プロペラ用の大型工作機械を輸出していたと報じた。

日本でよく知られている新聞は「ワシントン・ポスト」や「ニューヨーク・タイムズ」だが、

「ワシントン・タイムズ」は首都ワシントン地区で売られている別の日刊紙だ。韓国の文鮮明《ムンソンミョン》をリーダーとする旧統一教会（後の世界平和統一家庭連合）系の新聞といわれ、アメリカの保守勢力の意見を代弁するマスコミと評された。

レーガン大統領が在任中、毎朝、目を覚ますと、最初にこの新聞を手にしていたという話もあった。その記事で、関係者以外の一般の人々は、この事件に初めて触れたのである。

ワシントンから北西に六百数十キロのミシガン州デトロイトでも、相前後して同じニュースが報じられた。この地の新聞「デトロイト・ニューズ」も記事にした。アメリカの政府関係者の多くは、「ワシントン・タイムズ」よりも、「デトロイト・ニューズ」で事件を知った。「デトロイト・ニューズ」は四月二八日、「東芝は潜水艦技術でソ連に力を貸した」という見出しの記事を二ページにわたって載せた。ジョン・ピーターソンというワシントン支局の記者の署名記事である。後にアメリカで「東芝たたき」の火が燃え広がるが、「ワシントン・タイムズ」と「デトロイト・ニューズ」がその火つけ役を果たしたと見た人は多かった。

時効の壁

日本の新聞では、朝日新聞と日本経済新聞が日本時間の八七年三月二二日に初めてこの事件を報道した。ワシントン特派員の記事として、日本企業のココム違反容疑について、国防総省が日本政府に調査を要請していることを伝えた。

通産省は新聞側の取材に対して、「違反なし」を確認していて、すでに決着済みの問題、という態度を取った。表面は決着済みと取り繕いながら、実際にはそのころからやっと本格的な調査をスタートさせた。

アメリカ側が約束した使節団の派遣はまだ実現していなかった。三月下旬になって証拠資料提出の通報があった。ブライアンが経緯を説明した。

「日本側は初めのうちは、こちらに証拠がないのではないかと疑っていました。通産省は産業界が出してくるものは何でも信用するところがあります。アメリカを信用せずに、会社のほうを信用する。私たちは最初、日本に対しては、『あなたの国のことだから、自分で証拠を探しなさい』と言ったんです」

東芝機械がソ連に不正輸出した工作機械には、九軸同時制御と五軸同時制御の二種類のプロペラ加工機がある。証拠資料はそのうち九軸制御に関するものだけが届いた。

アメリカ側は自分から積極的に材料を提供するという態度ではなかった。どうしても日本が知りたいなら教えてやろうといって、必要なものだけを通報してきた。

通産省はそれを手掛かりに、三月の終わりから四月中旬にかけて、徹底的に再調査を行った。貿易局の輸出課には、ココム問題を扱う戦略物資貿易管理班と呼ばれる部隊があり、一〇人内外の専従スタッフがいた。それ以外に、機械情報産業局にも工作機械の技術に詳しい専門家が何人かいる。その人たちも駆り出された。

調査チームのリーダーは輸出課長の村田成二《むらたせいじ》（後に経産省事務次官を経て新エネルギー・産業技術総合開発機構理事長）であった。四月七日から一五日までの九日間、通産省に連日、東芝機械、伊藤忠、和光交易の関係者を呼んで尋問を繰り返した。通産省側で実際の尋問の指揮を執ったのは輸出課長補佐の深野弘行《ふかのひろゆき》（後に特許庁長官を経て関西経済同友会代表幹事）である。

最大の課題は時効の壁であった。一度、輸出を許可した通産省が改めて本格的な調査を始める以上、犯罪事実を突き止めて捜査当局に告発し、事件として立件させなければ収まらない。その場合、時効の問題が大きな壁として立ちはだかった。

ココム違反は、日本では外国為替及び外国貿易管理法（外為法）で取り締まることになっている。当時は違反行為に対する公訴の時効は三年であった。

東芝機械のソ連への工作機械の輸出は、九軸制御が八二年一二月から八三年六月にかけて、五軸制御は八四年四月から八四年五月にかけてである。そうなると、九軸は八六年六月、つまり一年近く前にすでに時効が完成していることになる。立件できたとしても処罰は不可能だ。

一方の五軸も八七年の五月に時効になる。取り調べを始めても、時効完成までわずか一カ月余りしか時間がない。アメリカ側の催促にもかかわらず、日本政府内で調査に消極姿勢が目立ったのは、時効の問題も関係していたのである。

それでも調査チームは短い残り時間での尋問に挑んだ。通産省は警察ではないから、物理的強制力を背景にした取り調べはできないが、実際には警察顔負けの調査であった。

尋問の開始から約一週間後、東芝機械の関係者が違反事実を認める供述を始めた。深野の追及に対して、偽の申請書を作成してソ連に不正輸出を行ったことを認めたのだ。

輸出課長の座にあった村田が往時を回顧した。

「東芝機械が輸出した工作機械のメカを徹底的に追及して、関係者の証言や書類の矛盾点を見つけ出したんです。われわれの調査では証拠は出なかったが、九軸だけでなく、五軸もソ連に不正輸出したという心証を得ました」

自白を得たといっても、白状したのは時効が完成している九軸の分だけである。アメリカ側から証拠資料の提出を受けていない五軸は、容易に攻め落とせなかった。

調査チームは厚い壁の前で立ち往生した。決め手を欠いて焦りが出始めたとき、メンバーの一人が新事実を探り当てた。東芝機械が八四年六月に先に輸出した九軸制御の工作機械に関するプログラムとプログラム・マニュアルを、無許可でソ連に輸出していた事実をつかんだのだ。この容疑は時効の完成まで二カ月の猶予があった。

戦後最悪の日米経済摩擦

八七年四月中旬、通産省の調査チームの取り調べが大詰めを迎えていたとき、日本側の対応の遅さに業を煮やしたアメリカの国防総省では、ワインバーガーがイクレ、次官補のリチャード・アーミテージ（後に国務副長官）、次官補代理のカール・ジャクソン、日本部長のジェームズ・アワー（後にヴァンダービルト大学教授）らを長官室に集めて、事件に関する日本への対応について協議した。

国防総省の防衛政策を担当する二つの部門のうち、安全保障に関する対日政策を扱うＩＳＡはトップがアーミテージで、ジャクソンがナンバーツーである。海軍時代に在日米軍基地で長く勤務したことがあるアワーが、対日政策専門のスタッフとしてその下にいた。

パールやブライアンらが所属するもう一つの部門のＩＳＰは、対ソ戦略や安全保障政策などに関して、基本的姿勢にＩＳＡと多少、隔たりがあった。それが対日政策に微妙に反映した。ＩＳＰには日米関係への配慮という考えはあまりなかったが、ＩＳＡは西側の結束を重視する。対日関係にも十分な配慮が必要という立場であった。

といっても、ココム規制については、ＩＳＡもＩＳＰと同様に、重要性と必要性を認識している。それでもＩＳＡには、違反事件で日本政府を追及するあまり、日米関係を悪化させては元も子もないという考えがあった。

四月の国防総省でのＩＳＡの協議では、まず出席者の一人がワインバーガーに日本政府の内情を報告した。東芝機械のココム違反は、官僚レベルで処理する計画で、政府のトップには伏せられていて、中曽根康弘首相はもちろん、田村元《たむらはじめ》・通産相にも情報は届いていないという実情を説明した。

中曽根は四月三〇日から五月二日までワシントンを訪問し、レーガンと首脳会談を行うことになっている。日米関係は経済摩擦の激化で「戦後最悪」といわれた厳しさである。首相訪米の最大の狙いは、日米関係の改善であった。

中曽根は年初から夏の衆参同日選挙の実施に照準を合わせて、周到に準備を進めている。同日選大勝で八三年の衆院選の雪辱を遂げたいというのが中曽根の基本戦略である。訪米による日米関係好転で点数を稼ぎ、一気に同日選になだれ込むという作戦であった。

それなら、中曽根にとってマイナス材料となるココム違反問題をあえて日米首脳会談に持ち出せば、日本は態度を変更して政治的解決を図る可能性がある。国防総省でのISAの協議で別のメンバーが、その点を指摘する意見を陳述した。

長官室での協議が終わった。中曽根訪米前に、日本政府のトップにこの事件の存在を知らせようということになった。そうすれば、日本側も事態の深刻さを認識して動き出すはずという読みである。

最後にワインバーガーが、自ら防衛庁長官の栗原祐幸に書簡を送ると表明した。互いに日米の防衛問題の責任者同士であるという関係を重視して、送り先は防衛庁長官とした。親書の文章はジャクソンが英文で書いた。

数日後、栗原が通産省事務次官の福川伸次《ふくかわしんじ》（後に電通総研社長）に直接、電話をかけてきた。

最初、通産相の田村に話をしようと思って大臣室にダイヤルしたが、外出中だったので、次官室の福川に電話をつないでもらった。

栗原は福川に、ワインバーガーから東芝機械事件の再調査を促す親書が届いていることを告げ、手紙の中身を要約して伝える。通産省側の対応について説明を求めた。

福川は大変なことになったと受け止めた。もしかすると、大きな政治問題になるかもしれない、と思った。受話器を置くと、一人で考え込んだ。

事件が問題となっていることは、すでに報告を受けて知っているが、詳しい内容はまだ把握していない。それに、この話は通産省では次官止まりで、大臣の耳にまで届いていなかった。

福川は田村が外出先から戻るのを見計らって大臣室のドアをたたいた。

急ピッチの捜査

「東芝機械にココム違反の疑いあり」という話は栗原にも初耳であった。ワインバーガーからの手紙で初めて知らされたのだ。届いた手紙の翻訳を命じられたのは、防衛庁の防衛局長だった西広整輝《にしひろせいき》（後に防衛庁事務次官）である。親書の内容について、追憶した。

「手紙には『東芝機械が輸出した工作機械がソ連の潜水艦のスクリュー音を小さくするのに使われているらしい。音が小さくなったことは防衛政策上、非常に大きな問題である。外務省と通産省に問い合わせをしているが、らちが明かない』といったことが書いてありました。長官も私も、初めて事態の深刻さを知りました。放っておくわけに行かないということになり、長官が外務省と通産省に電話を入れ、次官に話をしたわけです。私もそれとは別に、早く調査するようにとそれぞれの局長レベルの人たちにプッシュしました」

栗原はワインバーガーからの手紙をことのほか喜んだ。自分がアメリカ側から高い信頼を得ている証拠だと思った。

栗原は通産、外務の両事務次官に電話をした後、話が事務方から大臣に上がるのを待った。実際には両省ともその日のうちに大臣の耳に入れたが、栗原は何日か様子を見た上で、四月二一日、中曽根に報告した。「早く処置すべき」と進言した。

その数日前、通産省の畠山は機械情報産業局長の児玉幸治《こだまゆきはる》（後に事務次官を経て商工組合中央金庫理事長）と輸出課長の村田を伴って首相官邸に出向いた。官房長官室を訪ね、長官の後《ご》藤田正晴《とうだまさはる》（後に副総理兼法相）に、「ココム違反の東芝機械と和光交易を数日中に外為法違反容疑で捜査当局に告発する予定」と、そこまでの経緯を報告した。

「金もうけ第一で自由主義陣営の安全保障を考えずにそんなものを売っていたのか。日本は安全保障問題について感度が鈍い。二年も放っておくなんて、君らは今まで何をやっていたんだ。時効まで間がないじゃないか」

後藤田は険しい顔でしかりつけた。即座に外務省と警察庁に問い合わせ、関係者から詳しく事情を聞いた。警察庁長官から政界に転じた後藤田は、「警察官僚のドン」と呼ばれ、自分の出身の警察庁には大きな影響力を持っている。ココム担当の警備局外事課や公安の関係者にすぐに報告させた。

意外な事実が浮かび上がる。警察庁は約一年半前の八五年一二月から情報を耳にしていたにもかかわらず、厄介なこの事件に触らないようにしてきたことが明らかになった。

密告が端緒で、「垂れ込みをいちいち相手にしていたら切りがない」という意識があった。証拠となる工作機械などが海外に持ち出されていて、取り調べを始めても、立件が容易でないという事情も、しり込みの原因だった。

後藤田は直接、警視庁に指示を出す腹を固める。時効の完成に間に合わないおそれがあったからだ。加えて、中曽根の訪米が約一〇日後に迫っている。その前に日本政府がこの問題に積極的に取り組んでいることを示しておきたかった。

自ら警視総監の鎌倉節《かまくらさだめ》（後に宮内庁長官）に電話を入れた。鎌倉は警察官僚の後輩だが、それだけでなく、仕事での結びつきも深かった。一九七一〜七二年、後藤田の警察庁長官時代、長官官房の企画審査官だった。八三年、後藤田が中曽根内閣で一回目の官房長官のとき、その下で内閣調査室長を務めた。

「時間もなくて、なかなか難しい問題だが」と後藤田は鎌倉に告げる。この種の事件は通常、内偵から始めて最低、半年はかかるが、鎌倉はここで日本の姿勢を示さなければ、と受け止めた。タイミングを失すると、意味がなくなる。最強の布陣で臨むことにした。

従来、ココム違反は公安の外事系統が扱ってきたが、消費者保護のための不公正取引や貿易事犯、関税法や外為法違反、公害犯罪などを取り締まる防犯部の生活経済課に担当させた。ココム違反事件といえば、警察ではスパイ事件の感覚で処理することが多かった。鎌倉は、この事件は単なるスパイ事件と違って、経済犯罪の色合いが濃いと判断した。それで生活経済課に担当させ、外事一課と組んで捜査に当たれと命じた。

捜査は急ピッチで行われた。八七年四月二八日、通産省が東芝機械を外為法違反容疑で警視庁に告発した。二九日、中曽根が訪米する。間髪を入れず、翌三〇日、警視庁の生活経済課と外事一課は東芝機械の本社、沼津工場など一四カ所を捜索した。

「東芝たたき」の始まり

中曽根は四月三〇日と五月一日、ワシントンでレーガンと首脳会談を行った。レーガンが東芝機械事件を持ち出してくるかもしれないと心配したが、杞憂に終わった。

ただし、アメリカの議会では新しい動きがあった。下院のダンカン・ハンター、ヘレン・ベントレー、ジェラルド・ソロモンら対日強硬派議員が、東芝機械のココム違反に対する制裁として、東芝グループの製品の全面取引禁止などを求める法案を提出した。ココム違反事件による「東芝たたき」の始まりであった。

日本の警視庁の捜査は異例のスピードで進んだ。通産省も、容疑が固まってきたことから、事件に関与した企業に対する行政処分の検討を始めた。

気掛かりだったのは、経済的利益のために西側の安全保障を犠牲にしたという批判に対して、どの程度の処分を行えばアメリカの勘気が解けるかであった。通産省は行政処分発表の前に、ワシントンの日本大使館を通じて、ひそかにアメリカ政府の意向を打診した形跡があった。

アメリカの怒りを収めようという考えでは、外務省も一致した。通産省と外務省はこの事件では初めから二人三脚を余儀なくされた。

最初、両省の足並みの乱れが目立ったが、三月に通産省が本格的な再調査に乗り出したころから、息が合い始めた。特にアメリカとの関係修復という点で、利害が一致した。

ペンタゴンは日本側に「そちらで行う処分は通産省案でOK」とシグナルを送り返してきたようだ。アメリカ政府は、これ以上、この問題で日本を追い詰めるようなことはしないという意味である。併せて「政府はOKでも、議会は一〇〇パーセント大丈夫とはいえない」という回答も届けてきた。

アメリカ側には、この問題で日本を陥落させたという形を早めに作りたいという気持ちもあった。日本の後にノルウェーが控えていたからだ。こちらは手つかずで、アメリカは日本を陥落させたという実績をコングスベルグ攻略の武器に使う考えである。

アメリカ側のOKを得て、通産省は五月一五日、東芝機械、伊藤忠、和光交易の三社に対して行政処分を行った。東芝機械は外為法の罰則規定の上限である一年間の対共産圏輸出禁止、伊藤忠は三カ月間の共産圏向け工作機械の輸出自粛、和光交易は警告措置という内容であった。

その一八日前の四月二七日、都内のマンションに住む熊谷の自宅の電話が鳴った。今度の事件のきっかけを作った熊谷に対して、通産省の貿易局輸出課から出頭要請の連絡が入った。

熊谷がココム本部に告発の投書を出したのは一年五カ月前、この問題で最初にアクションを起こして二年半だが、通産省、外務省、警察は何も言ってこなかった。もちろんアメリカ政府やココム本部からも連絡はなかった。初めての反応である。熊谷本人が語る。

「輸出課に一日だけ呼ばれ、応接室で五人ぐらいに囲まれて質問を受けました。厳しい尋問ではなかった。通産省は一応、形を整えるために、最後に私を呼んだのでしょう」

通産省も警視庁も四月以来、取り調べを続行中であった。九軸同時制御の工作機械、そのプログラムとプログラム・マニュアルの輸出については、東芝機械の当事者が白状したために、全容の解明は終わった。だが、もう一つの五軸制御のほうは未解決であった。

通産省が心待ちにしたアメリカからの使節団は結局、最後までやってこなかった。熊谷を呼んだのも、五軸で何か手掛かりが得られるのでは、と期待したからだ。五軸については、熊谷も初めから証拠を持っていなかった。

警視庁は五月二七日、時効になっていないプログラムとプログラム・マニュアルの不正輸出の容疑で、東芝機械の材料事業部鋳造部長と工作機械事業部工作第一技術部次長の二人を逮捕した。翌日、この二人と、東芝機械、和光交易の二法人、両社の元役員など、関係者七人を書類送検する。六月一五日、東京地方検察庁は東芝機械と社員二人を起訴した。

起訴のニュースを聞いて、通産省の畠山は「これでゲームセット」と胸をなで下ろした。以後、アメリカ政府がこの問題で何かクレームをつけてくるとは考えられなかった。アメリカの一部で動きが出ている「東芝たたき」も、やがて下火になると思われた。

新たな紛争

「ココム違反容疑で調べを受けている東芝機械が、すでに判明している九軸制御の工作機械のほかに、八四年に五軸制御の工作機械もソ連に不正に輸出していたことが判明した」

六月一七日、NHKのテレビが報じた。

「東芝機械、五十九年にも不正輸出――『五軸』の四台、ソ連に」

翌一八日、毎日新聞朝刊が一面トップでこんな見出しの記事を掲載した。昭和五十九年は一九八四年である。NHKに続いて、毎日新聞が、「九軸」だけでなく、「五軸」も不正輸出されていたことを「新たな事実」として報道したのだ。

東芝機械が「九軸」と「五軸」の両方をソ連に輸出している事実は、事件の発端となった熊谷の投書にも記述があった。日本側に真相解明を迫ったペンタゴンも、最初からその点を指摘していたのに、日本政府は「九軸」とそのプログラム、プログラム・マニュアルの輸出の事実だけを取り出した形で訴追や処分を行った。通産省貿易局の総務課長だった高島章《たかしまあきら》（後に特許庁長官を経て富士通総研会長）が明かした。

「実際のところ、『五軸』のほうはよく分からなかったのです。ソ連に持ち込まれたと言われても、現物はない。レニングラードの海軍の造船所に備えつけられたという話も、アメリカの諜報機関の情報です。『五軸』が輸出されたことは分かりました。ですが、われわれの段階ではクロとは判明しなかったんです」

「五軸も輸出」の報道が飛び出して、通産省は慌てた。畠山以下、幹部たちは三日前に東京地検が起訴した段階で「ゲームセット」と受け止めている。「五軸」問題が新しい紛争の火種になるとは想定外だった。

通産省は六月一八日、急遽、対応を協議した。次官の福川が省内で記者会見を行い、「五軸の輸出は外為法違反の時効が成立。東芝機械に対しては、認められた最高限度の行政処分を下していて、追加処分の考えはない。それが法律上、当然の答え」と弁明した。

一方、二日前の一六日、アメリカの議会で注目すべき動きがあった。アメリカでは東芝機械のココム違反によって生じた損害の補償を日本政府に求めるべきだという声が出始めていたが、そのために国務長官に日本との交渉を義務づけるという内容の法案が下院に提出されたのだ。

下院は四一五対一という圧倒的賛成で法案を可決した。上院も同調し、数日後、下院と同じ内容の法案が出された。東芝機械の工作機械の輸出によって、ソ連の潜水艦のノイズが消えたため、新たに探知システムの開発が必要となったので、費用を日本に払わせろという主張である。要求する補償額は少なくとも三〇〇億ドル、一説には一〇〇〇億ドルともいわれた。

アメリカ政府は、これ以上、日本を追い詰めない方針を固めていたが、二〇日前後、改めて日本に「重大な懸念」を伝えてきた。日米関係悪化を恐れる外務省は危機感を抱いた。ココム問題を扱う経済局の局長だった渡辺幸治《わたなべこうじ》（後に外務審議官を経て駐ロシア大使）が語った。

「五月一五日に東芝機械などに対する行政処分が行われた。そこまではアメリカ政府も、この問題をきちんと処理してくれたと、むしろ日本に好感を寄せていたのですが、後から『五軸』の話が出てきた。これがアメリカを怒らせました。外務省は『五軸』の話は知らなかった。通産省は知っていたはずですが、『九軸』と比べて、こちらは意識が希薄だったと思いますね」

アメリカの商務省でココム規制を含む輸出管理担当の次官補だったポール・フリーデンバーグがそのときの状況を述べる。

「ココム規制はレーガン政権になって急に厳しくなりました。一九七〇年代にアメリカの技術が東側に流失した。それを防ぐために規制を強化したのです。ココム違反はどこの国にもありました。だけど、あのときはアメリカでは東芝事件だけが注目を集めた。東芝がアメリカと一年間に二〇億ドルも取引している企業だったからです。ヨーロッパの違反企業ではそんな大きな取引をしているところはなかった。やはり貿易摩擦問題との関わりで注目されたのです」

ココム違反による負担

アメリカで日本批判が高まってきたことに、日本政府は神経をとがらせた。八七年六月二七日のワインバーガー来日が決まっている。その前に手を打つ必要があった。

外相の倉成正《くらなりただし》と通産相の田村は二三日、閣議が終わった直後、個別に記者会見を行った。東芝機械事件を遺憾とする談話を発表し、再発防止に全力を尽くすと訴えた。

二八日、防衛庁長官の栗原が来日中のワインバーガーを宿泊先のホテルオークラに訪ねた。握手しながら、真っ先に二カ月前、親書をもらったことを話題にして、礼を言った。

続いて防衛問題に関する日米協力について一般的な話し合いを行った。ワインバーガーが東芝機械事件に話題を移した。

「わが国で、特に議会を中心に、貴国に損害を補償させろという声もありますが、私はそういう非生産的な動きにくみするつもりはありません。ですが、問題はやはり深刻です」

ワインバーガーは柔和な表情で告げた。さらに話を先に進める。

「ソ連の軍備拡張、戦力の強化は著しいものがあります。特に潜水艦の力が強くなっています。ミサイル潜水艦も新しくなっているし、攻撃型潜水艦の数も種類も増えています。昔はソ連の潜水艦は音がうるさくて探知しやすかったのに、最近は静かになりました」

栗原は黙ってうなずく。一呼吸置いてから、ワインバーガーが言葉を継いだ。

「この潜水艦の粛音化という新しい脅威については、アメリカも日本も、共に真剣に考えなければなりません。具体的な対処方法はこれから専門家に検討させましょう」

ワインバーガーはソ連潜水艦の粛音化という話を持ち出し、西側の探知能力を高めるために新たな投資が必要になったので、日本も応分の負担を、と迫ったのである。

翌二九日、栗原とワインバーガーの二回目の会談が六本木の防衛庁の長官室で開かれた。栗原は自分から進んで東芝機械事件の話を持ち出した。

「中曽根総理もこの問題に大変、関心を抱いています。日本政府全体としてやるべきことはやっていかなければなりません。防衛庁もきちんと対応していきます」

前日の申し出に対して「イエス」と明言する。日米間の密約が成立した。ここからソ連潜水艦の粛音化に対する日米間の具体的プランが両国間の協議事項として急浮上した。

二週間後、アメリカの海軍長官のジェームズ（ジム）・ウェッブが大急ぎで来日した。一〇月二日、栗原がワシントンを訪れ、ペンタゴンでワインバーガーと最後の詰めを行った。

以上の結果、新しく二つの設備を日本の負担で造ることが決まった。一つは、潜水艦の音を探るための音響測定艦（ＡＯＳ）の新造である。二年後の八九年度に約一四三億円、九〇年度に約一四五億円の予算を組んで、一艦ずつ計二艦を建造することで合意した。

もう一つは、対潜水艦戦センター（ＡＳＷセンター）の新設だ。潜水艦に関するさまざまなデータを集めた総合情報センターを横須賀の米軍基地内に設置するプランである。

建設費は八八年度の契約ベースで約八五億円が見込まれた。日本側はこのうち八九年度で約五七億円、九〇年度で約三億円を予算化して建設費を受け持った。

東芝機械のココム違反事件に伴う日米協議で、アメリカ側から一方的に攻めまくられた日本は、譲歩に譲歩を重ねた。その結果、最初にこれだけの負担を強いられたのである。

東芝トップの辞任

栗原とワインバーガーが東京の防衛庁の長官室で会談した翌々日の七月一日、東芝機械の親会社である東芝本社が会長の佐波正一《さばしょういち》と社長の渡里杉一郎《わたりすぎいちろう》の辞任を発表した。後任社長となった筆頭副社長の青井舒一《あおいじょいち》が振り返って語った。

「東芝機械の工作機械の輸出に関してココム違反の疑いがあるという話は、三月二二日、日本の新聞がこの事件を最初に取り上げたとき、その記事で初めて知りました。それが事実なら、これははっきり法律違反ですから、東芝として大変な問題なので、そういう事実があるのかとすぐに東芝機械に問い合わせました。そしたら、そんなことはないという返事でした」

佐波と渡里は二人で話し合って辞任を決めた。七月一日、午後二時からの臨時取締役会で辞任を正式に表明した後、四時過ぎに二人はそろって霞が関の通産省本館に向かった。

通産省ではそのとき、大臣室に通産相の田村、事務次官の福川、官房長の棚橋祐治《たなはしゆうじ》（後に事務次官を経て明治大学教授）、機械情報産業局長の児玉、貿易局長の畠山らが集まって、アメリカの議会で問題になっている包括通商法案について大臣に説明を始めるところであった。そこへ佐波と渡里が飛び込んできた。辞任について簡潔に報告した。

その足ではす向かいの外務省に回る。事務次官の柳谷謙介《やなぎやけんすけ》（後に国際協力事業団総裁）と経済局長の渡辺に会って辞任を報告した。次の日には、虎ノ門のアメリカ大使館にも出向き、マンスフィールド駐日大使にも会って辞任を伝えた。

機械情報産業局長だった児玉がその前後の様子を次のように回顧している。

「お二人は突然やってこられた。通産省には事前に何の相談もありませんでした。実は私は前の日にも渡里さんに会っているんです。大臣室に来られて、これからは子会社の監督はちゃんとやります、と大臣の前で決意表明された。それに立ち会ったんです。そのときは、渡里さんは少しも辞める気なんかなかったと思いますね」

東芝トップの辞任について、怒りを爆発させた通産相の田村が「二人の首を取れ」とどなりつけたのが原因といったうわさが霞が関を駆け巡ったこともあった。社長の座にあった渡里は、その点について言葉少なに語った。

「そういうことは全くないと断言できます。大臣には辞任の相談をしたこともありません。アメリカ政府からのサゼッションも全然、ありませんでした」

二人の辞任は会長だった佐波のリードで決まったといわれる。その佐波に辞任決意の理由を尋ねると、一言だけこんな返事が返ってきた。

「子会社が法を犯したのだから、東芝でも責任を取らなければならなかったということです。その責任はアメリカに対してだけでなく、会社に対してのものでもあったわけです」

辞任に当たって田村をはじめ、外部の誰かから働きかけがあったかどうかと質問したが、「それはない」と明言した。

田村通産相の緊急訪米

東芝トップの辞任のニュースが伝わるか伝わらないかという現地時間の七月一日、ワシントンのキャピトル（議事堂）前の広場に、数人のアメリカの国会議員がハンマーを手にして集まった。円筒型の大きなポリタンクの上に東芝製のラジカセが載っている。

大勢の新聞記者やテレビのカメラマンが遠巻きにして見守る。議員たちはカメラを意識して芝居っ気たっぷりにハンマーを振り上げると、代わる代わるラジカセをたたきつぶした。

集まった議員は、日本たたき派の代表といわれる下院のベントレー、海軍派の国防族として知られる下院のハンターらであった。この「東芝たたきショー」をやろうと言い出したベントレーが、インタビューに答えて狙いを説明した。

「あのとき、事件に対する日本の対応は非常に鈍かった。七カ月も前からアメリカが通知しているのに、何の反応も示さなかった。私はマスコミに訴えるのが一番だと思い、それであれを提案しました。日本側は親会社には責任がないとか言っていましたが、アメリカにとっては東芝は一つ、東芝は東芝です」

アメリカでは反日ムードが一気に高まった。議会でも東芝の全製品輸入禁止をうたった制裁法案が成立しそうな雲行きとなってきた。

このココム違反事件では、ペンタゴンは日本だけでなく、ノルウェーの責任も問題にした。ノルウェー政府は日本と違って素早い対応を示した。女性首相のグロ・ハーレム・ブルントラントは、事件が発覚すると、すぐにレーガン大統領に親書を送り、再発防止のための輸出管理強化を約束した。国防相のヨハン・ヨルゲン・ホルストをワシントンに派遣して、コングスベルグ社に対する処分や調査結果をアメリカ側に詳しく説明した。

ノルウェーの対応に比べて、日本は何もしないという批判がアメリカ国内で高まった。七月九日、田村は首相官邸で中曽根と会い、東芝機械事件への対応のため、急遽、訪米することについて許可を求める。七月一四日、田村はアメリカに向かった。

国会から佐藤信二《さとうしんじ》（後に通産相）、大木浩《おおきひろし》（後に環境相）の衆参両院の商工委員長が一緒に訪米した。佐藤が思い出を語る。

「最初、田村さんは四月くらいに訪米する腹だったようです。ところが、通産省のほうが行かせたがらなかった。田村さんは、東芝の全製品の輸出がストップしそうな雲行きになって慌てた。それで自分で決断して出掛けていったのです。アメリカには、再発防止のための強化策を持っていきました。法改正もその一つでした。私たちを連れていったのも、アメリカ側に立法への気構えを示すのが目的でした」

田村はワシントンに三日間、滞在し、国務長官のジョージ・シュルツ、財務長官のジェームズ・ベーカー（後に国務長官）、国防長官のワインバーガー、商務長官のマルコム・ボルドリッジら政府関係者と上下院の議員の計一五人に会った。同行した通産省の通商政策局長の村岡《むらおか》茂生《しげお》（後に通商産業審議官を経て富士通総研会長）は終始、田村に付き添った。

「事前にはほとんど約束が取れないまま出発したんですが、行ってみると、予想以上に多くの人に会えました。向こうでは昼食を取る暇もないほどの強行軍で、車の中で握り飯を食べて済ませたほどでした」

政府関係者の反応はおおむね好意的だったが、議会はそうは行かなかった。特に下院議員の中には田村に食ってかかる者もいた。田村の一行は「ココム規制強化のための外為法の改正」という重い宿題を背負って、一九日、成田に帰り着いた。

東芝機械事件は捜査の段階で「時効の壁」に泣かされた。「死刑」が入っている法律を持つアメリカからは、日本の外為法の罰則はあまりにも軽すぎるという非難が集中した。

外為法改正作業は田村の帰国後、本格化した。政府は「対米公約」を大義名分にスピード改正を目指した。開会中の国会で成立を図る考えであった。

二つの疑問

改正案作りで中心となったのは通産省と外務省だが、今度も権限争いを始めた。改正案で、輸出許可を行う場合に「国際的な平和及び安全の維持」という規準を新たに設けるべきかどうか、この条項を置くとすれば、それを判断する権限を通産大臣と外務大臣のどちらに与えるのかといった点が大問題となった。

両省は譲らず、最後に七月三〇日、外務事務次官と通産事務次官が官房副長官に届け出るという形で、両者の「緊密な連絡」と「極力、意見の調整」を約束するという極めて異例の覚書を取り交わして決着させた。

改正作業を進める上で、自民党内をどう取りまとめるかも頭の痛い問題であった。国防族やタカ派議員が注文をつけてくる可能性があった。

官房長官の後藤田と政調会長の伊東正義《いとうまさよし》（元外相）が話し合って、党内の意見調整のために政調会に特別委員会を設置した。七月の下旬、土曜と日曜を挟んで五日間、自民党本部で集中的に審議を行った。委員長に起用された政調副会長の椎名素夫《しいなもとお》（後に参議院の無所属の会代表）が回想した。

「委員会では委員を選任せず、第一回目の会合に来た人は全部、委員にします、と私が宣言した。各省庁の応援団のような人も姿を見せたが、あまり発言しなかった。連中もやばいことには手を出さない。国際通といわれる人は顔を出さなかったですね」

特別委員会で党内のガス抜きを終える。改正案は七月三〇日にまとまった。田村の帰国からわずか一一日というスピードである。翌三一日、国会に提出された。審議は八月二〇日にスタートし、九月四日に可決、成立した。まれに見る素早い対応であった。

「東芝機械の工作機械によってソ連の原子力潜水艦の音が小さくなり、アメリカは防衛上、打撃を受けたといわれるが、事実関係はどうなっているのか。スクリュー音が小さくなったのは七九年であり、東芝機械の工作機械は八二年にソ連のレニングラードの造船所に送られている。因果関係はないのでは」

田村がアメリカに出発する前日の七月一三日、衆議院の予算委員会で社会党の川崎寛治が東芝機械事件を取り上げて質問した。

答弁に立った栗原は、「因果関係は別として、ココム違反は重要」という言い方でこの問題への言及を避けた。田村は「原潜のスクリュー音の問題は、政府としてははっきりとしたエビデンス（証拠）を持っていない」と因果関係について否定的な見方を示した。

東芝機械が輸出した工作機械によってソ連原潜のスクリュー音が低下したかどうかという因

果関係の問題は、事件発覚の当初から大きななぞだった。日本に徹底解明を迫り続けたアメリカの国防総省は「因果関係あり」と強く主張し、それを示す資料も、外務省を通じて日本側に提示したといわれたが、一般に公開されず、霧はいつまでも晴れなかった。

因果関係をめぐる政府の国会答弁は迷走を続けた。七月一五日、外相の倉成が衆議院予算委員会で「アメリカから説明を受けた情報から判断すると、一定の因果関係は存在する」と答えた。中曽根も答弁に立ち、「外務大臣の発言が政府の統一見解」と付け加えた。

これは田村の答弁と明らかに食い違っている。政府内の不統一がさらけ出された格好になった。成り行きを見て、官房長官の後藤田が口を挟んだ。記者会見で修正に及ぶ。

「東芝機械のココム違反とスクリュー音の低減の関係は、諸般の事情から、疑問が深いと見るのが常識だ。しかし、証拠がないのに、なぜ因果関係があると言えるのか。私は外務大臣の答弁について事前に相談を受けていない。官房長官が知らない政府統一見解なんてありえない」

因果関係の問題では、二つの大きな疑問が浮かぶ。一つは、東芝機械が輸出した工作機械が本当にソ連の原潜の建造に使われたかどうかだ。東芝機械製の工作機械はレニングラードのバルチック造船所に設置されたが、ここでは一九五〇年代以降、潜水艦は建造されていないという説もあった。

もう一点は、潜水艦が静かになった時期だ。ペンタゴンが著しく粛音化が進んだと問題にした三種類のソ連原潜は、実はいずれも東芝機械製の工作機械が稼働を始める前に進水していた、と指摘する人もいた。

裏にあるアメリカの思惑

もう一つなぞがあった。東芝機械の不正輸出を大々的に取り上げたペンタゴンの関係者の発言が、時間の経過とともにトーンダウンしていったのだ。日本攻撃の急先鋒だったパールやブライアンも、八七年夏あたりから、直接の因果関係については言葉を濁すようになった。

それから約二年が過ぎた八九年の秋、事件追及のシナリオを書いたといわれたアメリカ側の責任者のパールを訪ねた。ワシントン郊外のチェビー・チェイスにある自宅で、「東芝機械ココム違反事件の最大のポイントは」と尋ねると、パールはよどみなく唱えた。

「ソ連の潜水艦のノイズを小さくしたことだよ。昔はノイズが大きかったから、遠くから所在を探知することができた。それが今は近くまで行かなければ分からなくなった。東芝機械がソ連に輸出した工作機械のせいだけではありません。コングスベルグのコンピューターなど、いくつかの技術が合わさってノイズが小さくなった」

東芝機械はアメリカばかりか、日本の安全保障も危険に陥れたと強調した。

輸出の事実は間違いなくても、東芝機械の工作機械によって本当にノイズ、つまりスクリュー音が消えたのかどうか、東芝機械が工作機械を輸出する前から、実は音は静かになっていたのではないかという疑問が残った。その点も質問した。

「確かにソ連は自分のところの潜水艦のノイズがうるさいことを知っていて、前々から音を小さくする努力をしていたのです。だから、新しい型の潜水艦が出るたびに少しずつ静かになっている。このときも、新しい工作機械によってできたプロペラを装備したために、以前にもまして音が小さくなった」

問題の東芝機械の輸出とノイズの粛音化の間の因果関係について、パールは、はっきりと「イエス」と答えた。

当時、パールとブライアンの二人を指揮・監督する立場にあったイクレは、その点について、巧みなたとえ話を織り混ぜながら述べた。

「夫が妻を殺すつもりで棒でたたいたら、妻が心臓病で死んでしまったとしましょう。その場合でも、夫が妻を殺したいと考えていたという事実がいけない。このように、因果関係の考え方というのは、何も直接的なものでなくてもいいのです。死んだということになれば、それが一番の問題です。東芝機械のココム違反によってソ連の原潜の音がどの程度、静かになったかという点は、まだクリアではありません。しかし、最初から意図的に違反を犯した。そのことによって安全保障上の打撃を被った。そのことが重大です」

こうしてみると、因果関係の問題は、もともとあいまい模糊とした話だった可能性が強い。

東芝機械がココムに違反して不正輸出を行ったことは間違いないにしても、なぜアメリカ側は

「潜水艦の音が消えた」といって大騒ぎしなければならなかったのか。

その点について、アメリカの国防予算との関連を問題にする声は少なくなかった。レーガン政権誕生後、アメリカの国防予算は上昇の一途をたどった。八六年には総額で二七三四億ドルに上り、八〇年の二倍以上となった。レーガン政権は財政危機克服のために支出削減の方針を打ち出す。その影響で、国防予算も八六年ごろから上昇ストップ、あるいは圧縮を強いられそうな情勢となった。ペンタゴン関係者や国防族の議員たちはこの空気の打破を考え、東芝機械のココム違反事件をキャンペーンの材料にしたというのだ。

アメリカの海軍にはさらに差し迫った事情があった。海軍には当時、建造費が一隻一八億ドルの最新鋭の攻撃型原潜を年間三～四隻のペースで造っていく計画があったが、財政危機のあおりで予算の獲得が微妙な情勢となった。この潜水艦の必要性を世間にアピールする道具として、東芝機械事件を利用する計略があったのかもしれない。

東芝機械事件の背後では、アメリカ側のさまざまな思惑が渦巻いた。先端軍事技術の分野で日本の優位性を崩し、アメリカの競争力を高めたいといった意図も見え隠れした。

一つだけアメリカ側に共通していた意識は、安全保障の問題を持ち出して日本をたたいたら、絶対にノックアウトできるという読みであった。事実、戦いを仕掛けられた日本は、官民共に敗走に次ぐ敗走を繰り返し、最後に無条件降伏を余儀なくされたのである。

第六章

一パーセント枠打倒の仕掛け――中曽根康弘の野望

アメリカが防衛費増額要求

三木武夫内閣で防衛関係予算の対GNP比一パーセント枠が決定されて三年余が過ぎた一九七九（昭和五四）年一二月二八日、ソ連がアフガニスタンへ軍事介入している事実が明らかになった。三日後の三一日（日本時間の八〇年一月一日）、アメリカのジミー・カーター大統領がテレビのインタビューに応じて、激しくソ連を攻撃した。

カーターは「人権外交」を唱える穏健派の大統領だった。ところが、ソ連の最高指導者のレオニード・ブレジネフ（共産党書記長・最高幹部会議議長）への対決姿勢を鮮明にした。

東西冷戦の主役だった米ソ両国は、七〇年代初めからデタントを推し進めてきた。約一〇年を経て、ソ連のアフガニスタン侵攻で、米ソ間の緊張が一気に高まった。

実はソ連はデタントの陰で、抜かりなく軍備増強に手を打ってきた。なのに、アメリカをはじめ、西側諸国はデタントに寄りかかり、対ソ警戒を怠った。七七〜七八年ごろから、近い将来、ソ連が西側に対して軍事的挑発行動を起こして、世界は一触即発の危機を迎える、という軍事危機説が流れ始めた。

米ソの緊張ムードの高まりという新しい波は、戦後三十余年、平和の恩恵に浸ってきた日本にも押し寄せた。アフガニスタン侵攻の一年数カ月前、極東ソ連軍は北方領土に軍隊を移動させる。新たな軍事配備を実行した。

日本でも七九年から八〇年にかけて、にわかにソ連脅威論が叫ばれるようになった。書店には「北海道が危ない」といった類の本や、「第三次世界大戦」を題材にした近未来小説などがあふれた。雑誌も競って「ソ連特集」を掲載した。

ソ連のアフガニスタン侵攻以後、アメリカは日本に対して、急に防衛力増強を迫るようになった。カーターの対ソ非難声明から二週間が過ぎた八〇年一月一四日、来日したアメリカのハロルド・ブラウン国防長官は、大平正芳首相との会談で「防衛力の拡大に努力を」と訴えた。防衛庁長官の久保田円次《くぼたえんじ》とも会談し、八〇年度の日本の防衛予算を問題にする。具体的な数字を挙げて防衛関係費の増額を要求した。

防衛庁は七九年七月に中期業務見積もりを策定し、八〇年度から八四年度までの防衛力整備五カ年計画を打ち出した。初年度に当たる八〇年度の防衛費は、対GNP比で〇・九パーセント台の水準にとどまっていたが、ブラウンはこれを取り上げ、不満を表明した。過去に例がないアメリカの対日強硬姿勢であった。

八〇年五月一日、大平がアメリカを訪れ、カーターと会談した。カーターは「日本の国内に制約があることは理解しているが、日本の政府部内にある計画を早期に達成してもらうことはできないだろうか」と述べる。「西側の一員」として日本が果たすべき具体的なプランを示して要求した。「政府部内にある計画」は中期業務見積もりを指している。カーターは大平に「前倒し実施」を迫ったのだ。

アメリカの防衛力増強要求の大合唱に遭遇して、大平は対応に苦慮した。外相として訪米にも同行した大来佐武郎《おおきたさぶろう》（後に国際大学の初代学長）が振り返った。

「大平さんは従来の全方位外交を捨て、訪米前、二月の国会での施政方針演説で『西側の一員』と言明しました。カーター大統領にも『困っているときは助け合いましょう』と言った。大ですが、防衛力増強について、アメリカ側に何か具体的な約束をしたわけではありません。大平さん本人は、防衛費は増額すべきでないという考えを持っていた。日本はどうせ自分で戦える能力は持てないし、また持つべきではないというのが持論でしたね」

大平は七八年暮れ、総裁選で現職の福田赳夫を破って政権に就いた。「保守本流の切り札」という自負があり、長期政権を意識した。日増しに高まるアメリカ側の要求をいつまでかわし切れるか、不安を感じた大平は、女婿で秘書官の森田一《もりたはじめ》（後に運輸相）を呼んで、「いずれ一パーセント枠が問題になる。今から研究しておくように」とひそかに命じた。

第四章で触れたように、七六年一一月、三木内閣で一パーセント枠が設定されたとき、その是非をめぐって政府部内で激しい議論となった。蔵相だった大平は最後まで「一パーセント以内」を主張して譲らなかった。三年半後、大平は首相として一パーセント枠がいずれ存廃の危機に直面するかもしれないことを実感した。

大平から指示を受けた森田は大蔵省の出身である。かつての同僚の長富祐一郎《ながとみゆういちろう》（後に大蔵省関税局長）らの協力を得て秘密裏に研究を進めた。まずGNPと防衛費の伸びの予測の調査から始めた。GNPと防衛費の二つの変数がどういうふうに動いたときにどうなるのか、乱数表を作って検討した。

復活折衝で予算増額

カーターとの会談から四十数日が過ぎた六月一二日の朝、大平は長期政権の夢を果たすことなく、現職首相でこの世を去った。後任に同じ派閥の鈴木善幸が急浮上し、政権を手にした。

首相が交代しても、アメリカの防衛費増額の要求は衰えなかった。日本側には、財政の急激な悪化という厄介な問題が生じている。三木内閣時代の七五年度から赤字国債の発行が始まった。発行高は年とともに増加の一途をたどった。大平内閣時代の七九年度には国債発行残高は二〇兆円を突破した。その後、三〇兆円に手が届く段階に達した。

鈴木内閣は財政の立て直しを政権の最重要課題に位置づけ、歳出抑制に踏み出した。八一年度予算の編成に当たって、伸び率を一律に抑える方式を採用した。概算要求枠（シーリング）を八〇年度の当初予算と比べて七・五パーセント増に設定した。

予算の防衛関係費の伸び率は、六六年度から七九年度までの一四年間、一度も一〇パーセントを切ったことがなかった。八〇年度だけは財政赤字が問題化したため、大平はアメリカの防衛力増強の要求をかわして伸び率を前年度比で六・五パーセント増にとどめた。

日米関係を考慮すれば、二年連続で六〜七パーセント台の低い伸びに抑えるのは至難の業だった。七月二八日、防衛庁長官の大村襄治《おおむらじょうじ》と蔵相の渡辺美智雄《わたなべみちお》（後に副総理兼外相）が話し合った。防衛費については、七・五パーセント増の一般枠の例外として、九・七パーセント増の特例を認めることを決めた。

アメリカの期待は一〇パーセント以上の伸び率で、九・七パーセント増には不満だった。とはいえ、八〇年度の六・五パーセント増を大幅に上回った点は相応に評価した。

ここで重大な齟齬が生まれた。アメリカ側は九・七パーセント増の枠を「下限」と受け止めたのだ。その後の予算折衝の過程で、当然、上積みされると思った。

八一年度予算が事実上決まるのは八〇年暮れである。アメリカは「増額」を期待し、ことあるごとに「九・七パーセント増は最低ライン」と日本にプレッシャーをかけた。

日本側の認識はアメリカとは正反対であった。永田町と霞が関の「常識」では、シーリングはあくまでも各省庁の要求枠である。その後の折衝で要求額が圧縮されるのが予算編成の通例だ。つまり、日本の予算制度では防衛費の九・七パーセント増は「上限」を意味している。

五カ月後の一二月二三日、八一年度予算の大蔵省原案が内示された。案の定、防衛費は前年度比で六・六パーセント増に抑え込まれた。それでもアメリカ側は直接、日本政府に不満をぶつけるようなまねはしなかった。内政干渉と批判を浴びるのを恐れたのだ。

意外にも、反発は日本の与党内から噴き出した。坂田道太、金丸信《かねまるしん》（後に自民党副総裁）、三原朝雄《みはらあさお》ら、防衛庁長官経験者の自民党国防族が行動を起こした。二五日、鈴木に面会を求め、強硬に申し入れを行う。

「わが国が防衛努力を怠れば、アメリカをはじめ、対外的に与える影響が大きい。自由社会の連帯にひびが入ることになります。何とか九・七パーセント増を達成してほしい」

原案内示の後、復活折衝を経て、二八日の夜、予算の政府案が決まった。防衛費の伸び率は原案よりも一パーセント高い七・六パーセント増に上積みされた。

高まる対日不信

七・六パーセント増という数字がはじき出された裏側をのぞくと、別の隠れたルールが働いていたことが分かる。

戦後、防衛費の決定に関して、日本では長い間、三つの見えない暗黙の了解事項が支配してきた。第一は、その年度の防衛費の伸び率は予算総額の伸び率を上回らない。第二は、防衛費の伸び率は社会保障関係費の伸び率を超えてはならない。第三は、防衛費をその年度のGNPの一パーセント以内にとどめることだ。

日本は戦後、平和憲法の下で軍事大国にならないことを内外に表明してきた。この三つの見えない了解事項は、数字をもってそのことを示すという要請から生まれた不文律であった。

特に社会保障費との対比は、シンボルとしての意味があった。「戦車や大砲よりも病院や保育所を」と声高に唱える勢力が強かったため、その主張に対する言い訳として、社会保障関係費の伸び率を上回らないというルールが生まれたのだ。

伸び率を一パーセント高くして七・六パーセント増としても、特例として認めた九・七パーセント増との間には、大きな開きがある。アメリカ側の不満をかわし切れないと思われた。七・六パーセント増という防衛費の伸び率は、確かにアメリカ側の要求を満たさない数字であった。他方、社会保障費の伸び率との関係では、わずかに〇・〇〇〇九パーセントだけ、高位置に設定された。もちろん戦後初めての出来事である。その意味で、八一年度予算では「タブー破り」が実現したのだ。

八一年度予算の防衛費は、対GNP比も八〇年度より〇・〇〇六パーセント、アップとなる。

それでも一パーセントには届かず、〇・九〇六パーセントにとどまった。

防衛費の伸び率が社会保障費の伸び率を〇・〇〇〇九パーセント上回ることに、大した意味があるとは思えない。こんな微差は取るに足りないといえばそのとおりだが、首相の鈴木にすれば、不文律を初めて崩す「大決断」だった。

鈴木は財政再建という大きな荷物を背負っている。その中でここまで防衛費を伸ばしたという自負があった。元来、国際政治に疎い内政型の鈴木は、このおきて破りの決断でアメリカから免罪符が得られるかも、と期待した。

といっても、予算編成という日本の「国内事情」がアメリカに通じるはずはなかった。アメリカ側は「日本の背信」を声高に叫び出した。日米防衛摩擦の始まりである。

九・七パーセントのシーリングをめぐって、日米間で齟齬が生じた背景を、二人の関係者が振り返る。防衛庁の防衛局長だった塩田章《しおたあきら》（後に国防会議事務局長）が解説した。

「アメリカが『九・七パーセント増は大丈夫』と思うのではないかと、われわれは最初から心配でした。私はアメリカ側のカウンターパートナーに、『九・七パーセントというのは、これから削られていくものだ』と随分、説明したんです。だから、事務レベルでは日米間に齟齬はなかったと思いますよ」

大蔵省主計局長だった松下康雄も述べている。

「シーリングは天井であって、その後、査定されるのは日本では常識です。それをアメリカ側が誤解するなんて、ありうべからざることですよ。アメリカ側が九・七パーセントで決まったと受け取っているといううわさは、確かに耳にしました。それで、私は急いで関係省庁に確かめてみたんです。そしたら、そんなことをアメリカに言ったことはないという返事でした。それでも心配だったから、アメリカ側が誤解しているなら、日本の予算決定システムをよく説明してほしい、と関係省庁に伝えました。アメリカにはきちんと伝わっているはずですがね」

真相ははっきりしないが、この事件を境に、アメリカの対日批判がさらに激しさを増したのは間違いなかった。防衛問題をめぐる食い違いは、折からの経済摩擦と重なって、日米関係を急激に悪化させた。

外交に鈍感な鈴木は有効な対策を講じない。アメリカでは「キング・ゼンコー・ジ・イグノラント（暗愚の帝王・善幸）」という悪評が噴出する。対日不信はさらに高まった。

中曽根の一パーセント枠撤廃作戦

八二年一一月、鈴木が首相の座を降りた。対米関係の悪化も大きな理由であった。後任の首相は、自民党総裁選を制した中曽根康弘に決まった。

中曽根は佐藤栄作内閣時代の七〇年一月から一年半、防衛庁長官を務めたことがあった。史上初の防衛庁長官経験者の首相が誕生した。

首相就任の約一三年前、佐藤内閣の改造人事の前に、中曽根は自分から佐藤に防衛庁長官起用を申し入れた。念願のポストを手にして、意気揚々と防衛庁の門をくぐった。中曽根の長官秘書官に任命された池田久克《いけだひさかつ》（後に防衛施設庁長官）が、そのときの印象を追想した。

「昔から『治にいて乱を忘れず』と考えていた人ですよ。この時代、戦後の政治家の中で、防衛問題が重要課題と信じて素直に行動したのは、中曽根さんだけですね。防衛庁長官というと、票にならないとか、国会で追及を受けるから嫌だといって敬遠する人が多かった。中曽根さんは、自分の後ろに三〇万人の自衛隊員がついているとまじめに考えました」

中曽根は「防衛庁のステータス・アップを図るのが自分の役割」と宣言した。就任の一二日後の七〇年一月二六日、早速、アクションを起こした。

そのころ、防衛庁の事務当局は初の「国防白書」を出す予定だった。作業は中曽根の就任前にほぼ完了していたが、中曽根は全面的な練り直しを命じたのだ。

さらに二月一三日、「防衛問題を『国民の広場』に出す」という狙いから、民間の有識者による「日本の防衛と防衛庁・自衛隊を診断する会」を発足させた。三月一九日には今度は「国防の基本方針」の再検討を打ち出した。

「国防の基本方針」は五七年五月、日米安保条約改定を目指す岸信介内閣の下で決定された。日本の防衛政策の在り方として、日米安保体制を基調とすることをうたっていたが、中曽根は日米安保体制を従とし、自主防衛を主とするように改めるべきだと主張した。当時はタブーとされていた自主防衛論を正面から振りかざして防衛問題に挑戦した。「国防白書」でも「国防の基本方針」でも、検討が始まっていた「四次防」でも、持論の自主防衛論への塗り替えを試みた。中曽根は防衛庁発足後、最も野心的な長官であった。

ただし、中曽根流の「国防の基本方針」改定というもくろみは、実際には党内外の猛反対に遭って実現しなかった。七一年七月、中曽根は志半ばで防衛庁を去った。

それから一一年四カ月を経て、八二年一一月に悲願の首相の座を握った。

就任から一年余が過ぎた八四年一月一七日、アメリカから大統領特別補佐官（国家安全保障担当）のガストン・シグールが、農産物の市場開放促進を求めるロナルド・レーガン大統領の親書を携えて来日した。首相官邸で面会した中曽根はシグールを介してアメリカ側に防衛費の対GNP比一パーセント枠撤廃の意思を伝達した。

「防衛費を国民総生産の一パーセント以内とした政府決定は、日本が国際社会に対して応分の負担を拒んでいると受け取られるおそれがあります。アメリカなどで日本はアンフェアだという批判がありますが、この政府決定が批判の拡大を助長していることは承知しています。一パーセント枠には自由世界の先進国を納得させる合理的な根拠はありません。国際国家である日本が責任逃れをしているのではないことを示すため、いずれ私はこの枠を外すつもりです」

中曽根は「在任中の一パーセント枠撤廃」という秘密のプランをそっと明かした。シグールを介してレーガンにその意思を伝えたのである。

中曽根の一パーセント枠撤廃作戦が開始した。最初に首相と衆参両院議長の経験者が名前を連ねる自民党の最高顧問の攻略を狙った。

二月三日、首相官邸に最高顧問を招いて懇談会を開いた。岸、三木、福田、鈴木らが参加した。幹事長の田中六助《たなかろくすけ》、官房長官の藤波孝生《ふじなみたかお》も同席した。中曽根は「防衛費の一パーセント枠はいずれ撤廃したい」と自分から切り出した。

一パーセント枠設定の当時の首相だった三木が猛然と反発した。

「あのころと事情が変わったと中曽根君は言うが、今でも防衛費には歯止めが必要だよ。一パーセント枠を撤廃すれば、むやみに防衛費が膨らむ心配が出てくるじゃないか」

険悪なムードとなる。幹事長の田中が「まあまあ」と割って入り、この場は終わった。

中曽根が「二度の挫折」

一パーセント枠の撤廃が容易でないと知った中曽根は、次に得意の私的諮問機関活用作戦を思いついた。「わが国の外交・防衛・経済等の総合的安全保障施策のあり方」を問うために八三年八月に発足させた私的諮問機関「平和問題研究会」に、一パーセント枠の問題を含めた防衛政策の研究を依頼した。

平和問題研は都合二六回、会合を開いて検討し、報告書をまとめた。メンバーの一人だった宮《みや》田《た》義二《よしじ》（元日本鉄鋼産業労働組合連合会委員長）が回顧した。

「論議には時間をかけました。会は一〇日に一回の割りで、いつも午後、三〜四時間、取った。相当、活発な議論があったのは事実ですが、意見が割れて報告書がまとまらなかったといったことはありませんでした。一パーセント枠の問題で激論があったわけではない。一パーセント枠は大事にしたほうがいいという意見に反対する人はいなかったですね」

報告書の原案作成は座長の京大教授の高坂正堯が担った。高坂の受け止め方はやや違った。

「防衛計画の大綱は、メンバーの間で意見が分かれ、結論をまとめるのに苦労しました。ですが、一パーセント枠の問題は、見直し論に対して反対する人はいなかった。大した議論もなく、早い段階で話が終わった。外部からの働きかけは、中曽根サイドも含めて、議論の際も報告書を作る際にも、一度もありませんでしたよ。一パーセント枠見直しという線で報告害をまとめてほしいといった要請を受けたことも、もちろんありません」

平和問題研は、中曽根の狙いどおり、防衛計画の大綱の再検討とともに、一パーセント枠見直しを提唱する報告書をまとめ、八四年一二月一八日、高坂が首相官邸で中曽根に手渡した。

三日後の二一日、自民党政調会の中に設けられた安全保障調査会防衛力整備小委員会が一パーセント枠見直しを内容とする「防衛力整備に関する提言」を行った。中曽根の強力な後押しで、政調会の国防三部会の合同会議で審議された後、総務会で党議決定される予定だった。

二八日、国防三部会の合同会議が開かれた。防衛力整備小委員会委員長の大村が一パーセント枠見直しの提言について報告を行った。国防三部会としては、全会一致で一パーセント枠撤廃を決め、その日に行われる総務会で党議決定する計画である。

出席者の多くは「賛成」と声を上げた。その中で一人だけ、安全保障調査会のメンバーだった河本派の鯨岡が異議を唱えた。

「ちょっと待った。今日は一二月の何日だと思っているんだ。一パーセント枠の撤廃について、賛成とか反対というわけじゃない。だけど、暮れも押し詰まって、なぜ慌ててこの問題を決めなければならないのか」

大村が答弁に立つ。

「今まで三年にわたって研究してきたのですから、このへんで決めてもいいのでは」

翌八五年一月の中曽根訪米が確定している。一パーセント枠の撤廃がアメリカへの手土産という話だとすると、とんでもない間違いだと鯨岡は思った。

総務会長の宮沢喜一は「全会一致で決めたものでなければ受け取れません」と突っぱね、党議決定を拒否した。中曽根が大きな期待を寄せた一パーセント枠見直しの提言は、総務会の預かりとなる。党議決定は幻に終わった。

そのために、中曽根は八五年一月の訪米でレーガンに会ったとき、一パーセント枠撤廃を約束することができなかった。最高顧問懇談会に次いで、二度の挫折を味わった。

中曽根はこの程度のことではあきらめない。二月七日、衆議院の予算委員会で答弁に立つ。

防衛計画の大綱と一パーセント枠との関係について、注目すべき発言を行った。

「昭和五一年の三木内閣のときにこれができた経緯を見ますと、確かに秋にまず大綱ができまして、一週間後に、あの一パーセントをめどとするという閣議決定が行われた。やはり大綱が中心にあって、これを運用していくについてこういう注意が必要だというので、次いであれが追加的に行われた。私はそういうふうに解釈しております」

中曽根は大綱と一パーセント枠のレベルの違いをことさら強調し、一パーセント枠は大綱運用のための追加的な注意事項という年来の主張を持ち出した。一パーセント枠の法的拘束力を弱くして、撤廃に道を開こうと狙ったのである。

新たな防衛力整備五カ年計画

四カ月後の六月一一日、当時の防衛庁長官の加藤紘一《かとうこういち》（後に自民党幹事長）が訪米したとき、それを見計らったように、アメリカの上院が突如、日本の防衛力増強を求める対日決議案を八八対七の圧倒的多数で可決した。七月二七日、中曽根は長野県の軽井沢で開かれた自民党主催の第五回軽井沢セミナーで演壇に立った。

「戦前、皇国史観がありましたが、戦争に負けると、今度は太平洋戦争史観、つまり東京裁判史観が出てきました。あのとき、日本には、何でも日本が悪いんだという自虐的思潮が覆いました。これは今も残っています。（中略）私は反対です。勝っても国家、負けても国家です。そういう立場で、日本の過去の業績を批判し、日本のアイデンティティーを確立する必要があります。こうやって、戦後の懸案に一つ一つ区切りをつけていく。国民の合意を形成し、二一世紀に向かって堂々と進む。日本はそういう屈折点に来ました。これが戦後政治の総決算です」

強烈な国家意識を出発点とした中曽根流政治哲学を「戦後政治の総決算」という言葉でストレートに表現した。戦後、吉田茂首相によってレールが敷かれ、以後四〇年にわたって自民党政権の手で受け継がれてきた「富国軽軍備」の路線に基づく経済優先型の国家運営を明確に否定した。

中曽根は歴代内閣がタブー視してきた問題に挑戦する姿勢を示した。防衛費の一パーセント枠撤廃もその一つであった。

軽井沢での講演では一パーセント問題にも言及した。

「野党の皆さんは、一パーセントの突破を国民は歓迎しないだろうと考えて、チャンスとばかり待ち受けているようです。ですが、防衛問題は政争の具にすべきではありません。逃げてはいけないと思います。素直に防衛の現状を披瀝し、国民の判断を仰ぎ、次の計画を進めていく。堂々と王道を歩み、勇気を持って進んでいかなければなりません」

一パーセント枠の撤廃を明言したわけではなかったが、事実上の撤廃宣言である。スピーチを聞いて、中曽根が撤廃に向けて動き出したと受け取った人は少なくなかった。アメリカ議会の「援護射撃」に意を強くしたのか、軽井沢で事実上の一パーセント枠撤廃の着手を宣言した後、八月七日に国防会議を開いて撤廃に向けて動き出した。

中曽根は最初、進んで一パーセント枠撤廃の意欲を表明し、実際に着手した。正式に撤廃を決めた後、次の八六年度予算で防衛費の一パーセント突破を図って、この問題にケリをつける腹だった。

なのに、党内外の反対論に押されて、ひとまず「撤廃」の旗を降ろさざるをえなかった。代わりに、今度は長期戦で一パーセント突破を図るプランを考え始めた。

一つの作戦を思いつく。中曽根は一パーセント枠の撤廃と同時決着を図る考えで持ち出した五九中期業務見積もり（八六年度から九〇年度までを対象期間とした中期の防衛力整備の見積もり計画で、昭和五九年に策定）の政府計画への格上げを一足先に実現しようと思った。それによって、事実上、一パーセント突破に道を開くという迂回戦法である。

ストレートに撤廃を訴えるのではなく、まず別のプランを実行に移し、それを突破口にして突破の既成事実を作る。中曽根は防衛庁の内部にあった五九中業という構想を新しい防衛力整備五カ年計画とするように指示した。

五九中業が実施されれば、計画の途中で防衛費が一パーセントを突破することが十分、予想された。そこに目をつけたのだ。

窮鼠発言を暴露

中曽根の自民党総裁としての任期満了は八六年秋である。八六年度予算が首相として手掛ける最後の予算となる公算が大きかった。中曽根は「最後の予算」で是が非でも防衛費の一パーセント突破を図りたかった。

この五九中業の政府計画への格上げには、自民党内に強い反対はなかった。早くからアメリカ政府が日本に実現を強く迫っているという事情もあった。日米関係を考慮すれば、政府計画への格上げに抵抗しにくい空気が党内に生まれている。

八五年八月二五日、宮沢は軽井沢のホテルで中曽根と顔を合わせた。

「総理はご自分で経企庁の中長期経済計画からGNPの数字を落とすように指示された。五九中業を国防会議の議題として政府計画に格上げをするのは結構です。しかし、GNPの計算がない以上、GNPとの比率は出てこないはずですから、五九中業格上げは一パーセントの話とは無関係でしょう」

宮沢はやんわりと中曽根の独走にブレーキをかけた。

中曽根は事前に経企庁に命じて、一パーセントの基になるGNPの数字を発表しないように指示した。GNPの数字が大きい場合には、防衛費が一パーセントの枠内に収まってしまうことがある。そうなると、一パーセント突破の既成事実作りができなくなる。そこを心配した。宮沢はその点を逆手にとってクレームをつけたのである。

中曽根の一パーセント枠撤廃の意向が表ざたになると、またもや三木、福田、鈴木、二階堂といった長老グループが異を唱えた。中曽根政治との路線上の違いを鮮明にし始めていた宮沢も慎重論に立った。

二日後の二七日、宮沢は蔵相の竹下登、外相の安倍晋太郎《あべしんたろう》（後に自民党幹事長）と三人で神奈川県の箱根に出向き、ゴルフに興じた。宮沢は二日前の中曽根とのやり取りを持ち出して二人に語りかけた。

「GNPの見通しがはっきりしないのに、何も慌てて一パーセント枠撤廃を決める必要はないと思いますなあ」

安倍はその場で同調した。竹下はなぜか意思をはっきりさせなかったが、間もなく周囲に撤廃見送りをほのめかすようになった。

九月二日、中曽根は首相官邸で幹事長の金丸と会談した。国会は八三年暮れ以来、保革伯仲である。中曽根内閣は新自由クラブとの連立で辛うじて政権を維持している。党内外の事情に通じる金丸は、党内の慎重論、野党の反対論を詳しく説明した。

「一パーセント枠撤廃を強行すれば、臨時国会はとても乗り切れません」

金丸は無理をしないほうがいいと説く。中曽根は金丸の助言を制して決意を伝えた。

「この問題は私自身が泥をかぶってでもやり遂げたいと思っています。あえて解散する気はありませんが、野党が反対すれば、窮鼠猫をかむということもあるかもしれません」

金丸は一計を案じる。翌三日、自民党の正副幹事長会議に出て、自分から中曽根の「窮鼠発言」を暴露した。

ニュースはすぐに永田町を駆け巡る。たちまち長老グループを中心に、撤廃反対包囲網が出来上がった。

中曽根の秘策

五日、自民党本部で五役会議が開かれた。ここでも一パーセント問題が話し合われた。五九中業の政府計画への格上げ作戦のほうは比較的スムーズに進んだ。一パーセント枠の撤廃問題とは切り離して単独で承認された。

一方の一パーセント枠撤廃は見送り一色となる。中曽根の意を受けて、数日前から、金丸が中心となって撤廃のための党内調整が進められたが、不調に終わった。

翌六日の午後三時過ぎ、首相官邸の執務室に、金丸と国対委員長の江藤隆美《えとうたかみ》（後に総務庁長官）が現れた。官房長官の藤波が同席した。

中曽根に向かって、金丸が苦虫をかみつぶしたような顔つきで一言、告げた。

「総理、残念ですが、一パーセントは見送らざるをえないことになりました」

中曽根は皮肉ともねぎらいともつかぬ言葉を浴びせる。

「さすが金丸さんですなあ。お願いしたことは何でもスムーズに片付けてくれますねえ」

金丸の渋面に、さらに深い縦じわが浮かび上がった。

一パーセント問題は、七〇年代後半、国会やマスコミを舞台にして激しい論争を呼んだ重要課題であった。憲法、平和と安全保障、日米関係、財政といった国の政治の根幹部分と直接、関わっていたから、国民も論議の行方に深い関心を寄せた。

結果は、八五年の夏を彩った一パーセント枠撤廃騒動はこれで幕となった。中曽根の年来の願望は、ひとまず未完の夢に終わった。

その後、九月一七日の夜、中期防の規模を決める政府・与党連絡協議会が行われた。中期防は八六年度から九〇年度までの五カ年を対象とする新防衛力整備計画である。協議はその日のうちには終わらず、徹夜の話し合いとなった。

一八日の未明、首相官邸の小食堂に、蔵相の竹下、外相の安倍、防衛庁長官の加藤、官房長官の藤波、政調会長の藤尾《ふじお》正行《まさゆき》の五人が集まった。時計の針は午前六時を回っている。前夜からの折衝は九時間を超えた。

「防衛費の来年度の概算要求は、前年度比七パーセント増と決まっているんです。新防衛計画も、これを大きく踏み越えることはできません」

竹下は藤尾を見据え、語気鋭く言い放った。

中期防の総額をめぐる政府と自民党の最終協議は、財政健全化を最重視する大蔵省側の激しい抵抗に遭って、もつれにもつれた。大詰めの五者協議も、何度か中断を繰り返した。竹下の語調に押されて、藤尾は最後に妥協する。

「そういうことであれば、八パーセント増とか九パーセント増という数字を持ち出すわけには行きませんな。何とか七パーセント台に収めましょう」

朝七時近くなって、やっとトンネルの出口にたどり着いた。これを受けて、一八日の午後二時から国防会議と臨時閣議が開かれた。正式決定となる。中期防の規模は八五年度ベースで、おおむね一八兆四〇〇〇億円をめどとすることが決まった。

「五年で一八兆四〇〇〇億円」という中期防の規模は、向こう五年間のGNPの見通しでは、一・〇三八パーセントに当たる。この先の五年間、見通しを上回るGNPの伸びがないという前提に立ち、中期防を着実に実現すれば、早晩、一パーセントを突破することになる。

この五九中業の実施によって、計画の途中で防衛費が一パーセントを突破することは無論、中曽根は織り込み済みである。無理をしなくても、毎年度の予算編成で中期防をきちんと守った防衛予算さえ組めば、防衛費は自動的に一パーセントを突破し、一パーセント枠も撤廃を余儀なくされる。中曽根は一パーセント枠の撤廃のために、迂遠だが、より確実な道を選択したのである。

一〇カ月後の八六年七月六日、中曽根は衆参同日選に打って出た。自民党三〇四議席獲得という大勝を手にする。中曽根は「自民党総裁任期の一年延長」の特例を手にした。大勝を背景に、続投を果たす。二二日に第三次中曽根内閣がスタートした。

その二日前の二〇日の夜、中曽根と宮沢が、別々に東京の文京区関口の渥美健夫《あつみたけお》（元鹿島建設会長）の屋敷の門をくぐった。渥美は二人の数少ない共通の知人であった。中曽根と渥美は共通の孫を持つ関係、宮沢と渥美は旧制武蔵高校時代の同級生である。

宮沢は中曽根にはずっと批判的な態度を取ってきた。中曽根が執念を燃やした衆参同日選にも反対し続けた。中曽根の狙いどおり、同日選で自民党が大勝を果たした後、両者の間で関係修復の機運が生じた。というよりも、宮沢が中曽根の軍門に下ったのだ。

宮沢封じ込めに成功

宮沢の封じ込めを狙う中曽根は渥美邸で、宮沢に向かって有無を言わさぬ口調で、「今度の第三次内閣の組閣では大蔵大臣を引き受けてもらいたい」と言い放った。観念した様子の宮沢は「それはありがとうございます」と応じた。

中曽根は「その代わりに、あなたの派の人たちのポストは一任してもらいたい」と告げた。宮沢は「承知しました」と応諾する。一言だけ、「私からもお願いがあります。大蔵大臣の仕事に関して、大きいことはもちろんご相談いたしますが、小さいことはお任せいただけますか」と了承を求めた。中曽根は勝ち誇った表情で「いいでしょう」と答えた。

中曽根は前述のとおり、中期防を政府計画に格上げして、年度ごとの予算編成で一パーセントの突破を図る作戦を立てたが、もう一つ重要な課題が残っている。実際に突破を図る際、自分の狙いどおりに協力してくれる人物を関係閣僚に配置しておかなければならない。同日選後の組閣人事で計画を実行に移した。

ポイントとなるポストは防衛庁長官、蔵相、外相、自民党政調会長、政調会の中の国防部会長などだ。外相には中曽根派の倉成正を配したが、それ以外はすべて宮沢派に割り振った。防衛庁長官には栗原祐幸、蔵相に宮沢、政調会長に伊東正義、政調の国防部会長には津島雄二《つしまゆうじ》(後に厚相)を充てたのである。

中曽根は一パーセントの突破を図るとき、あらかじめ党内の反対論を封じ込めておく必要があると思った。ハト派といわれる宮沢派に「火中の栗」を拾わせる陣立てを考え、一パーセント枠撤廃のおぜん立てを、と迫ったのだ。

八六年の秋、注目の八七年度予算編成の場面を迎えた。八七年度のGNPの見通しは約三五〇兆円である。一パーセントの三兆五〇〇〇億円が防衛費の攻防ラインであった。

八六年度と比べて約四・八パーセント増の伸びだと、三兆五〇〇〇億円に達する。防衛庁は概算要求の段階で、総額三兆五六〇〇億円、前年比で六・五パーセント増を提示した。

大蔵省は八七年度も防衛費は最終的にＧＮＰの一パーセント以内に収まると見た。八六年度予算で、一パーセントの天井との間に二三〇億円余のすき間があった。加えて、円高メリットや原油代金の値下がりで、約三〇〇億円の余裕が生じると予想された。防衛庁の要求を受け入れても、一パーセントは超えないと踏んだ。

国防族の動き

予算折衝の大詰めの八六年一二月、異変が起こる。自民党の国防族が防衛費増額を唱えて動き始めた。国防部会長の津島は一二日、国防族の椎名素夫と相談して、党の国防三部会と外交部会、外交調査会の合同会議を開いた。議論となったのは、日米間の懸案事項だった在日米軍の駐留経費の問題である。事情に詳しい椎名が背景を解説した。

「アメリカ側が正面から要求したわけではなかったのですが、実務レベルでじわじわと言ってきました。放っておくと、安保条約の機能が悪くなる。何とか日本側で考えなければ、ということになったが、どういう形で面倒を見ることができるか、容易に結論が出なかったのです」

直接の原因は急激な円高であった。八五年九月二二日にニューヨークで開催された主要五カ国蔵相・中央銀行総裁会議（Ｇ５）でドル高是正の「プラザ合意」が成立した。以後、急激に円高・ドル安が進行した。

在日米軍の基地で働く日本人従業員の給与について、アメリカ側の負担分は年間約九〇〇億円だった。在日米軍は本国から送金されたドルを円に換えて支払うため、ドルの計算で負担増となった。八五年は四億ドルだったが、八六年は六億ドルが必要となった。増加分の半分程度の約一億ドルを日本側で負担したらどうかという話が出てきたのだ。

八六年一二月一二日の自民党の合同会議は、米軍駐留経費問題について積極的に対応することを決議した。一八日、党本部で国防関係の会合が秘密会で開かれた。防衛庁長官の栗原、国防部会長の津島、党安全保障調査会長の奥野誠亮《おくのせいすけ》（元法相）、防衛庁長官経験者の三原、大村、谷川和穂《たにがわかずお》（後に法相）、伊藤宗一郎《いとうそういちろう》（後に科技庁長官）ら、国防族の中心メンバーが勢ぞろいし、予算折衝に臨む基本方針を協議した。津島が舞台裏の動きを説明した。

「それまでの国防族のやり方は、いつも『初めに一パーセントありき』でした。一パーセントを突破することに懸命だった。歴代の国防部会長は、党内の実力者を歴訪して、『ぜひとも一パーセントを突破させてほしい』と頼んで回ったのです。このやり方ではなく、予算作りの基本ルールに従って必要な予算を要求し、それを獲得するという方法を私は提案した。その結果、防衛費が一パーセントを超えるなら、一パーセント問題はそのときに考える。一パーセント問題を掲げて戦《いくさ》をするのはやめようと言ったのです」

全員の賛同を得て、新しい方針で予算獲得交渉を進めることになった。一二月二五日、八七年度予算の大蔵原案が内示された。防衛費は前年度比で一三六五億円増の約三兆四八〇〇億円、伸び率は約四・〇八パーセントで、GNP比は〇・九九三パーセントである。

防衛庁と国防族の関係者は不満だった。復活折衝を前に、防衛庁側は新しい要求額を算出した。為替変動などを加味して、新たに盛り込んだ在日米軍駐留経費の負担分一六五億円を含め、前年度比二二六〇億円増とした。伸び率は六・七六パーセントまで拡大した。

撤廃やむなしの空気

その後も防衛費をめぐる綱引きが続いた。二六日、中曽根は防衛予算と一パーセント問題について記者団から質問を受け、「党内での調整作業の行方を見守っている段階だ。合意ができて、決着がつくように願っている」と他人事のように紋切型の答えを口にした。

当時、中曽根政権は同時並行で売上税導入の法案を国会に提出中だった。中曽根側近の官房副長官の渡辺秀央《わたなべひでお》（後に郵政相）や元蔵相の渡辺美智雄は国会対策上、二つの重要案件を同時処理するのは得策ではないと考え、予防線を張るのに懸命となった。

「このまま行くと、今年も防衛費は一パーセントの中に収まりそうだ」と観測発言を口にする。一パーセント突破に対する慎重論を唱え始めた。

その動きを見て、中曽根が慎重論を打ち消す動きに出た。二八日、防衛費の扱いについて官房長官の後藤田正晴に最終的な指示を出した。

「中期防の二年目として必要な額を予算で確保しなければならない。その結果、一パーセント枠を超えることになるかどうかは、この問題とは直接、関係がない。ほかの問題との関わりで『国会対策上の配慮』は必要ありません」

こんな論法で、中曽根は一パーセント枠見直しの意向を表明したのだ。

この問題は防衛庁・国防族の連合軍と大蔵省との綱引きが熾烈を極め、二八日の段階ではどっちに転ぶか分からない感じだった。

最低でも前年度比六パーセント増を目指す考えの防衛庁と国防族は関係方面を説得して歩いた。「錦の御旗」は一年前に政府計画に格上げされた中期防である。五カ年計画の中期防を年限内に達成するには、年平均で防衛費の実質の伸び率を五・四パーセント以上にする必要があった。名目に直すと、六パーセント以上という計算になる。

一方、大蔵省は七六年に三木内閣によって下された一パーセント枠の閣議決定を「錦の御旗」にした。これを武器に、伸び率を四・八パーセント以下に抑え込もうとした。

二八日の夜、自民党本部で総務会が開かれた。総務会は党内のうるさ型が集結し、いつも議論百出となる。一年前には中曽根の一パーセント枠撤廃論に対して、反対意見が噴出し、総務会長の宮沢が預かりにした。今度も「荒れる総務会」を予想した人は多かった。

実際には八六年一二月は、打って変わって「静かな総務会」となった。一年前も一パーセント枠撤廃に反対した鯨岡が、一人だけ、「一パーセント枠はすでに国民の間に定着している。

日本が軍事大国にならないことの指標にもなってきた。諸般の事情で今回だけ一パーセントを超えたとしても、水が堤防を越えたからといって、すぐに堤防をなくしてしまうのはおかしいと思う」とクレームをつけた。全体の空気は「撤廃やむなし」が撤廃慎重論を数倍、上回る勢いである。自民党内の空気は八六年夏の衆参同日選での大勝を境に、一変した感があった。

ついに一パーセント枠の突破

予算の政府案を決める最後の折衝は一二月二九日に行われた。蔵相の宮沢と防衛庁長官の栗原による閣僚折衝は、大蔵省と防衛庁の主張を背に、平行線をたどる。決着は首相官邸での政治折衝の場に持ち込まれた。

官房長官の後藤田が両者の間に割って入った。「このメンバーで話し合っているのに、上の裁断を仰ぐようなまねはできない。いつまで話し合ってもらちが明かないようだから、私と三役に任せてほしい」と二人に告げる。宮沢と栗原を外して、後藤田と幹事長の竹下、総務会長の安倍、政調会長の伊東が別室に移って協議した。

その結果、防衛庁の復活要求を受け入れることで合意する。後方支援経費や在日米軍の駐留経費が認められた。結局、八七年度の防衛費は前年度比で五・二パーセント増と決まった。この瞬間、対GNP比は計算上、一パーセントを突破し、一・〇〇四パーセントとなることが明らかになった。そこまでの経緯を振り返って、元防衛庁長官の大村が解説した。

「八五年のときは分母となるGNPの伸び率が六パーセント台だったが、四パーセント台まで落ち込んだ。こうなると、分子となる防衛費を切るか、一パーセント枠をやめるか、どちらかしかありません。最終的に党と防衛庁で折衝したとき、奥野さんが中期防達成のための毎年度の伸び率として五・四パーセントという数字を口にされた。その後、官房長官も加わって折衝した結果、五・二パーセント増に決まったのです」

奥野が内実を明かした。

「私は対外関係も考えて、『外国から中期防を着実に実施していると受け取ってもらえるだけの金額が必要だ』と言った。五・四パーセントずつ防衛費を増やしていけば、中期防は達成できる。政治折衝が始まる直前、伊東さんにも後藤田さんにも、五・四パーセント増に賛成してくれと頼んだ。後藤田さんは五・二パーセントでいいと言っていましたね」

藤尾も内幕を証言した。

「在日米軍の駐留経費として一億ドル、つまり一六〇億円の予算を付けようとしたが、大蔵省は、日本側の支出は四〇億円でいいと言う。この問題は、ほかの人では折衝できないので、予算編成の最終段階で私が後藤田君と話し合って、一五〇億円を認めさせた。それで防衛費が一パーセントから〇・〇〇四パーセントだけ頭を出したわけだ」

最終的に五・二パーセント増で決着した背景について、自民党の防衛関係者は口をそろえて、

「これまでと違って必要な予算を積み上げた結果」と力説した。実際には五・二パーセント増は、政治折衝の土壇場で突如、浮上した。政治的な思惑から一定のところに線が引かれたのだ。思惑とは「何が何でも一パーセント突破を」というもくろみであった。

八六年一二月三〇日、八七年度予算の政府案が決定された。八七年度予算で、七六年以来、日本の防衛費決定の基準となってきた一パーセント枠はついに破られた。

一パーセント枠の問題の協議が決着を見た後、「敗軍の将」の宮沢は三〇日の午前零時過ぎ、大蔵省の記者会見室で淡々と「突破」のプロセスを自ら説明した。

「私のほうは『一パーセント以内でも予算の内容については十分、自信がある』と申し上げた。しかし、栗原さんが最後まで『一パーセントを超えないというのでは意味をなさないし、対外的にもまずい』とおっしゃるので、政治的に詰めることになりました。総務会の意見は大方が突破していいということでした。政調でもそうだというので、後は通常国会の審議に支障が出ないかどうかの判断を党三役と官房長官にお任せしました」

同じころ、中曽根は記者団に聞かれて「突破」の感想を平然と口にした。

「まあ、党のほうでいろいろと検討してもらった結果ですから。自衛隊の待遇改善や練度向上のために、やむをえず突破することになりました」

中曽根は話し合いが最後の山場を迎えた場面で、後藤田を通して、「突破を気にせずにやれ」と号令をかけていたが、その事実にはほおかぶりして「やむをえず」と口にした。一パーセント突破ドラマの中で、最後まで「中曽根抜き」を演じ切ったのである。

新たな歯止め論

八七年度の防衛費が一パーセントを超えることになったため、今度は一パーセント枠を定めた三木内閣の閣議決定の取り扱いが問題になった。政府は八六年一二月三〇日午前二時過ぎから安全保障会議を開いて、八七年度予算については七六年の閣議決定を適用しない旨を決めた。一パーセント枠に代わる防衛費の新しい歯止めをどうするかについても、早急に協議することを申し合わせた。

ここから「新歯止め」をめぐる論議がスタートした。中曽根はこの問題でも得意の二枚腰を見せた。性急に結論を出すのを避け、問題を先送りにする。その間に自分の狙った方向に党内の空気を誘導し、最後にもくろみどおりのところに着地させるやり方である。

中曽根は元来、防衛費に定量的歯止めは必要ないという考えであった。「一パーセント程度論」も含めて、対GNP比を基準とした定量的歯止めを一切なくそうともくろんだ。一パーセント突破に成功したのだから、この際、一気に「対GNP比による定量的歯止め」という亡霊を駆逐したいと考えた。

自民党内には「一パーセント程度論」や「定量的歯止め必要論」を唱える勢力が健在だった。

「一パーセント程度論」は、七六年に一パーセント枠が設定されたときにも提唱された。このときは最後に「一パーセント以内論」に負けて葬り去られた。

一二月三〇日の午後、「新歯止め」を協議する安全保障会議が首相官邸で開かれた。政調会長の伊東は明確に「一パーセント程度論」を主張した。

「新しい歯止めについては、一パーセント程度とか、一パーセントを基準にするということで、早急にまとめ、今日の閣議で決定してはどうか。一パーセントという物差しをなくしてはいけないと思う」

総務会長の安倍も「定量的歯止め必要論」を展開した。

「中期防そのものが新しい歯止めになるという理屈は、政治のプロには分かっても、国民には青天井になると受け取られる心配がある。防衛費には数字の入った歯止めが必要だ」

一パーセント枠突破の旗を振った防衛庁長官の栗原も、歯止め必要論にくみした。

「中期防で一八兆四〇〇〇億円という総額が明示されているから、理論的にはこれと違った形の歯止めは必要ない。ただ、政治的に考えてそれでいいかどうかとなると、問題だと思う」

黙って議論を聞いていた中曽根は「ガス抜き」が必要と思った。自分が狙った地点に着地するには、一定の冷却期間を設けるのがいいと判断した。

「この問題は深く論議する必要がある。思いつきで決めるわけには行かない。一月の通常国会の施政方針演説に盛り込むか、あるいはそれまでに決めたい」

会議の最後に、結論の先送りを申し渡した。

「ガス抜き」期間を経て、中曽根が「着地」の断を下したのは、八七年一月二四日であった。防衛費に関する新しい基準を決める安全保障会議と臨時閣議を連続して首相官邸で開催した。七六年一一月五日の三木内閣の閣議決定以来、堅持されてきた防衛費の一パーセント枠が正式に撤廃された。代わりに新たな基準として、五カ年計画である中期防による総額明示方式の採用が決まった。中曽根の野望がついに実を結んだのである。

外圧は錦の御旗

閣議室を出た中曽根は内心、鼻歌を口ずさみたくなるような気分だったに違いない。実際には報道陣を前に、努めて神妙な表情を装いながら、よどみなく感想を述べた。

「これからも一パーセント枠を決めた三木内閣の決定の精神を尊重していくことに変わりはありません。防衛費の新しい歯止めとなる五カ年計画は、総額で一八兆四〇〇〇億円、一年当たりでは、予想されるGNPの一・〇二パーセントくらいになります。これはほとんど一パーセント程度といわれる数字です」

防衛費をめぐる七〇年代から八〇年代にかけての攻防戦は、防衛予算の一パーセント突破と、それに続く一パーセント枠の撤廃を最後に幕を閉じた。そのプロセスを追跡して浮かび上がったのは、八二年から八七年まで政権を担った中曽根の一パーセント枠撤廃にかけたすさまじい一念であった。

防衛費に定量的な歯止めは不要と考える中曽根にとって、一パーセント枠はもちろん、GNP比による歯止めも、防衛費という世界に巣食った「悪霊」と映った。首相就任後、一貫して「悪霊」退治に熱意を示し、ついに追い出しに成功したのである。

きっかけは、前述のとおり、アメリカによる防衛費の増額要求であった。国の安全保障について、戦後の日本はアメリカのパワーに大きく依存してきたが、経済大国日本のアキレス腱ともいうべき防衛問題に狙いを定めて、アメリカが要求を突きつける事態となった。日米防衛摩擦は日本にとって戦後初めて直面した危機であった。

その時期、政権を担った中曽根は、自身の年来の目標達成にとって、「危機こそチャンス」と受け止めた。「外圧頼み」の政治や行政という手法は、日本では珍しくない。「外圧」がなければ旧態依然とした状態が少しも改まらないのに、「外圧」が押し寄せると、政治や行政が急に動き始めて解決に向かうという例は少なくなかった。

中曽根は日米防衛摩擦という「外圧」を使って、年来の「悪霊」退治を成功させようとした。最大の難関は、防衛に関して幅広く定着している国民のコンセンサスであった。

戦後の防衛費をめぐる攻防の歴史は、別の角度から見れば、防衛に関する国民のコンセンサス獲得の戦いだったことが分かる。七六年に設定された一パーセント枠も、どうやって国民のコンセンサスを生み出すかという模索の中から浮かび上がった。

一方で、戦前の苦い体験から、日本は、憲法や制度による歯止めだけでなく、財政、つまり金の面から防衛に定量的歯止めをかける方法を学んだ。戦後、導入され、定着してきたこの歯止めも、長い間、国民のコンセンサスを形成してきた。

中曽根は国民のコンセンサスを得てきた防衛に関する歯止め論という意識を打破しなければと考えた。「外圧」利用法による「悪霊」退治作戦は奏功した。国民のコンセンサスだけでなく、自民党の中にも根強く残っていた一パーセント枠支持派や定量的歯止め有用論を撃破する。アメリカの要求にも応えるとともに、宿願の一パーセント枠の撤廃も達成したのである。

その後も堅持された一パーセント枠

一パーセント枠という政府の決定は撤廃されたが、それでは現実の各年度の予算で、防衛関係費の対GNP比はどんな数字となったか。参議院常任委員会調査室・特別調査室発行『立法と調査』二〇一七年一二月号（第三九五号）所収の沓脱和人《くつぬぎかずと》（外交防衛委員会調査室）執筆「戦後における防衛関係費の推移」掲載の「参考資料・防衛関係費の推移（当初予算）」の表によれば、実績は以下のとおりである（GNPとGDP＝国内総生産の数字は、一九五一年度から五四年度までは実績、以後は当初見通し。防衛関係費はいずれも当初予算）。

まず警察予備隊創設の翌年の一九五一年度は、日本のGNPが五兆四八一五億円、防衛関係費が一一九九億円で、GNP比は二・一八七パーセントだった。保安隊に衣替えとなった翌五二年度も二・七七九パーセントで、連続二パーセント超を記録した。

五三年度は一・六七〇パーセントとなる。その年から自衛隊創設を経て、一次防、二次防が終わる六六年度までの一四年間はずっと一パーセント超だったが、三次防のスタートの六七年度に〇・九三〇パーセントと、初めて一パーセントを割り込んだ。防衛関係費は五二年度の三倍強の三八〇九億円だったが、GNPが高度経済成長の恩恵で、五二年度の約七・五倍に膨らんだからである。

以後、六七年度から、GNP比一パーセント枠が決定された七六年度を挟んで、一パーセント枠廃止が決まる八六年度までの二〇年間、一度も一パーセントを超えた年はなかった。八六年度は〇・九九三パーセントだったが、先述のとおり、一パーセント枠廃止による最初の予算編成となった八七年度は、防衛関係費が当初予算でGNP比一・〇〇四パーセントとなる。次の八八年度も一・〇一三パーセント、その次の八九年度も一・〇〇六パーセントと、三年連続で一パーセントを上回った。

といっても、一パーセント超はこの三年だけで、九〇年度は再び〇・九九七パーセントと、一パーセントを割った。九四年度からは、分母の数字がGNPからGDPに変わり、防衛関係比との対比も、「対GDP比」に変更となった。

二〇一八年以降は、上記の「戦後における防衛関係費の推移」掲載の「参考資料」ではなく、内閣府の統計を基に算出した。

それによると、一パーセント超は九〇年度以降、二〇二二年度まで三三年間、一度もなかった（一九九七年度から計上されるようになったＳＡＣＯ関係経費や米軍再編関係経費を除いた一般防衛関係費。以下も同じ）。最も一パーセントに接近したのは二〇〇二年度の〇・九九五パーセント、最低は一八年度の〇・八七五パーセントで、一七年度から二〇年度までの四年間は〇・八パーセント台が続いた。

一九七六年一一月に三木内閣が決定した防衛関係費の対ＧＮＰ比一パーセント枠は、八六年一二月に中曽根内閣によって撤廃となった。だが、実際には「防衛予算はＧＤＰ（ＧＮＰ）の一パーセント以内」という政府・与党内の暗黙の合意は消滅しなかった。三年間の例外を除いて、その後も三三年間、維持されてきたのである。

表向きルールは廃止されたものの、政府も時の政権与党も、変わらず「一パーセント枠」を意識した。防衛予算の編成では「実際上は一パーセントを超えないものとする」という方針を守り続けた。

三六年前、ＧＮＰ比による防衛費の定量的な歯止めを「悪霊」と見て退治に乗り出した中曽根が「最大の壁」と位置づけたのが、財政による防衛予算の定量的歯止めを是とする幅広い国民のコンセンサスであった。中曽根は宿願の一パーセント枠撤廃の達成によって、国民のコンセンサスという「最大の壁」の突破にも成功したと受け止めたかもしれない。

といっても、以後、三三年間、防衛予算の編成は「一パーセント枠の堅持」が実態であった。幅広い国民のコンセンサスは、中曽根の「悪霊」退治にもかかわらず、崩れることなく、生き続けたのである。

最新の岸田文雄内閣での二〇二三年度予算は、第四章で触れたとおり、当初見通しのGDPが五七一兆九〇〇〇億円で、防衛関係費は六兆七八八〇億円に達した。GDP比は一・一八七パーセントである。実に岸内閣時代の一九六〇年度のGNP比一・二三一パーセント以来、六四年ぶりの記録となった。長期にわたって生命力を保持してきた「幅広い国民のコンセンサス」はこの岸田内閣の舵取りにどんな採点と判定を下すのか。

第七章

自衛隊の海外派遣――海部・宮沢・小泉の国際貢献

湾岸危機

一九九〇（平成二）年八月二日、イラクがクウェートに侵攻し、湾岸危機が現実となった。当時は自民党単独政権で、時の首相は海部俊樹《かいふとしき》であった。

八月四日の朝、アメリカのジョージ・ブッシュ大統領（父）から電話が入った。

「事態は極めて深刻。日本をはじめ、主要国が協調的行動を取ることが重要となる。日本の特別な事情は十分、理解できるが、原油の輸入停止、イラクへの借款の凍結も含めて、制裁に協力を。どうしても日本の支持が必要です」

ブッシュは日本が取るべき措置を一つ一つ具体的に示して実行を迫った。

九日、国連の安全保障理事会はイラクのクウェート併合無効決議を全会一致で採択した。二日の即時撤退決議、六日の対イラク制裁決議に続く第三弾であった。アメリカはこれを受けてサウジアラビアへの派兵を決定した。

海部は首相就任前、官房副長官と文相を務めただけで、外相や防衛庁長官、自民党三役は未経験だった。アメリカから国際的責任をと要求されたとき、どう対応すればいいか、明確に答える自信はなかった。一番の問題は、自衛隊の海外派遣を求められた場合であった。

もともと「ハト派宰相」といわれた三木武夫元首相の秘蔵っ子である。国際的貢献といっても、アメリカの要請にそのまま従う覚悟はなかった。

アメリカは国連安保理の決議を受けて派兵を決めた。アメリカ主体の多国籍軍は国連が国際紛争を解決するために平和維持活動として編成する国連軍と同じかどうかが問題になった。

自衛隊の国連軍への参加については、その一〇年前の八〇年一〇月二八日に衆議院本会議に提出された政府答弁書が存在した。

「いわゆる『国連軍』は、個々の事例によりその目的・任務が異なるので、それへの参加の可否を一律に論ずることはできないが、当該『国連軍』の目的・任務が武力行使を伴うものであれば、自衛隊がこれに参加することは憲法上許されないと考えている。これに対し、当該『国連軍』の目的・任務が武力行使を伴わないものであれば、自衛隊がこれに参加することは憲法上許されないわけではないが、現行自衛隊法上は自衛隊にそのような任務を与えていないので、これに参加することは許されないと考えている」（以上、前掲『憲法答弁集［1947―19

99」』参照）

これが政府見解とされてきた。

海部政権を支える自民党の幹事長は、最大派閥の竹下派の小沢一郎であった。小沢は九〇年八月一〇日、駐日アメリカ大使のマイケル・アマコストを大使公邸に訪ねた。アマコストは滑らかな日本語に英語を交えて訴えた。

「ブッシュ大統領は炎熱の地で二、三万人のアメリカの若者が命を落とすことになるかもしれないという覚悟のもとに、今回の作戦を決断した。日本もカネを出すだけでは、もはや共感は得られません。アメリカの議会の空気も厳しくなるでしょう。（中略）日本に前線に出てくれとはいわない。後方支援で貢献して欲しい。これは日本が判断する問題だが、われわれとリスクを分かちあって一緒に行動し、プレゼンスを示してもらいたい」（朝日新聞「湾岸危機」取材班著『湾岸戦争と日本——問われる危機管理』）

国際的責任を果たすには

小沢は日本が大国として国際的責任を果たすには経済的な協力だけでは不十分で、それ以外に目に見える貢献が必要という認識であった。ポスト冷戦の時代を迎えても、最後に頼りになるのはアメリカしかないから、支援するのは当然、という判断である。

アマコストにねじを巻かれた小沢は、自民党本部の幹事長室にこもって勉強を始めた。経済的支援だけでなく、人的協力を行う場合、問題は憲法も含めて、現在の法制度の下で何ができるかであった。

一冊の本を読み始める。小沢は政界入り前、司法試験挑戦の経験があった。手にしたのは受験時代の憲法の教科書だ。一九四五年に憲法問題調査委員会補助員として憲法制定作業にも関わった佐藤功《さとういさお》（元上智大学教授）の著書『日本国憲法概説』だった。

「第二編　各論」の「第一章　戦争の放棄」の「第四節　第九条と安全保障体制の諸問題」の項に、「五　国際連合への協力」と題して、「2　いわゆる『国連軍』への自衛隊の参加」というテーマについて、次のような記述があった。

「自衛隊のいわゆる『国連軍』への参加については、一概にすべて許されないと断定することはできず、それぞれの具体的な場合について、その『国連軍』の性格・任務・形態などに応じて判断すべきものである」

佐藤は「国連軍」を実態によって三種に分類する。

第一に、国連憲章第四三条に基づいて組織され、平和侵犯国に対する戦闘・武力行使を目的・任務とする憲章上の正規の国連軍を挙げる。第二は、朝鮮戦争の際の国連軍のように、加盟国の特定国・特定国家群の軍隊の性格を持ち、戦闘・武力行使を目的・任務とする国連軍である。第三は、国連の平和維持活動（ＰＫＯ）のために組織・編成され、国連安保理の指揮・

統制に服し、かつ戦闘・武力行使を任務とせず、たとえば紛争地域における停戦の実施、国内治安の回復・維持などの平和維持的な任務のみを目的とするもので、国連平和維持軍（ＰＫＦ）、軍事監視団などと呼ばれるものだ。

佐藤は「この第一、第二の種類の『国連軍』に自衛隊が参加することはわが国が直接に武力攻撃を受けていない場合に、『国際紛争解決の手段』として『武力行使』に参加することであり、第九条に違反し、許されないと解すべきである」と説いている。その上で、第三のケースに論及する。

「第三の種類の『国連軍』に自衛隊が参加することは直ちに第九条に違反するとは解されないであろう。ただし、この場合についても、自衛隊法上の問題としては、自衛隊の行動し得る範囲は、前に述べたように厳重に限定されているのであるから、その『国連軍』への参加は、自衛隊法を改正しない限り認められない」（以上、前掲書〈全訂第五版〉より）

国連軍への自衛隊の参加は必ずしも憲法違反になるわけではない、と小沢は意を強くした。佐藤はこの本の別のページで、自衛隊が合憲かどうかという問題に触れている。自衛隊は憲法が禁じる「戦力」に該当し、「違憲でないと解釈することは到底許されないといわなければならない」と断言する。

小沢はその点には目をつぶり、国連軍への参加に関する部分だけ取り出して理論武装に使うつもりであった。佐藤のテキストからヒントを得て自衛隊の海外派遣の可能性を探り始めた。

海部と小沢の綱引き

九〇年八月半ば、政府内で湾岸支援策の検討が始まった。中心となったのは外務省である。メニュー作りのポイントは、アメリカが日本に何を望んでいるかであった。

最初、アメリカはイラク制裁措置への日本の同調を求めた。多国籍軍派遣が具体化すると、「直接的貢献」を主張して、日本にいくつかのテーマの検討を要望してきた。

第一に掃海艇派遣、第二に給油艦派遣、第三に多国籍軍の物資や人員を輸送するための航空機や艦船の提供、第四に自衛隊の派遣を含めた「人的貢献」、第五に経済的支援であった。四番目の「人的貢献」が後に国連平和協力法の問題につながっていく。

アメリカはそのために日本の憲法や法律を変えろとは言わない。現行法の下でできる最大限の努力を、と言い続けた。

第一の掃海艇派遣は、八七年のイラン・イラク戦争の際、当時の中曽根康弘首相が積極姿勢を示したことがあった。その際、官房長官だった後藤田正晴が反対し、中曽根と外務省にストップをかけたため、立ち消えとなった。

三年前、中曽根は国会答弁で「法律的には問題ない」と言い切った。アメリカはその発言を持ち出して掃海艇の派遣を迫った。ブッシュも海部に電話で直接、要請した。

外務省は八七年とは異なり、相手国への敵対行為となって中立を侵すことになるという理由で、早々に拒否を決めた。日本は給油艦派遣にもノーと答えた。一方で、物資協力リストを示してアメリカ側の意向を探る。こうやって外務省主導で中東貢献策の骨格が固まった。

小沢は自民党に相談がないまま貢献策作りが進んでいることに不満を抱いた。八月二六日、海部に文句を言った。海部は政府内で検討が始まっていた国連平和協力隊構想を取り上げる。「自衛隊には中核的な役割は負わせず、文民中心の組織に」とプランの一端を明かした。

海部が頭に描いていたのは海外青年協力隊のような組織であった。小沢は「そんなものではアメリカはウンと言いません」と唱えて相手にしない。「まず憲法判断です。憲法の下で何ができるのか、きちんと議論した上で政治家が判断を下すべきで、役人任せではだめです」と言って、独自の憲法学習で身につけた憲法論を展開した。

「憲法は恒久平和をうたっていて、国連憲章とも合致します。前文は日本も『国際社会において、名誉ある地位を占めたい』と宣言しています。孤立的平和主義ではいけないと憲法自体が言っている。それらの点を考え合わせると、現行法でも自衛隊の中東派遣は十分に可能です」

自衛隊派遣という話が出た途端、海部の顔色が変わった。「自衛隊を海外に出すことはできません」と、色をなして抵抗した。小沢は繰り返し決断を促したが、海部は自衛隊の海外派遣には最後まで首を縦に振らなかった。

政府は新しい法律で国連平和協力隊を設置する方針を固めた。

二九日、海部は記者会見で、「国連決議に従って憲法の枠内でできる協力にはどんなものがあるか、そこを調べました」と述べる。自衛隊法の改正について質問が出た。海部は「自衛隊の海外派遣は考えていないと申し上げた」と答えた。

テレビを見ていた小沢は、「何も分かっていない」と吐き捨てるように言った。

国連平和協力法案

国連平和協力隊の組織をどうするかの検討は、外務省主導で進められた。自衛隊活用論に固まっていく。自衛隊を除外した組織を造れば、訓練に時間もかかるし、費用も膨大になる。海部もその線で同意した。自衛隊の活用は認めても、協力隊に自衛隊をそのまま参加させるのではなく、あくまで文民組織として造る考えだった。

法案の中身が明らかになる。自衛隊の活用と言いながら、外務省は参加する自衛官の身分を外して文官とし、防衛庁長官の指揮・監督権も及ばなくしようとした。

「外務省は自衛隊のほかにもう一つ自衛隊を造るつもりだ。国内に手足となる組織を持たない外務省は、自分たちがコントロールできる組織を持ちたいと考えている」

自民党の国防族議員や防衛庁から反発が噴き出した。国防族の実力者の山崎拓《やまさきたく》（元防衛庁長官。後に自民党副総裁）は九月二六日、海部に会って、「自衛隊が参加するには自衛官の身分と職務を併せ持った併任方式でなければ」と直談判した。

海部は「非軍事」「文民」に最後までこだわった。二七日、法案の骨子がまとまった。海部は記者会見で「新設する国連平和協力隊は、国連決議に従った平和維持活動に対して、武力行使を伴わずに非軍事面で協力するためのもの。憲法に抵触することはない」と説明した。

法案作りの焦点は、論議になっている自衛官の身分問題と、協力隊に参加する自衛官に対する指揮・監督権であった。妥協案として業務委託方式が浮上したが、その後、二転三転した。一〇月九日、海部を交えて政府と自民党で最終的な話し合いが行われた。小沢は「この案はあいまいすぎる。こんな少年野球のチームのようなものはだめ」と政府案を切って捨てた。

その前後、何度か海部と会って言葉を交わした自民党外交調査会長の河野洋平《こうのようへい》（後に自民党総裁、衆議院議長）が回顧した。

「外務省は最終的に防衛庁が関与できない委託業務方式が最善と判断した。海部総理は自衛隊が海外に出ていくことには、とにかく反対でした。自衛隊色をできるだけ薄めたくて、委託方式には理解を示さなかった。そのために併任方式が出てきて、総理にとってはむしろまずい結果になりました。その意味では、総理に勘違いがあったと思いますね」

防衛庁案に沿って、外務省の業務委託方式が撤回され、自衛隊の併任方式を採用することになった。自衛隊が海外に出ていくことに反対の海部は、自衛隊色を薄めたくて、委託方式に理解を示さなかったが、そのために併任方式を認めさせられた。

協力隊の副本部長に防衛庁長官が加わることになる。防衛庁長官の指揮・監督権も確保された。外務省案を基にした政府案は、小沢の一撃であっという間にひっくり返された。

一二日に臨時国会が召集され、四日後に法案が国会に提出された。急ごしらえで、海部の答弁は右に左に揺れ続ける。所管の外務省の解釈もぶれが目立った。

国民の反発も大きかった。急ぎすぎという批判だけでなく、憲法解釈の変更や自衛隊の海外派兵に道を開くことに抵抗が強かった。

国会審議と並行して、一一月四日に参議院愛知選挙区補選が実施された。法案の国会提出の翌日に選挙が公示されたため、選挙戦は平和協力法案一色となった。

公示前まで楽勝ムードだった自民党は、途端に苦境に立たされた。小沢は公明党の幹部に会って、「法案の修正に応じるから協力を」と頼み込む。国会は宇野宗佑《うのそうすけ》内閣時代の八九年夏の参院選以来、衆参ねじれのままである。法案成立には野党との部分連合が必要だった。

この場面では、公明党の支持を得る以外、法案成立のめどが立たない。公明党は「修正には応じられない。今回は廃案に」と小沢の要請を拒否した。そうなると、打つ手はなかった。

「わが党も国際的貢献を無視しているわけではない。この前、社会党が発表した『大綱』がヒントになる。あれを見ながら、一緒に新しい法案を作ろう」

公明党書記長の市川雄一《いちかわゆういち》（後に公明党副代表）が小沢に提案した。

国連平和協力法案を憲法違反と断じる社会党は一〇月一五日、対案を発表した。現職自衛官の参加抜きの国連平和協力機構の構想を立て、設置大綱をまとめ上げた。市川はこれに着目した。小沢は市川の提案を受け入れる。政府と自民党は一一月五日、法案の廃案を決めた。

社会党の内部対立

廃案の確定を受けて、一一月六日に小沢と市川、民社党書記長の米沢隆《よねざわたかし》（後に民社党委員長を経て民主党副代表）が密会して協議したのが自公民路線の始まりであった。小沢は国連平和協力法に代わる新しい法案作りを市川に全面的にゆだねることを決め、三者で話し合った。

市川はその日、社会党の「国連平和協力機構設置大綱」を基にして、新しい法案の骨格となる各党の「合意事項」を書き上げる。小沢はそれを基に、自社公民の合意に持ち込もうとしたところが、土壇場で社会党の足並みの乱れが露呈した。

六日、公明党の市川が社会党の「大綱」を基にした「合意事項」を提示した。委員長の土井《どい》たか子《こ》（後に衆議院議長）はのむ気になったが、書記長の山口鶴男が反発した。社会党の内部対立が表面化して、一一月七日は一日、空転する。山口は「葬式と結婚式は一緒にできない」と言って四党の協議から抜けた。振り返って、理由を説明した。

「自公民の合意について、社会党に積極的な呼びかけがあったわけではありません。少なくとも書記長である私には事前に話がなかった。社会党は協力法案の廃案をきちんと勝ち取るということで三役の間で合意ができていた。与野党の合意については、小沢氏が廃案を表明した直後の八日の幹事長・書記長会談で初めて知らされました。ですから、私は葬式と結婚式は一緒にできないと言ったわけです」

社会党国対委員長の大出俊《おおいでしゅん》（後に郵政相）が「協力法案の正式廃案以後でなければ話し合いに応じられない」と公民両党に通告する。社会党の脱落が決まった。

公明党の国対委員長だった坂井弘一《さかいひろいち》が証言した。

「私は一〇月の後半から、大出さんに『社会党の大綱は、停戦監視を含めて、PKOに対して積極的な案になっている。社公民で対案が作れるんではないか』と提案してきました。公明党としては、廃案が決まれば、間を置かずに新しい法案作りに入るべきだと考えていた。ところが、大出さんは廃案が近づくと、『廃案のすぐ後に四党合意を出すのは展開が早すぎてまずい』と言い出したのです」

民社党の国対委員長だった神田厚《かんだあつし》（後に防衛庁長官）が語った。

「野党の中で社会党だけをかやの外に置いたということではありません。最初、社会党はPKOの協力に賛成していた。ところが、私と市川書記長、山口書記長、大出氏の四人で話を進めようという段階になって、PKOの中身について隔たりが出てきた。協力法案に代わる日本の貢献策を打ち出さなければならないぎりぎりの局面で、その意味では、社会党の方針転換は、言葉は悪いけど、いちゃもんと言わざるをえません」

結局、八日の夜九時、社会党を外して協議が始まり、九日の未明、自公民三党による合意が成立した。同時に、六項目からなる三党の「国際平和協力に関する合意覚書」が公表された。いわゆる「三党合意」と呼ばれるものである。

小沢は作成には一切タッチしなかった。出来上がった覚書を見て、米沢は「本当にこれをのめるんですね」と小沢に確かめた。

これを機に、小沢は大きく「自公民」路線に踏み出した。

九〇億ドルの資金協力

それから二カ月が過ぎた日本時間の九一年一月一七日の朝、アメリカ軍を中心とする多国籍軍がイラクへの攻撃を開始する。湾岸戦争が始まった。

開戦のニュースが伝わる二時間前、海部は与野党の党首会談に出席した。多国籍軍支援のために追加支出を決定した九〇億ドル（約一兆二〇〇〇億円）の財源措置について協力を求めた。公明党と民社党は政府・自民党案に同意し、協力を約束した。社会党と共産党は「憲法違反」と主張して反対を表明した。

資金協力問題は戦争開始と同時に持ち上がった。二〇日から蔵相の橋本龍太郎《はしもとりゅうたろう》（後に首相）がG７（主要七カ国蔵相・中央銀行総裁会議）出席のために訪米した。その際にアメリカのニコラス・ブレイディ財務長官との会談で話が出たのが始まりだった。

自衛隊の海外派遣に難色を示し続けた海部も、資金協力には一転して積極姿勢を示した。橋本の帰国後、小沢ら党三役と協議して九〇億ドルの支援を決める。二四日に閣議決定し、その旨をすぐに電話でブッシュに伝えた。

問題は九〇億ドルの支出を含む補正予算であった。国会の乗り切りは簡単ではなかった。約三週間、使途と財源問題をめぐって、与野党間で激しい攻防が展開された。

主役は今度も小沢だった。同じように自公民路線での決着をもくろむ。参議院で過半数を確保するには、公明党の支持が欠かせない。公明党の要求を丸のみする覚悟を決めた。

公明党側は、この問題では支持団体の創価学会に根強い反対があった。反戦・平和を掲げる創価学会で、婦人部や青年部を中心に、戦争支援のための財政支出ノーという声が噴出した。

小沢は助け舟を思いつく。先述したように、湾岸危機発生の直後の憲法学習で、「国連決議に基づく多国籍軍への自衛隊派遣や財政支援は憲法に抵触しない」という論理を導き出した。「憲法前文は『自国のことのみに専念して他国を無視してはならない』と書いている。憲法が想定する理想は一国平和主義ではない。国連を中心とした平和安全保障体制の確立に取り組むことは、むしろ憲法の要請するところ」

公明党の幹部たちに持論を説いた。公明党は約三週間の党内論議の末、賛成を決めた。

九一年二月二一日に「湾岸平和へのアピール・日本の国際貢献についての公明党の見解」を

発表した。その中で、賛成に踏み切った「判断理由」を次のように説明した。

「湾岸地域に展開されている多国籍軍の武力行動は（中略）国連安保理決議六七八号に基づくイラクのクウェートからの撤退を促す平和回復活動である。同決議六七八号は、すべての国家に対し、安保理決議が十分に履行されるべくとられる行動に対し『適切なる支援』を与えることを要請しています。国連中心主義を外交の基本としてきた日本は、国連および国際社会の一員としての義務と責任を有するもので、決議六七八号を支持することは当然の選択でありす」（公明新聞・九一年二月二二日付より）

小沢の勉強の成果が随所に盛り込まれている。

こういう場面になると、毎度のことながら、海部や官房長官の坂本三十次《さかもとみそじ》ら、首相官邸側には出番がなかった。野党とのパイプも交渉手腕も皆無に等しい。小沢たちが用意したおぜん立ての前に座るだけであった。

「資金提供以外は何もしない国」

公明党が賛成に回ったため、九〇億ドルの追加支援問題は決着がついた。一時はこの問題で失敗すると、国際公約が果たせず、海部政権が沈没するかもしれないといわれた。小沢はその危機を得意の自公民路線で乗り切った。

二月一五日の与野党党首会談が終わったとき、自公民の合意を見て、わきにいた社会党の幹部はため息混じりに「まるで連立政権誕生前夜という雰囲気だな」とつぶやいた。

九〇年夏の湾岸危機の発生で、「国際的貢献」という問題が戦後初めて大きな議論になった。長い間、富国軽軍備路線に徹して経済的繁栄を追求してきた日本は、「国際的貢献」という問題では何となく負い目があった。

世界の平和と安全にどれだけ貢献しているかと問われると、多くの国民がいつも肩をすくめ、黙り込んだ。そのうち肩をすくめるだけでは済まなくなる、と「狼の来襲」を予告する声も多かった。ついに本物の狼が襲い、日本人は初めて「国際的貢献」について考え込んだ。その結果、大急ぎでいくつかの問題に着手した。

外国の軍隊への資金援助、物資や人員の輸送のための航空機や艦船の提供、掃海艇や給油艦の派遣、自衛隊の協力を含めた「人的貢献」、難民救済のための自衛隊機の出動などだ。それ以前は真剣に議論してこなかったテーマばかりであった。

湾岸戦争はアメリカ軍などの多国籍軍の圧勝で終わった。多国籍軍の地上部隊は二月二七日、クウェート全土を制圧した。ブッシュは勝利を宣言する。四月一一日、国連安保理は湾岸戦争の終結を正式に確認した。

一三日後の二四日、海部内閣はペルシャ湾への自衛隊派遣を決めた。掃海艇と母艦など六隻、隊員五一一人を送ることにした。六月五日、クウェート沖で作業を開始し、機雷三四個を処分した。自衛隊の海外派遣の始まりである。

湾岸戦争に遭遇して、日本はあれこれと検討はしたものの、結局、資金提供以外に何もしなかった。飛行機や船の提供はアメリカの会社からのチャーターで賄った。掃海艇の派遣も、実行されたのは戦争終結後だった。

国連平和協力法案は国会で廃案となった。難民救済のための自衛隊機の派遣は、激論の末、決定が下されたが、実行されずに終わった。

なぜそんな結末に終わったか。政治家の得点稼ぎと責任逃れ、官僚たちの保身と縄張り争いという毎度おなじみの「無責任政治」が原因となったのは間違いない。そんな政治と行政に、国民は積極的にノーと意思表示したわけではなかった。

日本は「資金提供以外は何もしようとしない国」という姿を世界にさらした。ほかの方策に踏み込むのがなぜ難しかったのか。さまざまな理由が考えられたが、結局のところ、日本の国民がそれを望んでいなかったからである。衆議院の国連平和協力特別委員会の委員長を務めた元防衛庁長官の加藤紘一が感想を語った。

「日本は危機管理の制度や機構が整備されていないという批判が前々からありましたが、問題は制度や機構ではない。危機にぶつかったとき、日本が独自の判断を持つにはどうすればいいのか、ポイントはその判断力です。湾岸危機への対応を見れば、政治的リーダーシップも、一般の国民のレベルを越えていなかったことがはっきりした。『自衛隊抜き』をうたった三党合意が成立したのも、結局、これが日本の世論の最大公約数だったということですよ」

詰まるところ、日本国民はこの段階では資金提供以外の方策に踏み込むことを望んでいなかったのだ。そのツケは「狼」が去った後、重い荷物となってのしかかることになる。

宮沢首相の誕生

海部は派遣決定の七カ月後に政権運営でつまずき、退陣に追い込まれた。自民総裁選を制した宮沢喜一が後継の座を握る。一一月五日、宮沢内閣が誕生した。

宮沢は五三年四月に参議院議員に初当選した。以後、蔵相、外相、官房長官、自民党総務会長などを歴任し、「自民党ナンバーワンの知性派」「政界屈指の国際通」といわれたが、政権の道は遠かった。政界入りから三八年余を経て、やっと首相のいすに到達した。

チャンスは海部の突然の自滅で巡ってきた。九一年九月の総裁選を控えて、海部は政権維持に強い意欲を示したが、弱小派閥の出身で、党内基盤は脆弱だった。九〇年二月の衆院選で公約に掲げた「政治改革の実現」を唱え続ければ世論の支持が集まると見て、衆議院の選挙制度改革を含む政治改革関連法案の成立を目指した。

ところが、総裁選の直前、自民党国対委員長の梶山静六《かじやませいろく》（後に自民党幹事長、官房長官）が党内の多数の意向を酌んで法案を廃案にした。中央突破を決意した海部は解散・総選挙を示唆する「重大な決意」という言葉を口にしたが、思いどおりに進まなかった。党内の反対の大きさにたじろいで腰砕けとなる。それを見て、最大の後ろ盾だった竹下派会長の金丸信が見限った。海部は総裁選不出馬に追い込まれ、退陣となった。

金丸は腹心の小沢を後継総裁候補に指名したが、小沢は「準備不足」を理由に固辞した。宮沢が名乗りを挙げる。金丸や小沢ら竹下派の支持を得て政権を握った。

前内閣で湾岸危機、湾岸戦争に直面し、日本の国際貢献の在り方が政治課題として浮上した。先述のとおり、海部政権下で、政府は国連平和協力法案を国会に提出したが、野党の強い反発で審議が混乱し、政府と自民党は廃案を決めた。これが第一ラウンドであった。

第二ラウンドは、湾岸戦争終結後、海部首相退陣の直前に訪れた。九一年九月一九日、海部内閣は改めて国連平和維持活動協力法案（ＰＫＯ法案）と国際緊急援助隊派遣法の改正法案を国会に提出したが、政権は崩壊寸前となる。衆議院は首相交代の一カ月前の一〇月四日、両法案を継続審議にした。

小沢がその日の夕刻、国会議事堂裏の料亭「永田町満ん賀ん」に足を運んだ。九一年四月に東京都知事選敗北の責任を取って幹事長を辞任した小沢は、竹下派会長代行となり、六月に発足した自民党の「国際社会における日本の役割に関する特別調査会」の会長を務めている。ポスト海部の最有力候補の宮沢と顔を合わせた。

宮沢は海部後の政権獲得で竹下派の支持が必要だった。小沢は幹事長辞任後の六月二九日、心臓病を患い、療養中だった。宮沢との顔合わせは快気祝いという名目であった。仲立ちした宮沢派の加藤と竹下派の参議院議員の井上孝《いのうえたかし》（後に国土庁長官）が同席した。

朝日新聞記者の佐々木芳隆《さききよしたか》が著書『海を渡る自衛隊』で「同席者によると」と断って、宮沢と小沢の会話を紹介している。

「宮沢氏『憲法第九条の考え方を、あなたはどう思うか。小沢調査会で提言をまとめると聞くが……』

小沢氏『国連憲章に基づく集団安全保障措置は地球的な秩序を守ることを想定しており、日本としても、国連軍に自衛隊を参加させるべきだ。日米安保条約も、いつまでも（米国には日本防衛の義務があり、日本は守ってもらうばかりで米国防衛の義務がない、という）片務では、勘弁してもらえないでしょう。これをクリアするために、憲法解釈の思い切った転換が必要だと思う』

宮沢氏『将来、常設の国連軍に持っていければいい。日本人がその常設軍に国際公務員として参加することは、憲法上なんら問題はない。国連の平和維持部隊は軍隊ではないから、自衛隊が参加できるような法律を作ればいい。ただ、過去の（軍国主義と国際的孤立という）過ちは繰り返さないという反省に立った〈非戦の思想〉は、日本にとって大事なことだ。武装した自衛隊を武力行使のために海外に出すからには、改憲が必要だ。その改憲をめぐる国民の合意ができないのなら、憲法から解釈できるギリギリのところまでやる。私には、長く考え詰めてきたことがある。若い世代がもう一度考え直すことは止めはしないが、過去の過ちを繰り返さないよう、次の世代にもお願いしたい。いつまでに結論を、などと期限を切らないでいいから、しっかり議論してほしい』」

戦後の富国軽軍備路線の源流ともいうべき吉田茂、池田勇人の両元首相の直系を自任する宮沢は、自民党で「護憲派の総帥」といわれてきた。皮肉なことに、軍事面も含めた日本の国際的貢献が正面から問われるという転換期に政権を担う巡り合わせとなった。

苦肉の三党合意

一一月五日、臨時国会が召集され、宮沢内閣が発足した。第二ラウンドのＰＫＯ法案の審議が再開となった。国会は衆参ねじれが続いていて、法案成立には野党との部分連合が必要だった。宮沢も前政権以来の自公民路線を頼りにするしかなかった。

廃案による国際社会での日本の孤立を心配した小沢が各党に話し合いを呼びかけたところ、公民両党が応じた。当初は「自衛隊とは別組織のＰＫＯなら」という社会党の意向を酌んだ案を用意した。社会党内がまとまらず、参加しなかったため、自公民三党だけの合意となる。九日、三党の幹事長・書記長が全六項の「国際平和協力に関する合意覚書」に署名した。

「一、憲法の平和原則を堅持し、国連中心主義を貫くものとする。

一、今国会の審議の過程で各党が一致したことはわが国の国連に対する協力が資金や物資だけでなく人的な協力も必要であるということである。

一、そのため、自衛隊とは別個に、国連の平和維持活動に協力する組織をつくることとする。

（以下、略）」

協議に同席し、合意書の案文作りを担当したのは、小沢側近の平野貞夫であった。「合意覚書」の全文を紹介した著書『平成政治20年史』で、平野は「この合意書は、これまでの自社『五五年体制』を崩壊させ、自民小沢グループと公明・民社による新しい政治をスタートさせるものであった」と唱えている。

当の小沢は後に対談集（五百旗頭真《いおきべまこと》・伊藤元重《いとうもとしげ》・薬師寺克行《やくしじかつゆき》編『90年代の証言　小沢一郎　政権奪取論』）で回顧して、三党合意について、「しょうがなかった」、国連の平和維持活動への自衛隊の派遣という構想についても、「その内容はおかしな法律なんですけど。そのときの状況としては、その選択しかなかった」と語っている。国際安全保障への貢献策としては不本意な決着だったとの思いを言外ににおわせた。

宮沢もPKO法案の成立を目指した。審議は九一年一一月一八日にスタートした。

基本路線は前政権以来の「自公民」である。すでに三党はPKO五原則（停戦の合意、日本参加への紛争当事国の同意、中立的立場の厳守など）を確認し、その線で法案作りを進める方針だったが、足並みが乱れた。

民社党はＰＫＦへの自衛隊の出動について国会の承認制度を要求した。社会党も含めて与野党の協議が続いたが、成案は得られない。採決を急ぐ自民党は、公明党とともに二七日に衆議院の国際平和協力特別委員会で修正案を強行採決した。

公明党は支持組織の創価学会から反発が噴出した。自民党離れを始める。一二月三日、衆議院本会議は修正案を可決したが、社会党の反対もあって、参議院は二〇日、事実上の廃案となる継続審議を決定した。法案は葬られ、第二ラウンドも幕となった。

ＰＫＯ法成立

宮沢はあきらめない。九二年の通常国会での法案成立を狙う。第三ラウンドに挑んだ。

法案成立に挑戦し続けた理由を、宮沢は後に自著『新・護憲宣言――二十一世紀の日本と世界』で触れている。

首相在任中、国連安保理の議席見直しの議論が高まったとき、宮沢内閣は九三年七月六日に「安全保障理事会議席の衡平配分と拡大に関するわが国の意見」を国連に提出した。その中で「わが国として安全保障理事会においてなしうる限りの責任を果たす用意がある」とうたった。

宮沢は「なしうる限り」という点を前提に、次のように述べる。

「これについて私自身が終始考えてきたことは、同時にそれは歴代の政府の見解だと思いますが、わが国は海外において武力行使をすることはできない、それは憲法の認めるところでないというのが見解の中心になります。できることとできないことをはっきりさせるためには、できることの極限というものを明確にすべきではないかと思い、その極限においてやれることはやらなければならないという認識から、ＰＫＯ法の制定を国会にお願いしたつもりです」

続けてＰＫＯ法案の中のＰＫＦ凍結と憲法との関係について説明している。

「これはべつに憲法違反だから凍結をしたわけではありません。法律としてお願いした以上、政府としては当然憲法の範囲内だと考えていたわけですが、国会の高度な政治的判断とも言うべきもので、この部分はしばらく凍結するという決定がありました。これはそれなりにしかるべき判断ですが、違憲、合憲という問題ではないと私は考えています」

宮沢はＰＫＯ法案の成立を目指した。先送りとなったＰＫＦへの出動と国会の事前承認制導入の問題は未決着だった。公明党は創価学会などの反発を考慮してＰＫＦ出動条項の凍結を唱える。民社党は事前承認制を要求した。

与野党のにらみ合いが続いていた春先、自民党の中から「衆参同日選論」が流れ始めた。通常国会終了後の参院選に合わせて衆議院の解散・総選挙を断行するというシナリオだ。法案成立に公明、民社の支持が欠かせない自民党が、両党切り崩しの切り札として持ち出してきた。

政府や自民党の関係者が唱えたのは、九二年と九五年の「同日選二回論」だったという。

ＰＫＯ法案成立の内幕をドキュメントした前掲の『海を渡る自衛隊』が詳述する。

「『まず、九二年参院選を衆参同日選挙に持ち込み、改選議席の過半数を取る。九五年参院選も同じ同日選に持ち込めば、その前にコメ市場の部分自由化（例外なき関税化）に踏み切っても参院改選議席の半数は取れる。（中略）社会党は前の総選挙で伸び切っているし、公明党は参院選集中シフトを敷いており、衆院選シフトへの切り替えは無理。民社党は準備が遅れている。だから、同日選にすれば衆院では自民党が絶対に有利だ』というまことしやかさだった。渡辺外相や梶山静六自民党国会対策委員長が、盛んに同日選の風をあおり、主に公明党を標的として牽制を繰り返した」

外相は渡辺美智雄である。解散風が吹き始めてPKO法案をめぐる空気も一変する。さらに社会党委員長の田辺誠《たなべまこと》が自民党副総裁の金丸とひそかに連携する動きも出てくる。

『海を渡る自衛隊』によれば、その後はこんな展開となった。

「驚いたのが、公明、民社両党。民社党の『PKFの凍結は認められぬ』と、公明党の『国会の事前承認制は受け入れられぬ』がぶつかり合っていたところに、自民、社会両党による頭越し決着を目指す動きが飛び込んだからだ。それからというもの、公明、民社両党は、話し合う余地があると熱心に言うようになった」

「公明党は頑なに拒んでいた『国会の事前承認』制度の導入について、突然、態度を軟化させる。（中略）中央委員会で、市川書記長は衆参同日選挙の可能性について問われ、『基本的にはないと考える。あるとすれば、突発的なはずみでということだろう』と説明した。これは、P

ＫＯ等協力法案が廃案にならない限り同日選はない、との見通しを語ったもので、これ以降、ＰＫＯ等協力法案をなんとしても成立させよう、という公明党の動きが強まる。それほど、同日選ブラフ（脅し）の効果はてきめんだったのだろう」

最終的に自公民三党で合意が成立する。五月二九日、幹事長・書記長が法案の再修正を確約した。合意内容は、自衛隊のＰＫＦ参加に関して、海外派遣開始前の国会の承認と、「別に法律で定める日までの間は実施しない」というＰＫＦ本体への出動凍結、法律施行三年後の見直しなどであった。その上で、三党は国会の採決に臨んだ。

六月五日、三党の賛成で法案は参議院本会議に上程されたが、社会党と共産党は牛歩戦術などで徹底抗戦した。九日、参議院で可決する。一二日から衆議院本会議で審議が始まった。一五日、社会党と社会民主連合が衆議院の解散を要求して憲政史上初めての行動に出た。所属の全衆議院議員一四一人の辞職願いを議長に提出したのだ。衆議院本会議は社会、社民連両党の欠席のまま、ＰＫＯ法と国際緊急援助隊派遣法改正法を可決した。

海外派遣開始

九二年八月一〇日、ＰＫＯ法が施行となった。首相を本部長とする国際平和協力本部も発足した。九月八日、政府は閣議でＰＫＯ実施計画を決定する。一七日、自衛隊派遣部隊の第一陣の四二三人がカンボジアに向けて広島県の呉港を出発した。

国際平和協力活動としての自衛隊の海外派遣が始まる。カンボジアを皮切りに、以後、モザンビーク、ルワンダ、ゴラン高原などに自衛隊が送り込まれた。

カンボジアは七八年、ベトナム軍の侵攻で戦争が始まった。その後、八九年のベトナム軍の撤退、九一年のパリ和平協定締結によって、戦争状態が終結した。カンボジア国連平和維持活動への参加というPKOの規定に従って、自衛隊が派遣された。

半年余が過ぎた九三年四月八日、カンボジアで日本人の死亡事件が発生した。UNTAC(国連カンボジア暫定統治機構)の民間ボランティアの選挙監視員が襲撃されたのだ。

五月四日にはPKOで政府から派遣されていた文民警察官が撃たれた。岡山県警察本部の高《たか》田晴行《はるゆき》警部補の死亡は大きな議論を呼んだ。国民の間で、撤退論が噴き出した。

宮沢は四日の夜中、滞在中の長野県軽井沢で死亡の知らせを聞いた。急いで深夜に車で帰京した。御厨貴《みくりやたかし》・中村隆英《なかむらたかふさ》編『聞き書　宮澤喜一回顧録』で回想している。

「高田さんは政府の要請があって、『そんな危ないところじゃないんだ、心配いらない』という説明のもとに出て行った人であって、私としては非常に責任を感じました」

「官邸に行きましたら、やはり、なんとなくこれは撤退したらいいじゃないかという雰囲気でありました。私は『自分もいろいろ車の中で考えてきたが、それには反対だ。これは継続して行なうべきである』と言いました。夜中ですから、明日の朝刊ではどちらかということがはっきりするわけで、時間が大事だから、自分ははっきりと継続を決断する、ということに決めました。それは五月四日の夜ですから、五日になっていたかもしれません。周囲の雰囲気に対して、私としては総理大臣としての決断をしたわけです」

宮沢は地元の中国新聞のインタビュー（〇四年一月三〇日付）で明かす。

「『日本ができるぎりぎりの活動』がPKOだった。決めた以上は簡単には中止できない。だから文民警察官が亡くなっても撤退しなかった。その決断が間違っていたとは思わない。あの時、内閣にいた小泉さんの発言はよく覚えている」（宮沢喜一著『ハト派の伝言――宮沢喜一元首相が語る』より）

宮沢内閣の郵政相だった小泉純一郎は後に首相となり、後述するように、一〇年後の二〇〇三年一二月九日、イラク特措法に基づいて自衛隊派遣の基本計画を閣議決定してイラクに自衛隊を送り出すことになる。毎日新聞記者だった久江《ひさえ》雅彦《まさひこ》（現共同通信社）が、著書『9・11と日本外交』で「小泉さんの発言」の中身に言及している。

「小泉は記者会見で、『深刻な状況になっている。国会では血を流してまで国際貢献していくという結論には達していない。撤退も選択肢だ』と撤退論をぶち上げ、波紋をさらに広げる。カンボジアでのPKOに参加している自衛隊に文民警察官や選挙監視要員の警護任務を与えるという政府の方針にも、『自衛隊に警護する任務はない。（警護することは）今までの国会の議論とは違う』と噛みついた」

小泉は九三年当時、「血を流してまで国際貢献していくというのは」と政府の対応を批判していたのである。

小泉内閣「聖域なき構造改革」

八年後の二〇〇一年四月二三〜二四日、自民党総裁選が行われ、三月に辞意を表明した森喜朗《もりよしろう》首相の後任に、小泉が選出された。小泉は総裁選で「日本を変える。自民党を壊す」と叫び続けた。「自民党を壊す」という言葉は、伝統的な自民党政治の解体を意味した。

小泉は長らく党内で「少数派」「異端児」といわれてきた。首相就任前にインタビューしたとき、ためらわずに断言した。

「いずれ大きな改革が必要となる。改革をしないと日本は持たない。自民党の中でもそういう考え方が主流になる」

「異端児」と呼ばれながら、「将来は自民党の切り札」という強烈な意識を秘めて長期戦略を練ってきた。

首相に就任した小泉は空前の内閣支持率をはじき出した。政権発足直後、朝日新聞の調査で七八パーセントを記録する。この時点で戦後最高の内閣支持率だった。

就任二カ月後の〇一年六月二四日に実施された東京の都議選で、自民党は圧勝した。七月二九日の参院選も、爆発的な小泉人気を背景に、自民党は前回の一九九八年の参院選と比べて二〇増、与党三党で過半数維持ラインを一五も上回る議席を獲得した。二〇〇一年八月一〇日の自民党総裁選では無投票で再選された。

ところが、小泉は八月に入って大きな壁にぶつかった。つまずきの始まりは、政権発足時の組閣で外相に起用した田中眞紀子《たなかまきこ》をめぐる問題であった。外務省人事と外交姿勢をめぐって、首相官邸と田中の確執が激化した。

もう一つは靖国神社参拝問題であった。終戦記念日の八月一五日を避け、前倒し参拝で収拾を図ったが、参院選後の政局は「靖国」一色となった感があった。

さらに景気悪化が重なった。就任以来、小泉は「聖域なき構造改革」を叫び続けてきたが、改革は遅れ気味で、独り相撲の空回りが目立った。小泉周辺から「総理はへとへとになっている」という声が漏れてきた。

そんなとき、アメリカで大規模テロが発生した。九月一一日、アメリカ東部時間の午前八時四五分以後、同時多発テロが襲った。テロリストが乗っ取った旅客機が、ニューヨークの世界貿易センタービルとワシントンの国防総省に体当たりする。ピッツバーグ郊外では乗っ取り機が墜落した。テレビが同時中継で放送し、世界中の人々が衝撃的な映像を目にした。

テロ発生は日本時間の午後一〇時前後で、小泉は秘書官との夕食の後、首相公邸に戻ったとき、事件を知った。過去に類を見ない衝撃度と、同盟関係のアメリカに対する直接攻撃という点で、日本政府にとっても非常事態であった。

情報が伝わり始める。最初、政府として対処方針をどうするか、アメリカでの捜索・救助活動をどう支援するかがテーマとなった。小泉は官邸在勤の総務省、厚労省、防衛庁の参事官を通じて、レスキュー隊や医師の派遣、緊急援助のための政府専用機の待機などを指示した。

九・一一への対応

一九九五年一月の阪神・淡路大震災の後、首相官邸には、二四時間体制で非常事態に対応するために設置された内閣危機管理センターがあった。信田智人《しのだともひと》著『官邸外交——政治リーダーシップの行方』が記述する。

「同時多発テロに対する小泉首相の反応は速かった。事件の四五分後に小泉首相は、官邸別館に設けられ、二四時間体制で危機に対応する中枢機関である『内閣危機管理センター』に『官邸連絡室』を設置するよう指示した。まもなく事態の深刻さが判明すると、その一時間後には『連絡室』を首相自身が長を務める『官邸対策室』に昇格させ、すぐに自らもそこに移動する」

小泉が足を運んだ危機管理センターは、戦場のような騒々しさだった。首相の首席秘書官だった飯島勲《いいじまいさお》（後に内閣官房参与）の著書『小泉官邸秘録』が描写する。

「各省庁の局長が緊急参集して来るわ、与党幹部までが多数駆け付けるわで、ごった返しの混雑となる。人類がこれまで経験したことのなかった邪悪なテロリズムに直面し、皆がうわずっていた。情報が錯綜し、怒鳴り合いのやりとりもそこここで発生した。見かねた総理が、『焦らず確実に！』と大声でたしなめる場面もあった」

首相がこの段階で、事件について、日本政府のトップとして内外に向けて姿勢や対応、決意などを表明すべきかどうかが議論になった。二〇〇一年九月一二日の午前一時前、首相の小泉ではなく、官房長官の福田康夫《ふくだやすお》（後に首相）が記者会見した。読売新聞政治部著『外交を喧嘩にした男――小泉外交二〇〇〇日の真実』が経緯を詳述している。

「政府の対応の経過を詳細に説明した後、『事件は卑劣かつ言語道断の暴挙だ』とする首相声明を読み上げた。小泉が記者会見をしなかったのは、福田が『事件の概要が不明な段階で、首相をむやみに出すべきではない。記者会見は僕がやる』と主張したためだった。小泉は午前1時半過ぎ、公邸に戻る際、記者団に『今回の大惨事をどう受け止めるか』と質問され、『怖いね。予測不能だから』と、極めて素朴な感想を述べただけだった」

テロ発生後、小泉はまず一二日の朝、全閣僚に出席を求めて国家安全保障会議を開いた。終了後、在米邦人対策や国内の警戒・警備の強化など六項目の政府対処方針を発表する。翌一三日、小泉はブッシュ大統領と電話で会談した。

一方、日本に対するアメリカの要望事項を探るために、一五日の朝、駐米大使の柳井俊二《やないしゅんじ》（後に国際海洋法裁判所所長）が、アメリカ政府の対日政策の責任者である国務副長官のリチヤード・アーミテージとワシントンで極秘に会談した。アーミテージはアメリカ軍への燃料の輸送などの例を挙げて自衛隊の派遣を求めた。

外務省は一六日、会談内容などアメリカの対日要望を官房副長官だった安倍晋三に伝える。報告を受けた小泉は自民党幹事長の山崎拓を呼び、自衛隊の海外派遣に関する与党内調整を指示した。自衛隊派遣の法的根拠が検討課題となった。政府内で検討した結果、新法制定の方針が固まる。外務省は自衛隊派遣など七項目の対処方針をまとめた。

一九日の夜、小泉が記者会見で「当面の措置」として発表した。それを手に、小泉は二五日から一泊三日の日程で訪米し、ブッシュと会談した。帰国後の二七日、国会で所信表明演説を行う。「テロリズムとの闘いはわが国自身の問題」「主体的に効果的な対策を講じる」「七項目を実施に移すために早急に必要な取り組みを行う」と言明した。

政府は一〇月五日、一一二文字に及ぶ長い正式名称の通称「テロ対策特別措置法」案と自衛隊法改正案を国会に提出した。テロ特措法案は提出から二四日という異例のスピードで二九日に成立する。一一月二日に公布・施行された。

「ショー・ザ・フラッグ」

アメリカは現地時間の一〇月七日未明、テログループの引き渡しを拒否するアフガニスタンのタリバン政権に対して武力攻撃を開始した。小泉はすぐに支持を表明した。

日本からは、まず一一月九日、海上自衛隊の先遣艦隊がインド洋に向けて出航した。政府はテロ特措法に基づき、一一月一六日に国家安全保障会議と臨時閣議を開いて自衛隊による支援の基本計画を決定した。

二〇日、防衛庁長官の中谷元《なかたにげん》（後に首相補佐官）が小泉の承認を得て、海上、航空の両自衛隊に派遣命令を発した。二五日、広島県の呉、神奈川県の横須賀、長崎県の佐世保の三つの海自の基地から補給艦、掃海母艦、護衛艦がインド洋に向かった。

九・一一同時多発テロが発生したとき、最初に議論になったのは、アメリカが日本に対して何を要求してくるかであった。経済的支援にとどまらず、人的支援も求めてきた場合に、小泉政権はどう対応するかが注視の的となった。

小泉が国際情勢と日米関係をどうとらえているのかが前提となる。就任前、自衛隊の海外派遣や日本の国連安保理の常任理事国入り問題、集団的自衛権などで、小泉は消極姿勢を示してきた過去があった。ここでアメリカ軍の支援のために自衛隊の海外派遣に踏み切れば、一八〇度の方針転換となる。その道を選択するかどうかが注目を集めた。

テロ発生後、アメリカ側から日本に対して、「ショー・ザ・フラッグ」という言葉が投げかけられた。その後、小泉も含め、日本は大きく対米支援に傾斜していく。その際の切り札的な役割を果たした標語である。

前述したように、一九九一年の湾岸戦争の際、当時の海部内閣は約一三〇億ドルという巨額の経済支援を行った。にもかかわらず、自衛隊派遣などの人的貢献を避けたため、国際的に評価されなかった。今度は明確な人的支援をと日本に迫る言葉がアメリカ側から出たといわれた。

前掲の久江著『9・11と日本外交』が独自取材を通して経緯を紹介している。

「日本のメディアが、アーミテージの発言として『ショー・ザ・フラッグ』を報じたのは、米東部時間九月十七日深夜の毎日新聞インターネット版の記事が最初だった。それに先立って共同通信は、柳井―アーミテージ会談が極秘に行われたこと、その会談の中でアーミテージが『顔の見える支援』として米軍への燃料輸送などのために自衛隊の派遣を打診していたことをすでに伝えていた。毎日の記事はその共同電を下敷きにした内容だったが、公電には存在しない言葉、即ち『ショー・ザ・フラッグ』がつけ加えられていた」

アメリカは物資や燃料の輸送などの具体例を挙げて自衛隊の海外派遣を強く求めていたのである。事件の直後、「怖いね」と他人事のような感想を口にした小泉も、アメリカの強い意志を感じ取り、即座に発想と路線の転換を決断した。

政府は九月一九日に七項目の支援策を発表した。第一項で「自衛隊を派遣するため所用の措置を早急に講ずる」とうたった。

小泉は翌日、週に一度の割で自ら発信する小泉内閣メールマガジンの「らいおんはーと」の九月二〇日の項で、自身の決断を書きつづった。

「私は、米国を強く支持し、自由と平和を守るため、日本として主体的にできる限りの対応をしていきたい。日本としてとるべき措置について、昨日発表しました」（時事画報社「Ｃａｂｉネット」編集部編『小泉純一郎です。――「らいおんはーと」で読む、小泉政権の5年間』）

小泉は過去に自衛隊の海外派遣、国外での軍事的貢献や武力行使につながる国連安保理の常任理事国入りなどに反対してきた。一九九四年、新党さきがけの代表代行だった田中秀征《たなかしゅうせい》（後に経企庁長官）らと、常任理事国入り反対の立場に立って「国連常任理事国入りを考える会」を結成し、会長となった。一緒に勉強会を重ねた田中が明かした。

「当時、橋本龍太郎さんや小沢一郎さんは常任理事国入りに積極的だったが、小泉さんはわれわれと同じで、そうではなかった」

反対の理由は二つあった。一つは国際協力や安全保障の面で財政負担を求められ、財政赤字拡大につながると懸念した。もう一つは憲法上、武力行使ができないから、常任理事国となっても責務が果たせないと思ったようだ。ところが、小泉は同時多発テロに遭遇して、過去の姿勢や持論を捨て去り、一気に路線転換に踏み出した。

「小泉流」でテロ特措法が実現

〇一年一〇月、テロ対策特措法案の国会審議が始まった。

自衛隊の艦船や航空機の海外での活動範囲と戦闘地域の認定などに関連して、憲法第九条と集団的自衛権の関係が議論になった。集団的自衛権は、憲法解釈の論争点として、学問上も政治の現場でも繰り返し取り上げられ、議論を呼んできた問題であった。

国家が個別的自衛権と集団的自衛権を有することは、国連憲章も認めている。〇一年の段階では、日本は武力行使の放棄を定めた憲法第九条が存在するため、集団的自衛権は「自衛のための必要最小限の実力行使という第九条の制限を超える」という解釈を、政府は一貫して維持してきた。国家として集団的自衛権は保有しているが、憲法上、行使できないという考え方である。

一〇月七日にアフガニスタンに武力攻撃を開始したアメリカは、対テロ戦争は自衛権に基づく軍事行動という立場を取った。イギリスなど軍を派遣した多くの国は、戦争参加を集団的自衛権の行使と位置づけた。他方、国連は安保理で同時多発テロを「国際平和と安全に対する脅威」と見なす決議を行った。

日本も対テロ戦争への協力を迫られた。アメリカの要請だけでなく、国連決議も影響した。小泉内閣はテロ特措法を制定して後方支援のために自衛隊を派遣した。ただ、憲法上の位置づけはあいまいだった。集団的自衛権の行使ではないかという指摘も多かった。

国会で答弁に立った小泉は、「神学論争はやめよう」と言い放った。憲法をめぐる解釈論議を切って捨てる。一方で「常識的な対応を」という論法を多用した。

小泉は「動物的な政治勘」では政界屈指の存在と誰もが認めた。「動物的な政治勘」で、同時多発テロによって国民の意識に変化が生じたと直感したのだろう。

従来の憲法論議を不毛な解釈論争と受け止める国民も多くなった。小泉はこの変化を読み取り、高い支持率を背景に、常識論で乗り切る作戦を敢行した。

小泉は路線転換を決めた。武力攻撃を始めたアメリカを強く支持する方向に、なぜ舵を切ったのか。

テロの直後、イギリスのトニー・ブレア首相らが、即座にテロ非難とアメリカ支持を打ち出した。時差の関係で、日本は深夜に差しかかっていたこともあったが、小泉は明確な方針を示すのが十数時間も遅れた。出遅れを取り戻し、国際的な不評を消すのに懸命になったという見方もあった。

もう一つ、「人気をパワーに」という小泉流政治手法も無視できない。自民党内の派閥力学ではなく、無党派層も含めた全国的な人気が政権獲得の武器となった。

高支持率が生命線で、「小泉人気」という風がやめば、政権が失速しかねない。小泉は九・一一で高まった「テロ憎悪・アメリカ支援」という内外の空気を見て、テロと闘い、アメリカに全面協力する方向に舵を切るべきだと判断したのは疑いない。

小泉内閣の支持率は、朝日新聞の世論調査で、首相就任直後の〇一年四月に七八パーセントを記録した後、七月までは八〇パーセント前後で推移した。八月は六九パーセント、九月は七

○パーセントとやや低落した。

テロ発生後の一〇月初めの調査では七一パーセント、テロ特措法成立直後の一一月には七四パーセントと持ち直した。田中外相を更迭した後の〇二年二月に四九パーセントに急落する。そこまでは七〇パーセント台を維持した。

小泉はテロ後の外交とテロ対策を自身の高支持率維持装置として活用するという天才的な能力を発揮した。テロ特措法案の立案・策定と国会対応でも、伝統的な自民党の政策決定プロセスを無視して「小泉流」を実現した。

小泉が心を砕いたのはスピードであった。アメリカ支援の法律だから、戦闘が続いている間に出来上がらなければ意味がない。

法案は事務の官房副長官の古川貞二郎《ふるかわていじろう》（元厚生省事務次官）が中心となって外務省や防衛庁との調整を精力的に進め、官邸主導で策定した。その後の立法作業について、前掲の信田著『官邸外交』が「小泉流」を説き明かしている。

「通常の政策は、まず自民党内の政策部会、そして総務会の承認を経て、連立与党の合意後の閣議決定、そして国会提出、国会における野党との法案審議のあと立法化という手順を踏む。もし、それぞれのステップで対立が起これば、政策実行が遅れる可能性がある。そこで、政策過程を迅速にするため、小泉首相は通常の政策過程を無視して、逆の手順を踏んだ。自民党の部会に諮る前に公明党・保守党と協議し、法案の骨子について先に連立与党間で合意したのである」

「与党間の合意を進めるため、小泉首相は現行の憲法解釈の枠内で法案を作成することを、いち早く公言する。（中略）平和憲法擁護の立場をとってきた公明党の顔を立てるために、憲法解釈の変更を行わないことにしたわけである」

「与党合意の翌日に行ったのは野党首脳に対する説明であり、自民党に初めて説明されたのはさらにその翌日、それも総務会の席であった。本来ならばいち早く説明される政務調査会の関連部会に対する説明は、九月二八日の内閣・国防・外交部会の合同会議で初めて行われ、一番後に回される形になった」

「小泉流」のテロ特措法実現作戦は奏功し、テロ発生から四八日で法案は成立した。

一九九一年以降、自衛隊は世界各地に派遣され、平和協力活動や救援・援助活動などを展開している。九・一一同時多発テロ発生後の二〇〇一年一二月からは、テロ対策特措法に基づく協力支援活動が始まった。さらに〇七年一月の防衛庁の省昇格に伴い、国際平和協力活動が従来の「付随的な任務」から自衛隊の「本来任務」に格上げされた。

第八章

北朝鮮核疑惑危機——金丸訪朝・細川内閣崩壊

北朝鮮のNPT脱退

北朝鮮のミサイルやロケット弾などの発射が頻発している。防衛省の発表によると、二〇二三（令和五）年の一月～七月だけで、弾道ミサイルの発射は、一月一日、二月一八日、二〇日、三月一六日、一九日、二七日、四月一三日、五月三一日、六月一五日、七月一二日、一九日、二四日の計一二回に及んだ。

一方で、核兵器の開発も推進中だ。二〇〇六年一〇月九日の初実験を皮切りに、〇九年五月二五日、一三年二月一二日、一六年一月六日、九月九日、一七年九月三日と、過去に計六回、核実験を行った。

北朝鮮の核武装は世界中が認めるレベルに達している。最高人民会議は二二年九月八日、核兵器保有国と自ら公式に宣言した、と報じられた。

日本の防衛省は二三年二月、『北朝鮮による核・弾道ミサイル開発について』と題する報告書を発表した。それによると、「北朝鮮の核・ミサイル能力に関する認識」として、「北朝鮮は、核兵器とともに、その運搬手段である弾道ミサイルの開発を推進」「これまでの核実験を通じた技術的成熟などを踏まえれば、核兵器の小型化・弾頭化を既に実現し、(中略)我が国を攻撃する能力を既に保有している可能性」に言及している。

北朝鮮がミサイル攻撃能力を備えた核保有国であることは疑いない。北東アジアの日本は、中国、ロシア、北朝鮮という三つの核保有国に囲まれた位置で、防衛・安全保障を維持・確保するという困難な条件を背負っている。特にミサイル発射や核実験を繰り返す北朝鮮は、現実的な脅威となりうる可能性が高い危険な存在、と受け止める国民は多い。

北朝鮮の核開発の動きは、初の核実験の二四年前、一九八二年ごろから表面化した。アメリカの偵察衛星が撮影した写真で原子炉建設が判明したのが始まりであった。

北朝鮮はアメリカの要求で、八五年一二月一二日にNPTに加盟した。IAEAの監視下に置かれたが、以後もひそかに核開発計画を進めた。

一方で、九一年九月に韓国とともに国連に同時加盟する。一二月三一日に韓国と「朝鮮半島の非核化」を盛り込んだ共同宣言を採択した(発効は九二年二月一九日)。九二年一月三〇日、NPTに基づいて、IAEAによる核査察を取り決めた包括的保障措置協定を締結した。

核開発疑惑が消えない北朝鮮に対して、ＩＡＥＡは九二年五月から九三年二月まで六回にわたって特定査察を実施した。九三年二月九日、ＩＡＥＡが北朝鮮に特別査察を要求する。北朝鮮は拒否し、三月一二日にＮＰＴ脱退を決定して国連に通告した。後に「第一次北朝鮮核危機」と呼ばれることになる深刻な事態が顕在化した。

北朝鮮がＮＰＴ脱退を決定する二カ月前の一月二〇日、アメリカで民主党のウィリアム（ビル）・クリントンが大統領に就任した。ジョージ・ブッシュ（父）大統領の政権では、北朝鮮との直接交渉には否定的だったが、クリントンは北朝鮮の要求に応じて二国間協議を受け入れた。一度、六月一一日の米朝高官協議で「北朝鮮のＮＰＴ脱退の保留」などで合意が成立した。

北朝鮮は表向き歩み寄りの姿勢を示しながら、実際には核開発を推し進めた。九四年五月一二日、ＩＡＥＡの特別査察を拒否したまま、「北朝鮮はＩＡＥＡに対して五メガワット実験用原子炉の燃料棒交換作業に着手したことを通告するテレックスを発送した。その後に査察団を送り込んだＩＡＥＡは、北朝鮮が燃料棒の引き抜きを始めていることを確認した」（外岡秀《そとおかひで》俊《とし》・本田優《ほんだまさる》・三浦俊章《みうらとしあき》著『日米同盟半世紀──安保と密約』）という。

国連の安保理は制裁の検討を始める。アメリカ政府は六月、爆撃機とミサイルで北朝鮮の核施設を直接、攻撃する作戦の検討を始めていたといわれた。

クリントンが大統領に就任した九三年一月、日本の首相は自民党単独政権の宮沢喜一だった。六月一八日、衆議院で宮沢内閣不信任決議案が可決する。宮沢は即座に衆議院を解散した。

七月一八日の総選挙で、自民党は過半数を割り込んだ。八月九日、非自民八党派連立による細川護熙内閣が誕生した。

細川は現地時間の九月二七日、ニューヨークで国連総会に出席した後、午後にホテル内で初の日米首脳会談に臨んだ。クリントンは日本の新政権への支持と期待を表明した。

五カ月後の九四年二月一一日、細川はワシントンでクリントンと三回目の日米首脳会談を行った。宮沢内閣時代の九三年七月一〇日に日米で合意した「日米包括経済協議」に基づいて、日本の市場開放問題を話し合った。

協議は不調で、共同声明も打ち出すことができずに終わった。当時、首脳会談は市場開放問題が原因で決裂したといわれたが、後述するように、実際には北朝鮮核疑惑問題が大きな影を落としていたようだ。

細川は九四年四月八日、辞意を表明した。二八日、首相が羽田孜《はたつとむ》に交代する。羽田内閣は二カ月の短命に終わった。六月三〇日、自民党、社会党、さきがけの三党連立による村山富市《むらやまとみいち》内閣が誕生した。

八日後の七月八日、四八年九月から四六年にわたって北朝鮮の最高指導者として君臨してきた国家主席の金日成《キムイルソン》が死去した。北朝鮮はその二五日前の六月一三日、核開発問題に関して、IAEAからの脱退を表明した。核関連施設に対する査察を拒否する。「北朝鮮核危機」は戦争開始目前の一触即発の場面であった。

第十八富士山丸事件

最初の「北朝鮮核危機」から一〇年余りさかのぼった八三年一〇月三〇日、大阪市の富士汽船所属の冷凍貨物船「第十八富士山丸」が北朝鮮の平安南道《ピョンアンナムド》の南浦《ナムポ》港に停泊中だった。北朝鮮軍の兵士が亡命の目的で船内に潜入する。船は南浦港を出て日本に向かった。

この兵士は下関沖で門司海上保安部の巡視船に引き渡され、入国管理法違反で逮捕された。第十八富士山丸は三重県の四日市港で積み荷を降ろし、再び北朝鮮に向かった。一一月一一日、「一四日に南浦港に入港予定」と打電した後、消息を断った。

第十八富士山丸は一五日に入港した。船長の紅粉《べにこ》勇《いさむ》、機関長の栗浦好雄《くりうらよしお》ら五人の乗組員は、北朝鮮当局によって密航幇助とスパイ容疑で逮捕された。船長と機関長を除く三人は早期に帰国を許されたが、二人は釈放されなかった。

四年後の八七年一二月、朝鮮中央通信が「一五年の労働教化刑を言い渡された」と報じた。長期抑留が明らかになった。

残された家族は、社会党が訪朝団を送ることを知ると、帰還促進を頼み込んだ。大阪府知事の岸昌《きしさかえ》が訪朝したときも釈放を訴えた。安倍晋太郎、倉成正、宇野宗佑、三塚博《みつづかひろし》、中山太郎《なかやまたろう》の歴代外相や、竹下登内閣の官房長官だった小渕恵三《おぶちけいぞう》（後に首相）らにも繰り返し陳情した。

紅粉夫人の峰子《みねこ》の住まいは神戸市須磨区白川台にあった。約一年後、周辺の自治会が中心になって、「紅粉勇さんの帰国の促進と家族を支える会」が結成された。東白川台自治会の役員だった自治労（全日本自治団体労働組合）の兵庫県本部書記長の竹本貞雄《たけもとさだお》が「支える会」の事務局長を引き受けた。竹本が振り返って語った。

「事件は単純な話で、向こうは『亡命した兵士を帰せば、紅粉さんたちを釈放する』と言っていました。帰還促進運動といっても、あちこちに陳情を繰り返すだけで、ほかに方法はない。結局、日本政府の出方にかかっていました」

九〇年二月一八日、海部俊樹内閣の下で衆院選が行われた。投票日を控えた一月、当時、「政界最大の実力者」といわれていた金丸信が、旧兵庫三区から衆院選に出馬した竹下派の井上喜一《いのうえきいち》（後に防災担当相）の応援で兵庫県を訪れることになった。竹本が続けて述べる。

「金丸氏がこちらに来るというので、それじゃあ頼んでみようということになりました。神戸市須磨区選出の社会党の兵庫県議だった浜崎利澄《はまさきとしずみ》さんを通じて、県議仲間の自民党の大豊暢《おおとよとおる》さんに相談を持ちかけたのです」

金丸は中曽根康弘内閣の時代に自民党幹事長や副総理を務めた後、自民党最大派閥の竹下派の会長としてパワーを発揮した。その時代である。後に東京佐川急便からの献金が発覚して政界引退に追い込まれる。さらに大型脱税事件で逮捕されて息の根を止められることになる。その二年余り前で、政治家として絶頂期にあった。

竹本を通じて頼まれた浜崎は、「紅粉さんの奥さんが金丸さんに会って直接お願いしたいと言っている」と大豊に頼み込む。大豊は井上を介して金丸の了解を取り付けた。

金丸は九〇年一月二八日に兵庫県を訪れた。明石市のフェリー発着場の前に、たこ料理で知られた「明石屋」という料理屋があった。昼食時に、大豊と浜崎に引率された紅粉峰子が金丸と面会した。その場面を大豊が回顧した。

「ほんの一〇分程度でした。こちらは四、五人いましたが、話をしたのは奥さんだけです。向こうから届いた本人の手紙を見せると、金丸さんはそれを読んで目に涙を浮かべた。『努力して何とかいい方向に持っていきます』と一言だけ返事をしました」

訪朝団の結成

金丸は八カ月後の九月二四日に、自民党と社会党の訪朝団を率いて平壌《ピョンヤン》に出掛けることになる。きっかけの一つは、確かに第十八富士山丸事件という船員の抑留問題であったが、実は金丸が訪朝を決意したのはこのときではなかった。明石で紅粉夫人と面会する前に、すでに訪朝の腹を固めていたのである。

北朝鮮は隣国なのに、戦後の日本にとっては、地球上で最も「遠い国」であった。冷戦時代に西と東に分かれ、国交どころか、往来もほとんどなかった。「断絶の半世紀」という関係だったからだ。社会党や労働組合関係者、一部の民間人、在日朝鮮人の人たちなどの行き来はあったが、政府や与党、財界団体などが使節を送ったことは一度もなかった。

「とにかく風穴を開けることが大切だ」

金丸は長い間、閉ざされたままになってきた「日朝」の重い扉を開け、関係改善に道をつけるために訪朝を決心したのだ。金丸の訪朝に同行した次男の金丸信吾《かねまるしんご》が真意を解説した。

「抑留問題はあくまでも従で、親父としては、この分かりにくい国を孤立させてはいけない、窮地に追い込んではいけない、国際社会に引っ張り出さなければ、という考え方がありました。自分で風穴を開けようというのが主たる目的でした」

先述のとおり、北朝鮮が初の核実験を行ったのは二〇〇六年一〇月だが、核開発の動きは八〇年代からアメリカが偵察衛星の写真撮影で確認済みだった。原子炉建設が判明している。北朝鮮が将来の核兵器保有を視野に、核開発計画を進めているのでは、と疑う声は根強かった。

金丸は東アジアの安全保障だけでなく、世界の外交・軍事情勢から見ても、北朝鮮の孤立を回避し、国際社会の枠組みの中に組み入れる形を取るのが、日本にとっても世界にとっても有益、と考えたようだ。訪朝の意思を固める。金丸をその気にさせたのは、社会党の副委員長だった田辺誠だった。

金丸信吾が言葉を継ぐ。

「田辺先生との人間関係も、もちろんあります。田辺先生は、金丸が行ってくれれば何とかなるという感触を持って話をしに来たと思います」

社会党と北朝鮮の交流は古く、金丸訪朝の二七年前の六三年九月、書記長だった山本幸一《やまもとこういち》を団長とする代表団が初訪朝したのが始まりであった。密接な関係になったのは、七〇年に委員長の成田知巳が訪朝したときからである。

北朝鮮の共産党に当たる朝鮮労働党は、かつては社会党よりも日本共産党と関係が深かった。ところが、「日本軍国主義の復活」という現状認識について、金日成と日本共産党が対立した。成田は平壌訪問中にこの問題で朝鮮労働党支持を表明し、共産党を批判した。以来、社会党は朝鮮労働党の「友党」となった。

八五年五月、書記長だった田辺が団長として訪朝した。このとき、紅粉夫人たちから依頼を受け、朝鮮労働党の幹部に釈放を要請した。三年後の八八年九月、書記長の山口鶴男が訪朝した。北朝鮮は第十八富士山丸事件で初めて前向きの姿勢を示した。

田辺は八九年一月、自民党幹事長だった安倍に会って日朝関係打開を働きかけた。安倍は相当、乗り気になったが、親分に当たる元首相の福田赳夫は親韓派の総帥であった。福田ににらまれてはまずいと思い、北朝鮮問題に手を出すのをあきらめたという。

田辺は三月、さらに金丸を通じて、当時の首相の竹下に日朝関係打開を申し入れた。

金丸と田辺は、与野党と立場は別だったが、国対族として、国会の舞台裏でずっと手を握り合ってきた間柄であった。二人は田中角栄首相の時代の七三年ごろから密接になった。金丸が自民党の国対委員長だったとき、田辺が社会党の国対副委員長に就任した。

金丸は大平正芳内閣でも国対委員長を務め、中曽根内閣では総務会長、幹事長を歴任した。田辺も七七年に社会党の国対委員長になり、副委員長、書記長と要職をこなした。七〇年代後半から八〇年代にかけて、事実上、両党の二人で国会運営を取り仕切った。

国対政治という言葉は、密室取引、談合体質など、永田町政治の代名詞のようにいわれる。自社なれ合いの五五年体制の最大の弊害と批判を浴び続けた。金丸と田辺はその深奥部で手を携え、腐れ縁ともいうべき関係を保ってきたのである。

社会党では、ほかに二〇回以上の訪朝経験を持っていた国民運動局長の深田肇《ふかだはじめ》（後に社会党の朝鮮問題対策特別委員会事務局長）が、なぜか竹下にパイプがあった。深田も竹下に話を持ち込んだ。

田辺は社会党の代表として何回も訪朝経験があった。野党外交だけでは限界があり、政府や自民党を引っ張り込まなければ、日朝関係打開も紅粉帰還も実現しないと知った。

北朝鮮側からも「政府か自民党のトップクラスを連れてきてほしい」とささやかれていた可能性が高かった。社会党と話をするだけでは日本との関係打開の道は開かれないと北朝鮮は見抜いたようだ。

自民党のトップクラスとなると、金丸しかいないと田辺は思った。金丸邸に足しげく通って、「北朝鮮と道を開くことができるのはあなたしかいない」と口説き続けた。

日朝関係改善

金丸訪朝プランの話が伝わると、金丸の思惑と野心を裏読みする声が噴出した。

「国際政治とはまるで無縁の金丸が、急に外交のまねごとをやる気になったのは、前人未到の北朝鮮問題で得点を上げて、サンフランシスコ講和条約の吉田茂、日ソ国交回復の鳩山一郎、日韓国交回復の佐藤栄作、日中国交回復の田中と並ぶ大政治家という評価を得たいと思ったからだ。年寄りの名誉欲だよ」

「北朝鮮という未開拓の世界で利権あさりでもする計画では」

「将来の政界再編の布石で、社会党に恩を売る計算があるのかも」

外野席の憶測はにぎやかだったが、風聞を気にする金丸ではない。竹下と念入りに打ち合わせを行った。

八九年三月三〇日から、田辺がまたも平壌を訪れた。金丸は「訪朝の用意あり」という金主席あての書簡を田辺に託した。

竹下も援護射撃を買って出た。北朝鮮側にシグナルを送る。三月三〇日、衆議院予算委員会で「過去の歴史を深く反省します。前提条件なしで政府間の直接対話を呼びかけたい」と述べ、歴代自民党政権で初めて日朝関係打開に前向きの姿勢を示した。

平壌入りした田辺は、金の側近で朝鮮労働党の実力者の許哥誼《ホガイ》書記と会った。「日本の場合、政府と与党は一体だ。自民党の代表団を受け入れてほしい」と申し入れる。「自民党では誰がいいいか」という許の問いかけに対して、田辺は「信頼できる人物で、いろいろなことがよく分かっている」と言って金丸の名前を挙げた。

北朝鮮側は初めて金丸に着目した。許は別れ際に「自分の後継者」と告げて、田辺に金容淳《キムヨンスン》を紹介した。

六月二日、竹下内閣は総辞職となる。後継首相に宇野が就任した。宇野内閣は二カ月の短命で崩壊する。八月一〇日、海部内閣が発足した。

首相が交代しても、日朝関係改善の潮流は変わらなかった。北朝鮮側は対日姿勢を転換した。朝鮮労働党の機関紙・労働新聞は九〇年四月、長く続けてきた日本攻撃をぴたっとやめた。

北朝鮮側は深田に訪朝を呼びかけた。深田は五月四日、平壌を訪れ、許らと何回も会談した。北朝鮮は初めて「金丸訪朝受け入れＯＫ」のサインを出した。後に金丸訪朝の際、自民党、社会党、朝鮮労働党の三党で出すことになる共同宣言の内容について、許は北朝鮮側の方針をすべて深田に伝えたといわれた。

金丸は五月二一日、駐日アメリカ大使のマイケル・アマコストを訪ねた。日朝関係改善に対するアメリカ側の反応を探った。アマコストは北朝鮮の核開発疑惑について懸念を表明したといわれた。金丸は六月七日、田辺を伴ってアマコストを再訪した。

二一日、自民党と社会党と外務省は、この問題で三者協議を開いた。七月二日、田辺は首相の海部に会う。北朝鮮の許の話を伝えて、「総理の政治決断が必要」と持ちかけた。

一年一カ月前に政権の座を降りた竹下は一三日、やってきた親しい議員に「北朝鮮問題で大穴を開けるために勝負したい」と漏らした。対北朝鮮の経済協力問題にも触れる。「大蔵省も外務省も大丈夫」と語ったといわれた。これが事実なら、表向き北朝鮮問題に消極的といわれた外務省も、実際は経済協力やむなしと腹をくくっていたことになる。

二四日、社会党副委員長だった久保亘《くぼわたる》（後に蔵相）が平壌からの帰途、北京空港で記者会見を行った。久保は副書記長の山花貞夫《やまはなさだお》（後に社会党委員長、政治改革担当相）、深田とともに訪朝した。「朝鮮労働党書記の金容淳との会談の結果、朝鮮労働党が自社両党の代表団の九月訪朝の受け入れを表明した」と久保は明らかにした。

九月四日、自民党は石井一《いしいはじめ》（元国土庁長官。後に自治相）、社会党は久保を団長とする金丸訪朝の先遣団が平壌入りした。自民党からは国際局長の愛知和男《あいちかずお》（後に防衛庁長官）と武村正義《たけむらまさよし》（後にさきがけ代表、官房長官、蔵相）、社会党から久保と山花、広報局長の田並胤明《たなみたねあき》（当時は参議院議員）が参加する。メンバーは計六人（秘書を含めると計八人）であった。

「二四日から訪朝団を派遣することで合意した。第十八富士山丸問題は人道的見地から早期に解決できるとの心証を得た」

先遣団は帰途、北京空港で記者会見して発表した。

訪朝の根回し

東京の溜池の旧国際赤坂ビル一九階に金丸の愛用だった「クレール・ド・赤坂」というフランス料理のレストランがあった。九月一三日の午後四時、男性九人がテーブルを囲んだ。金丸、石井、武村と田辺、久保、山花、政府から内閣外政審議室長の有馬龍夫《ありまたつお》（後に駐ドイツ大使を経て、早稲田大学教授）、外務省アジア局長の谷野作太郎《たにのさくたろう》（後に外政審議室長を経て、駐中国大使）、北東アジア課長の今井正《いまいただし》（後に外務省国際情報局長を経て、駐マレーシア大使）である。遅れて自民党幹事長だった小沢一郎が加わった。

小沢が来るまで、訪朝日程の話し合いでは、「予定どおり二四日から」という空気だった。メンバーの一人の石井が後に自著『近づいてきた遠い国』に書いている。

「ところが、三十分程遅れて小沢幹事長が入ってきてからは雲行きが怪しくなりました。外務当局の勢いが急に強まり、訪朝を成功させるにはもう少し問題を整理してからでも遅くない、成案を得てからでないと訪朝したものの二船員は帰らない（中略）といった意見が優勢になったのです」

その結果、二四日の訪朝を延期することになった。新しい日程は小沢に一任と決まる。小沢と谷野が途中で退席した。金丸は待機中の報道陣から会見を求められた。

切羽詰まった状況の下で、金丸は自分で断を下す。一転して当初の予定どおり二四日からの訪朝と発表して押し切ってしまった。

小沢と外務省は、この時期の金丸訪朝は時期尚早と見て消極姿勢を示したようだ。後に谷野が重い口を開いて、当時の外務省の姿勢を言葉少なに語った。

「外務省としても、自民党・社会党代表団の訪朝自体に消極的ということでは決してなかった。ただ私があの打ち合わせの席で申し上げたのは、『相手は未承認国であり、韓国との関係もあります。日本政府の対応について、いろいろと制約があることはぜひご理解いただきたい』ということでした。おそらく訪朝団から見れば、政府サイドの対応ぶりにはご不満も多かったと思います。平壌で向こうから当然出される請求権や経済協力の問題は、それはいろいろ議論しました」

小沢の下で自民党の副幹事長を務めていた池田行彦《いけだゆきひこ》（後に外相）は訪朝団の一人だった。訪朝が決まるまでの党内の動きを追想した。

「わきから見ていたら、小沢さんは『今、北朝鮮には行くべきじゃない』と強硬に反対していました。確か『アマコストもあまり北朝鮮行きを歓迎していないしな』と言っていた記憶があります」

九月一八日に自民党、社会党、外務省の何度目かの三者協議が開かれた。二〇日、金丸が首相の海部、外務省事務次官の栗山尚一《くりやまたかかず》（後に駐米大使）、朝鮮総連（在日本朝鮮人総聯合会）

の韓徳銖《ハンドクス》議長と相次いで会見した。これで出発前の根回しが終わった。

自民党・社会党訪朝団は二四日の午後零時五八分、日本航空のチャーター機で羽田空港から平壌に向けて飛び立った。日本からの初の直行フライトであった。

メンバーは、自民党が議員と随員を合わせて二五人、社会党が一五人、政府関係者が一三人、そのほかに報道陣が三六人で、総勢八九人である。団長は自民党が金丸、社会党が田辺だが、一行は「金丸訪朝団」と呼ばれた。

自民党では、「よど号」事件でよく知られた竹下派の山村新治郎《やまむらしんじろう》（元運輸相）と、渡辺派の小此木彦三郎《おこのぎひこさぶろう》（元通産相）が副団長として参加した。竹下派の石井が事務総長、当選二回の安倍派の武村が事務局長に選ばれた。

そのほかには、竹下派の野中広務《のなかひろむ》（後に官房長官、自民党幹事長）、斉藤斗志二《さいとうとしつぐ》（後に防衛庁長官）、伊江朝雄《いえともお》（後に北海道・沖縄開発庁長官）、宮沢派の池田、小里貞利《おざとさだとし》（後に総務庁長官）、安倍派の鹿野道彦《かのみちひこ》（後に農水相、新党みらい代表）、渡辺派の谷洋一《たによういち》（後に農水相）、河本派の森山真弓《もりやままゆみ》（元官房長官。後に法相）という陣容であった。

社会党は団長の田辺以下、副団長の久保、事務局長の山花、事務局次長の深田、団員が田並を筆頭に、衆参の六議員である（ほかに党中央執行委員が一人）。顔ぶれは長く北朝鮮問題に携わってきた人たちと、党の朝鮮問題対策特別委員会の事務局次長だった参議院議員の大渕絹子《おおふちきぬこ》（後に社会民主党参議院議員会長）ら、党の朝特委の面々であった。

金丸・金会談

日本側には第十八富士山丸問題の解決という差し迫った事情があった。北朝鮮側にも、対日関係打開を急ぎたい大きな理由が隠されている。東欧、ソ連の社会主義体制の崩壊、東西ドイツの統合といった冷戦の終結は、同じ社会主義国の北朝鮮にとっては想像を絶する衝撃だった。北朝鮮は孤立感を募らせた。

もう一つ、北朝鮮には直面する重要課題があった。数年来の深刻な経済危機である。

北朝鮮は経済統計を公表しない国だ。経済悪化といっても、深刻さの度合いを数字でつかむのが難しかった。それでも、推定で対外債務残高は八九年末、七〇億ドル弱に上っていたという。金額はさほど大きくなかったが、八九年の年間の輸出総額が約二〇億ドル、輸入総額が三〇億ドル弱という経済規模である。七〇億ドルは大荷物だ。

経済成長率も、八八年までは辛うじてプラス成長だった。八九年に二~三パーセントのマイナス成長に転落した。日本との貿易でも、九〇年の時点で七〇〇億円内外の債務が滞っていたといわれた。七〇年代に数回、支払い繰り延べ措置が取られた。八〇年代後半には利払いさえもできなくなった。

慢性的な経済危機から脱出するため、北朝鮮は経済大国の日本に目をつけたのだろう。日朝関係打開で、日本から資金の導入を図りたいと狙い定めたのは間違いない。

九〇年九月二四日、金丸訪朝団は午後三時過ぎ、平壌入りした。実質的な話し合いは三日目の二六日から始まる。訪朝団は前夜の二五日、夕食後の八時四五分に、報道陣も含めて全員がバスで平壌郊外の名も知れない駅に運ばれ、寝台車付きの特別仕立ての列車に乗せられた。行き先の説明は一言もない。

闇の中を走り抜ける。夜中の一二時少し前に目的地に着いた。翌朝、目を覚まして、初めて連れてこられたのが平壌から北東一五〇キロの朝鮮四大景勝地の妙香山《ミョヒャンサン》と知った。代表団と随員はそこで初めて金主席と顔を合わせた。午前中に会見があり、主席主催の午餐会も催された。午後三時半に出る列車で平壌に戻ることになった。

そのとき、招待側の代表を務める金容淳書記が金丸に、「お一人でもう一晩、妙香山に」と告げた。金丸は田辺に気兼ねした。訪朝が田辺の橋渡しで実現したという経緯がある。了解を得なければと思った。

北朝鮮側は「金丸一人で」と言って聞かない。金丸は次男の金丸信吾、生原正久《はいばらまさひさ》ら三人の秘書、二人の警護官の六人だけで妙香山にとどまった。

晩の七時過ぎ、金主席が金丸の宿舎にやってきた。金丸は秘書と警護官を隣室に残して金と一対一で対面した。金丸は朝鮮語は話せない。外務省から派遣された通訳は先に列車で出発済みである。通訳は北朝鮮側が担当した。

金の要望で、翌二七日の朝一〇時過ぎから二度目の金丸・金会談がセットされた。今度は金丸が車で数分の金の宿舎に足を運ぶ。向こう側の通訳一人を入れた三人だけの会談で、約一時間に及んだ。金丸たちはヘリコプターで平壌まで送ってもらった。

国交正常化の提案

一方で、実質協議は二七日の朝から始まった。朝九時から正午まで、自民党と朝鮮労働党との二党間協議が行われた。自民党は国会議員全員が参加した。

自民党ではメンバーごとに担当を決めて個別のテーマを割り振った。大蔵省出身の池田は貿易・関税、谷は漁業、鹿野は農業、女性の森山は日本人妻問題、運輸省（現国土交通省）出身の伊江は観光、斉藤は文化・スポーツという具合である。

野中は核開発問題を持たされた。やり手と評判の野中は、「放っておくと、どこへ行ってしまうか分からない金丸の目付け役として、竹下が差し向けたメンバー」ということで訪朝団に加わったといわれた。野中が笑いながら振り返った。

「核査察の問題は、みんな嫌がって引き受け手がなかった。確か山村さんから、頼むよと言われて、私が担当になった。金書記と相当激しくやり合いましたよ」

野中は朝鮮労働党の交渉相手が顔をそろえた席で、「やはりＩＡＥＡの査察を受けて、国際社会の信頼を回復すべきじゃないか」と切り出した。野中がしゃべり終わった途端、金が反撃を開始した。「実際には南に一〇〇〇個の核がある。朝鮮半島全体の核の問題を無視して、われわれのほうだけ云々するのはおかしい」と反論した。

野中は「今日は朝鮮労働党と話をしているんだ。南のことは今、ここでは関係がない」と粘る。同席した外務省の北東アジア課首席事務官の山本栄二《やまもとえいじ》（後に外務省大臣官房審議官を経て、駐ブルネイ大使）がそばにへばりついて、もっと押せもっと押せ、とわきから突っついた。

論議は平行線をたどった。見兼ねて山村が「時間もないからこのへんで」と野中の発言をさえぎった。

二七日の昼過ぎ、妙香山から戻った金丸が、宿舎で田辺と二人だけで話し込んでいたとき、外務省審議官の川島裕《かわしまゆたか》（後に外務省事務次官を経て、宮内庁侍従長）が、周囲の制止を振り切って部屋に飛び込んできた。冷静さが取り柄の川島がすっかり興奮している。

「向こうは国交正常化を求めてきました。これは外交上、大変な出来事です」

早口で報告した。外交官として歴史的な瞬間に立ち合うことができたのがうれしくてたまらない様子であった。

川島は午前中、北朝鮮の外務部と話し合いを持った。「国交正常化のための政府間交渉開始」という提案がその席で飛び出した。誰もがこの訪朝ではせいぜい風穴を開けることができれば上出来、という腹積もりだったから、予想外の急進展である。川島が興奮したのも無理はなかった。

二七日の午後、金丸は自民党訪朝団の団員全員を集めて、妙香山での金との会談の内容を説明した。国交正常化の提案は金丸・金会談でも持ち出されていた模様である。

「思いがけず国交正常化という話も出てきた。大変なことだから、きちんと詰めをしなければならん。ここからの詰めの交渉は石井君と武村君に一任してもらえないか」

全員を見渡して言った。

「お言葉ですが、一任というわけには行きません。国交正常化となると、日本の国益に関わります。外務省の川島君だけはどうしても入れてもらいたい」

池田が注文をつけた。北朝鮮側は政府関係者が党同士の協議の場に入るのを認めない。結局、金丸の指示で、池田が共同宣言の起草チームに入ることになった。

一九時間に及んだマラソン交渉を振り返って、池田が語った。

「核の問題では、向こうは朝鮮半島を非核地帯にすると言い出した。こうなると、韓国や在韓米軍の在り方に触れることになる。これはうっかりのめないなと思った」

最大の焦点となったのは、北朝鮮への謝罪と償いの問題であった。池田の回顧が続く。

「戦前の三六年間については、賠償という話ではなく、請求権の問題です。だけど、金丸さんも田辺さんも、すでに『謝罪と償い』という言葉をOKしていた。だから、まあ仕方ないかということになった。どうしても決着がつかなかったのは、『戦後の四五年』です。これだけは受け入れるわけには行かないというので、随分、頑張りました。武村さんと私はきちんと主張した。しかし、石井さんはだらしなかったな」

共同宣言草案

夜の一一時過ぎから三党共同宣言起草のための協議が始まった。自民党から石井、池田、武村の三人の起草委員、社会党から山花、深田、田並、朝鮮労働党からは国際部副部長の金養建《キムヤンゴン》らが出席した。徹夜の作業になった。

「戦後の四五年」問題はいつまでも平行線で、らちが明かない。二八日の明け方となる。金丸と田辺の判断を仰ごうということになった。

石井と武村が金丸の寝室に出向く。金丸は部屋で一晩中、だるまのようにあぐらをかいて待機している。金丸は持病の糖尿病の影響で、視力が弱い。池田や武村がノーと言って最後まで抵抗した草案を、田辺が読み上げた。

北朝鮮側が示した草案には、最初、「賠償金の前渡し」の一項もあった。国交正常化交渉が始まった段階で、「賠償金」の一部を先に支払え、と要求した。

北朝鮮は国交交渉の開始を提案すると同時に、交渉開始の時点で、直ちに前渡し金を支払わせる魂胆だった。経済危機は想像以上である。日本からの資金提供を、のどから手が出るほど待ち望んでいたのだ。

日本側はこの前渡し金については拒否した。それだけに、北朝鮮はもう一つの「戦後の四五年の償い」の問題ではことのほか強硬だった。

共同宣言は出発予定時刻の二八日の午後二時が来てもまとまらない。最後に金丸が決断する。「先方の言うことを受け入れてやれ」と告げた。

夕方の六時一八分、ようやく調印にこぎ着けた。理不尽とも思える「戦後の償い」まで受け入れた理由について、金丸は帰国後、二六年前にすでに決着した韓国との比較を前提にして、「その間の金利みたいなものだ」と説明した。

北朝鮮滞在中の思い出を、自民党のメンバーの一人だった森山が漏らした。

「行ってる間、とにかく長く待たされたという記憶があります。スケジュールは事前には一切、発表されない。金丸さんと金日成主席の会談も長くかかりました。共同宣言を作るときも、起草委員以外の私たち一般の団員は、ただ待つだけでした。論議の中身も分からない。外に出掛けるわけにも行かず、管理されたような迎賓館でじっと待機していたのです」

九〇年の金丸訪朝で「最大のなぞ」といわれたのは、九月二六日の夜と、翌二七日の午前中の二回にわたって開かれた金丸・金会談の中身であった。隣室で待機していた次男の金丸信吾は、後で父親から断片的に会談の模様を聞かされた。

「最初は、しばらくの間、金主席のほうが西側の情勢について教えてほしいと言って、親父に質問を続けたようです。主席は『アジアにもヨーロッパのNATOのようなものを作るべきだ』と言った。親父は逆に核の問題について問いただした。主席から『わが国には現在、核はない。将来も私の目の黒いうちには持つつもりはない。わが国民は核を開発する経済的な余裕もない。これは信じてほしい』という発言があったと言っていました」

二六日夜の会話はここで終わる。翌朝、もう一度、会談した。信吾の話が続く。

「二人は意気投合したんじゃないかと思います。親父は共産主義から学ぶべきものは何もないなどと平気で言いますからね。主義主張には同調できないが、人間としては信頼できるという話もした。年も近い。ある程度、信頼関係が芽生えたと思います」

金丸は別れ際に懸案の第十八富士山丸の問題を持ち出した。

「貴国側の事情があることは十分、承知の上で、人道的な立場でお願いしたい」

真剣に頼み込んだ。この問題を別の政治課題との取引材料にはしないと心に決めていたので、わざわざ最後に持ち出したのだ。

金主席は「いい方向に向かうと思う」と、一言だけ口にしたという。信吾が証言した。

「親父は、共同宣言に関わる問題は何一つ話をしていません。『戦後の償い』なんて、一言も触れていない。主席のほうからは、お金の話は一言も出なかった。主席の言葉遣いが相手を見下したような言い方だったというような話があるそうですが、そんなことはありません。私は少し朝鮮語が分かるんです。主席は私たちにはきちんとした敬語を使っていましたよ」

戦後四五年の償い

二年半後の九三年三月、金丸は大型脱税事件で事務所などの家宅捜索を受けた。その際、別室から金地金が発見されて話題になった。このとき、九〇年九月の訪朝との関係を疑った人もいた。金丸は金日成から金地金をもらって帰ってきたのでは、とうわさされた。

金丸信吾はその話を一笑に付した。

「あれは死んだうちの母親が財テクで買って持っていたものです。北朝鮮からもらってきたなんて、うそですよ」

相手方の通訳と三人だけの会話だったため、憶測が憶測を呼び、話に尾ひれがついていろいろなうわさが流れる結果となったようだ。信吾の懐旧談が事実だとすれば、「世紀の金丸・金会談」も、実はそれほど衝撃的な内容ではなかったのかもしれない。

ただ一つ見落とせないのは、これまで国際政治の修羅場をくぐった経験もなく、永田町という極めて日本的な世界で義理と人情と腹芸だけを頼りに生きてきた老実力者が、独裁国家に長期間、君臨する名うての外交上手の指導者に、たった一回の接触で、わけもなく取り込まれてしまったことだ。

金主席は、催眠術をかけるように、一発で「人情政治家・金丸」の心をつかむ。あっという間に「信頼関係」なるものを作り上げてしまった。

心を奪われた金丸は、最後に「先方の言うことを受け入れてやれ」とつぶやく。「戦後四五年の償い」をいとも簡単に承認したのである。

国益を背負い、一方で世界政治の構造変化と潮流も計算に入れて、冷徹な読みと柔軟な発想で独自の外交戦略を展開するという姿勢はほとんどゼロであった。というよりも、そんな複眼思考と高等戦術を望むのは、初めから金丸にはできない相談だったのだろう。

ただし、訪朝の一つの目的だった第十八富士山丸問題は解決した。一三日後の一〇月一一日、自民党幹事長の小沢と社会党委員長の土井たか子が、紅粉、栗浦の二人を日本に連れて帰ることに成功した。

金丸訪朝団の一行は九〇年九月二八日の夜一〇時一八分、羽田空港に帰り着いた。

「『戦後45年の損失』にも償い」（読売）

「戦後45年含め『謝罪』『償い』」（毎日）

翌朝の朝刊各紙は一面トップで大きく報じた。訪朝団と金丸に対して、たちまち「土下座外交」「売国的行為」「無節操政治家」という批判の大合唱が沸き上がった。

金丸は狙いどおり、戦後初めて風穴を開けることに成功した。その風穴から吹き込んできた新風はそれだけで終わったのだ。

北朝鮮側から提案のあった日朝間の国交正常化交渉は、予備交渉を経て、九一年一月から本交渉が始まった。半年後の七月、暗礁に乗り上げる。九二年一一月に中断となり、話し合いは凍結された。結局、そのままうやむやになる。元の断絶状態に逆戻りした。

金丸訪朝のときに外相だった自民党の中山が回顧して感想を述べている。

「『戦後四五年の償い』というのは国益を大きく害します。外交ルートによる正式の交渉をやりにくくしますからね。外交関係を樹立するためにはいろいろなことが行われる。さまざまなチャンスを持つというのは大切なことです。金丸訪朝については、向こうの反応を見ることができたという意味では意義がありました。しかし、その後、日朝関係は進展しなかった。アジアでは以後も冷戦構造は終わらなかったのです」

九〇年に経済危機に直面した北朝鮮は、背に腹は変えられなくなり、「金満国」日本に急接近を試みた。資金引き出しが無理と分かると、今度は「核カード」を利用してアメリカとの直接交渉を模索する戦略に切り換えた。

九〇年の金丸訪朝は、実は北朝鮮側の生き残り作戦のダシに使われたのである。日本もそれに乗じて、冷戦の終結という世界政治の大きな構造変化の中で独自の外交作戦を展開する道もあった。

金丸はもちろん、当時の首相の海部をはじめ、与野党の指導者たちは、一人としてそこまでの構想も戦略も実行力も持ち合わせていなかった。北朝鮮の対日接近という絶好の外交機会を、日本は逃してしまった。

北朝鮮核開発疑惑

「第一次北朝鮮核危機」と呼ばれる深刻な事態が現実となるのは、それから三年後であった。日本の首相は海部、宮沢を経て、九三年八月から非自民八党派連立政権の細川に交代した。

二〇一〇年五月に公開された細川護熙著『内訟録　細川護熙総理大臣日記』によると、北朝鮮の核問題の記述が最初に登場するのは、一九九三年一〇月二二日の項である。

「斉藤外務次官が、北朝鮮に対する経済制裁が行われることになりし場合のいわゆる『海上封鎖』等につき、いかなる対応が可能であるか、憲法、国際法、自衛隊法等の観点から取り敢えずの検討内容を報告に」

斉藤外務次官は後に駐米大使を務める斉藤邦彦《さいとうくにひこ》である。

一一月六日、細川は韓国を訪れ、大統領の金泳三《キムヨンサム》と会談した。金からこんな発言があったと書き残している。

「北朝鮮については、中国の対北朝鮮観も微妙になりつつあり、誰も金正日《キムジョンイル》の実態を把握していないとも。尚、北の核開発に関連した資金が、日本の朝鮮総連から相当流れていると聞き、大変憂慮している旨特に言及あり」

金正日は金日成の長男で、北朝鮮の二人目の最高指導者となった朝鮮労働党の第二代中央委員会総書記である。

細川は以後も、北朝鮮核疑惑問題で報告を受けると、その内容を日記に書き残した。一一月一一日、一二月四日、二一日、九四年一月五日、二六日の記述でも、ＩＡＥＡによる査察の状況や、米朝協議の進み具合について、メモを残している。

途中、九三年一一月一九日にアジア太平洋経済協力（ＡＰＥＣ）首脳会談に出席するため、アメリカのシアトルに飛んだ。「11時45分よりクリントン大統領と会談。冒頭25分間首脳だけの会談」と記した後、「北朝鮮の核開発問題につき、ク大統領は制裁はしたくなし、チームスピリットの中止もオファーの用意ありと述ぶ」と、第二回の日米首脳会談について書き残している。

九四年一月二七日の午後四時二六分、内閣官房内閣情報調査室長の大森義夫《おおもりよしお》（後に日本文化大学学長）がアメリカ中央情報局（ＣＩＡ）の元長官の北朝鮮情勢に関する発言を細川に報告するため、首相官邸に出向いた。細川は報告の内容を記している。

「北の経済状態は年々悪化、他方、軍備増強は大きな負担、通常兵力の増強で少なくとも短期的には前線における北の軍事的優位は変わらず、2年以内に朝鮮半島で戦争が起こる可能性あるによってすべからくその準備をなすべしと。また、核問題のポイントは、チームスピリットを実施するか否かの決断をする時期と原子炉がいつ停止し、使用済み燃料棒が取り出し可能となるかにある。今年のいずれかの時点で国際社会は決断を迫られることになろうと。北が核爆弾を有しているとは断言できぬが、可能性相当高し。核兵器開発計画を進めていることは事実であり、射程１０００～１３００kmのノドン・ミサイルの開発が進行中なりと」

二週間後の二月一〇日、細川は午後七時、政府専用機で羽田を出発し、ワシントンに向かった。現地時間の翌一一日の昼前、ホワイトハウスに出向き、オーバルルームでクリントンと三回目の首脳会談を持った。第一回、第二回の首脳会談とは打って変わって、話し合いは険悪な空気に包まれた。

「午後1時過ぎまで続行。経済関係でお互い鋭く応酬し合うも、雰囲気は極めて温かく、日米関係を壊すような事態だけは何としても避けたしとの思いが双方に強くにじむ」

細川は自分では「雰囲気は極めて温かく」と記述するが、実際は違ったようだ。当時、官房副長官だった石原信雄《いしはらのぶお》（元自治事務次官）の「証言」が同じ『内訟録』に収録されている。

「細川さんとクリントン大統領の会談、あれは相当な部分が北朝鮮問題だったんですよ。当時は経済の問題しか言ってなかったけれど。北朝鮮で事が起こった場合、日本はどうしてくれるんだという話なんです。一番困ったのは米国は海上封鎖をやるつもりだったんです。海上封鎖をやった場合、北朝鮮は当然、機雷を流してくるわけです。その機雷の除去をしてくれないかというわけですよ。（中略）そうしたら、法制局はダメだというわけですよ。戦闘行為になっちゃうというわけです。だからそれはできないというわけです。できませんといったら米国は『えーっ』というわけです。（中略）細川さんが帰ってきたとき、相当深刻でした。帰ってきたあと、すぐ言われましてね。朝鮮半島の問題、どこまでできるのか調べてくれと。（中略）その時は一切、話はしてません、外には。ただ、そういう問題があったんです」

石原はこの細川・クリントン会談の場面について、別の発言も残している。

「平成六年二月十一日のとき、北朝鮮の核開発疑惑に対して、その事実を解明し、北朝鮮の核開発を阻止するために、日米両国が緊密な連携をとっていこうということが議題になった。アメリカ側は、とくに、経済制裁を強化してほしいと、日本のお金がだいぶ、北朝鮮の核開発の資金になっているからと主張したわけです、送金を止めてくれ、効果的な手を打ってくれと」（御厨貴・渡邉昭夫《わたなべあきお》　インタヴュー・構成『首相官邸の決断――内閣官房副長官　石原信雄の2600日』収録）

「北朝鮮のエージェント」

この場面で、細川の肉声を耳にした人物がいた。当時、細川が代表の日本新党の衆議院議員で、総務政務次官だった小池百合子《こいけゆりこ》（後に防衛相、東京都知事）である。小池の「証言」が石原と同様に、前掲『内訟録　細川護熙総理大臣日記』に掲載されている。

「細川さんは米国の情報に接し、これは大変だということになったようでした。確か、日米首脳会談の後に電話でそのような話を聞きました。ホワイトハウスが抱く最大の不安は、朝鮮半島にからむ情報が、日本と共有するにあたって他に漏れる恐れがあること。細川さんは有事の際に必要な閣議決定で、閣僚全員のサインがそろうかどうか、その際の対応はどうすべきかについても思いを巡らせていました。訪米で何が大事なのかがわかったのでしょう。北朝鮮と関係が深い社会党を抱えたままではやはりきつい。武村官房長官の更迭論が出てきた理由のひとつもそれでした。細川さんはよくも悪くも地位に固執しない人で『北朝鮮が暴発すれば今の体制では何もできない。自分が身を捨てることで地殻変動を起こすしかない』と考えていたようです」

非自民八党派連立の細川内閣で、政権与党の代表者会議を掌握し、最大のパワーを発揮していたのは、当時の新生党代表幹事の小沢である。「小沢の懐刀」と称された側近の平野貞夫は、水面下で小沢と細川の連絡役を担った。平野が前掲の著書『平成政治20年史』で、九四年二月の細川訪米の場面を書き記している。

「この時期、北朝鮮の核疑惑で東アジアが緊迫していた。日米首脳会談は厳しいもので、クリントン大統領周辺から、『日本の政権の中枢に北朝鮮のエージェントがいる』と指摘される。日本の政界には与野党の中に北朝鮮と関係の深い政治家がいた。戦前の歴史もさることながら、パチンコ業界などから支援をうけていた。また関西地区には在日朝鮮人の在住者も多く、北朝鮮との関係にはきわめて複雑な問題があった。米国側から疑われた人物は、かねてより北朝鮮側との交流が滋賀県知事時代から深い武村官房長官だと想定された。細川首相は、北朝鮮をめぐる米国政府の懸念を拭うことを、クリントン大統領に約束した。そのため帰国後、しかるべき時期に内閣改造を行うことを決意する」

九三年八月に非自民連立による細川政権を誕生させるとき、指導力を発揮したのは、自民党を割って新生党を旗揚げした小沢である。同じ時期に同じ自民党から離党した武村らさきがけは、路線や理念、政治手法などで違いがあった。細川や小池ら日本新党は当初、さきがけと表裏一体で、将来は合流・統合も視野に入れていると見られた。

この各党のほかに、社会党、公明党、民社党などを糾合して、小沢は非自民連立政権を作り上げた。日本新党の細川を一本釣りする形で首相に擁立したことから、連立樹立後、政権運営をめぐって、与党内で綱引きが表面化した。

最初は、首相官邸が細川首相と武村官房長官の「細川・武村ライン」、政権与党は新生党の小沢と公明党書記長の市川雄一が主導する「一・一ライン」という役割分担と映った。しばらくして、小沢と武村の対立が次第に目立ち始めた。前掲の『90年代の証言　小沢一郎　政権奪取論』で、「連立政権内では小沢さんと官房長官の武村さんとの間の確執がしばしば話題になりました」という質問に、小沢が答える。

「それは武村さんが政府の官房長官でありながら、与党の代表者会議が対応すべき問題について、記者会見であれこれと発言したことが原因です。（中略）細川さんにも『官房長官に、ちゃんと分をわきまえさせてほしい』と言った。そういう類の話です。そうでしょう。各党間のことや、政党レベルの話にいちいち官房長官が口を挟むのは筋違いだ」

小沢は九三年一二月一六日、首相官邸を訪ねて、細川に武村更迭を求めた。その点についても、小沢は回答している。

「何度言っても武村さんの姿勢が直らないから言いました。（中略）僕だけじゃない。みんなが怒っていました。だから、僕は悪役を引き受けただけです。直言するときはだれかが悪役を引き受けなければならない」

細川首相退陣の真相

政権運営に関するこの場面では、武村更迭論はこれ以上の火種とはならず、武村は官房長官を続投する。二カ月後の九四年二月、クリントンとの首脳会談を終えて帰国した細川は、武村更迭が狙いの内閣改造論と、武村留任による改造回避論の間で揺れ動いた。

問題は「北朝鮮との特別な関係」「北朝鮮のエージェント」などの言葉を浴びせられた武村の実相である。武村は東大経済学部を卒業して自治省（後の総務省）に入り、滋賀県の八日市市長、滋賀県知事を経て、自民党の衆議院議員となる。九三年六月にさきがけを結成して党代表に就く。八月に細川内閣の官房長官に就任した。

前述のとおり、九〇年九月に金丸訪朝団の一員として北朝鮮を訪問している。そのときから

「武村は日本の政治家の中で金日成が最も信頼を寄せる人物で、金丸訪朝に事務局長として参加したのも北朝鮮側の指名だった」といううわさが流れた。

次第に「親北朝鮮の自民党政治家」というイメージが広がる。金丸訪朝の後、「滋賀県知事時代、訪朝して金と会見した際、向こうの諜報機関のトップが同席していた」とか、「地元の滋賀県では朝鮮総連との密接な関係は有名な話」といった未確認の憶測情報が、官房長官就任のころから独り歩きし始めた。

細川は九四年二月一三日の午後六時、アメリカから羽田空港に帰り着いた。翌一四日、内閣改造の可能性を示唆する言葉を口にした。改造の最大の狙いは、官房長官の武村の交代と見られた。日米首脳会談でアメリカ側から「北朝鮮に極めて近い人物が政権の中枢にいる」と指摘を受けたのが原因という情報は信憑性が高かった。

武村は九四年四月二八日、細川内閣の総辞職に伴って官房長官の座を降りた。六月三〇日に自民党・社会党・さきがけ三党連立の村山内閣で蔵相に就任する。間の羽田内閣では閣僚ポストとは無縁だった。その期間の六月三日、武村をインタビューした。

「北朝鮮との密接な関係」「北朝鮮のエージェント」といった武村の「北朝鮮疑惑」情報について、武村は口をとがらせて、「私を陥れるための謀略のような感じがする」と反発した。金丸訪朝の際、訪朝団とその先遣団のメンバーに選ばれた経緯について述べた。

「私は当時、安倍派でしたが、金丸訪朝の一年半くらい前、幹事長だった安倍晋太郎さんから、

『北朝鮮のことを少しやってくれないか』という話があった。自民党と社会党と外務省アジア局で情報交換や三者協議を始めた。自民党は石井さんと僕、社会党はおおむね田辺さん。後で総理を辞めた竹下さんから『武村君を指名したのは僕だよ』と言われた。これが私が関わったきっかけでして」

北朝鮮と最初に関係を持ったのは滋賀県知事時代だという。

「僕は滋賀県知事時代、八五年に琵琶湖毎日マラソンの選手を招聘するために一度、訪朝しているんです。そのときに金日成さんにもお会いした。その話を、衆議院議員に当選した後、安倍さんにしたことがあります」

朝鮮総連との関係についても、はっきりと否定した。

「全然ありませんよ。訪朝の直前に、金丸さんと一緒にあいさつには行きましたが」

金丸訪朝の三年後に武村を官房長官に起用した細川が、九四年二月のクリントンとの話し合いで武村更迭を約束したかどうかは定かではない。ただし、細川が帰国後、内閣改造を真剣に考え始めていたのは間違いない。御厨貴・牧原出《まきはらいづる》編『聞き書　武村正義回顧録』で、武村自身が細川の改造への対応について明かしている。

「僕が行くと、『そんなこと考えていません』と、細川さんはサッと否定するんですが、二回目に聞きに行ったら、『ちょっと検討せよと言う人がある。そういうことを言う人がいて、どうでしょうね、武村さん』と言って、逆に僕に聞くような感じになりました。毎日のように会っていますから、三回目にまたそれを話題にしたら、『武村さんに外務大臣に回っていただいて、羽田さんに官房長官をやってもらうという入れ替えはどうでしょうかね』と細川さんは僕に言いました。（中略）そんなことをするならもう政権を出ると、さきがけの議員総会で決めたんです。それで細川さんに、『改造をやるとすると、うちはもう政権離脱と決めました』と言ったら、細川さんはびっくりした顔をして、『じゃあもうやめます』と言った。実はそれで決定的にやめると決めたような感じでしたね」

小沢側の平野は、前掲の『平成政治20年史』に内閣改造をめぐる別の動きを記している。

「細川首相と小沢代表幹事が相談して、『経済改革に備えた大幅な内閣改造』を行うことになり、発表となった。とたんに、更迭のターゲットになった武村官房長官（新党さきがけ代表）と、社会党の村山富市委員長、民社党の大内啓伍《おおうちけいご》委員長が、こぞって猛烈に反対した。この時期、細川政権を倒し、『自社さ民』政権をつくる工作が進んでいた。細川首相は三人の反対論を説得できず、改造をあきらめることになる」

カーター訪朝で危機回避

アメリカ側が突きつけたといわれる「武村は北朝鮮のエージェント」という情報が真実だったかどうかははっきりしないが、北朝鮮の核開発疑惑と背中合わせで、クリントン政権の要求に沿って「内閣改造・官房長官更迭」を実行する政権運営プランは挫折した。細川は九四年三月二日、内閣改造の見送りを表明した。

細川内閣の最大の達成目標は、政治改革と米市場開放であった。

米市場の問題では、九三年一二月一三日、関税・貿易一般協定（ＧＡＴＴ）のウルグアイラウンドで米の部分開放を決断し、翌一四日、閣議決定を行った。もう一つの政治改革も、難産の末、九四年三月四日に政治改革法案が国会で成立した。細川はその日、衆参両院の本会議で初の所信表明演説を行った。次は行政と経済の改革に取り組むと表明した。

ところが、並行して佐川急便からの一億円借用問題という細川の金銭疑惑が浮上した。佐川からの借金は返済済みで、証拠書類もある、と細川は強気だったが、四月を迎えても新年度予算の成立のめどが立たなかった。

細川はこれ以上の続投は無理と覚悟を決める。四月八日、退陣を表明した。

首相は次の羽田に交代した。北朝鮮の核開発疑惑をめぐる米朝の一触即発の危機的状況には変化がなかった。六月一六日、ワシントンのホワイトハウスで国家安全保障会議（ＮＳＣ）が開かれた。

大統領のクリントン、副大統領のアル・ゴア、国務長官のウォーレン・クリストファーら、政府中枢の主要メンバーが顔をそろえている。議題は核開発に突き進む北朝鮮への対応策であった。

そのとき、一本の電話が入った。平壌からである。前掲の『日米同盟半世紀』が描写する。

「電話の主は、ジミー・カーター元大統領だった。『今、金日成主席に案を示した。米国もこれをのめば、北朝鮮は再び米朝交渉の場に戻ると言っている』（中略）米朝間の険悪な展開に危機感を抱いていたカーター元大統領は、自ら事態を打開するため十五日から北朝鮮を訪れていたのだ。（中略）元大統領が主席に示した『案』とは、①米朝協議を再開し、その間北朝鮮は核開発を凍結する②IAEAの査察官の追放を中止し残留を認める――というものだった。主席はそれを受ける用意を示し、さらに米国が北朝鮮を核攻撃しないことの保証や、現在の原子炉を解体する条件に核兵器への転用の可能性の薄い軽水炉の供与を求めた、という」

カーターの訪朝によって、「第一次北朝鮮核危機」は急転直下、回避された。後から振り返ると、米朝間の歩み寄りは一時的な束の間の手打ちにすぎなかったことが分かる。

六月一六日にカーターと危機回避で合意した金は、わずか二二日後の七月八日、八二歳で死去した。北朝鮮は結局、その後、核開発に突き進み、冒頭で述べたように、二〇〇六年一〇月以後、計六回の核実験を行い、二二年九月には自ら核保有国と宣言して、現在に至っている。

第九章

防衛庁の省昇格と文民統制

田母神論文

日本の安全保障を担う防衛省で、二〇〇八（平成二〇）年一〇月、航空自衛隊トップの航空幕僚長が防衛相によって更迭されるという事件が露見した。現役自衛官の田母神俊雄《たもがみとしお》（空将）が、ビジネスホテルチェーンのアパホテルを開発・運営するアパグループの主催の懸賞論文に応募し、「日本は侵略国家であったのか」と題する論文で最優秀賞を受賞した。政府見解と異なる歴史認識などを主張したとして問題になる。防衛相の浜田靖一が三一日付で航空幕僚長の職を解任した。

制服組の現職最高幹部が公然と政府の方針に異を唱えたと見なされた。「シビリアン・コントロール（文民統制）の危機」と大騒ぎになった。

田母神は半年前の四月一八日、自身の発言が一度、話題になったことがあった。イラクでの自衛隊の輸送活動について、名古屋高等裁判所が出した判決の中で、裁判官が傍論で「違憲」と述べたことに関して、「『そんなの関係ねえ』というのが多くの隊員の気持ちでは」と言い放ったのだ。

約一カ月後の五月二四日、東大の五月祭で田母神が講演するという話が、防衛省職員を通して、当時の防衛相の石破茂の耳に届いた。石破は制服組が政治的、思想的中立を超える発言は絶対にしてはいけないと思った。

〇三年八月から〇七年八月まで事務次官に長期在任した守屋武昌《もりやたけまさ》が〇七年一一月二八日に収賄容疑で東京地検特別捜査部に逮捕されるという事件などもあって、防衛省と自衛隊が批判を浴びているときだった。石破は講演の前に田母神を呼び、注意を促したという。

「『あなたは私の幕僚ですよ。物議を醸すような発言はしてはならない』とくぎを刺し、憲法に関することは、これとこれは言ってはいけないというふうに提示した。『そんなの関係ねえ』みたいなことは絶対にだめ、と言いました」

田母神は「分かりました」と応じる。石破は事前に講演の骨子を提出させ、点検した。心配は杞憂に終わる。講演が物議を醸すようなことはなかった。石破が田母神の人物評を語った。

「田母神さんとは一〇年以上のつきあいです。豪放磊落だが、細心の注意も怠らない人。荒々しいタイプの将軍だったとは思わない。空自や防衛省はいかにあるべきかという議論は相当しました。うかつといえばうかつだが、歴史観なんて一度も聞いたことがなかった」

制服組の発言や発表記事がシビリアン・コントロールとの関係で問題となったのは、田母神事件が初めてではなかった。一九七八年七月の栗栖事件も有名である。制服組トップだった統合幕僚会議議長（後の統合幕僚長）の栗栖弘臣《くりすひろおみ》が『週刊ポスト』（七月二八・八月四日合併号）のインタビュー記事で、「いざとなった場合は、まさに超法規的にやる以外にないと思うんです」などと述べ、当時の防衛庁長官の金丸信によって更迭された。

九二年には、陸上自衛隊の柳内伸作《やないしんさく》三等陸佐が佐川急便事件に関連して、『週刊文春』（一〇月二二日号）で、「自衛隊三佐激白『金丸が辞めなきゃクーデターをやる』」と題して私見を発表し、懲戒免職となった。

防衛省・自衛隊の出発点である警察予備隊が発足したのは一九五〇年八月で、それから五六年余が過ぎた二〇〇七年一月九日に第一次安倍晋三内閣の下で、旧防衛庁の省昇格が実現した。防衛庁や自衛隊の関係者、自民党の国防族議員らが「日陰者扱いからの脱却」を叫んで実現に邁進してきた「長年の宿願」がやっと日の目を見た。

皮肉なことに、「宿願の達成」と相前後して、なぜか防衛省と自衛隊をめぐって事件や事故、不祥事などが頻発した。

省昇格の一年前の〇六年一月、防衛施設庁（〇七年九月に解体）の談合事件で技術審議官が逮捕された。二月、海自の暗号関係書類が私有パソコンから流出した。

省昇格の直後の〇七年二月に読売新聞記者による防衛情報漏洩事件が発覚する。一〇月には海上幕僚監部によるアメリカ補給艦への給油量の誤りの隠蔽が露見した。

一一月に守屋、一二月にはイージス艦の中枢情報の資料流出事件で海自の三佐が逮捕される。一二月に報償費の裏金問題が露呈した。〇八年二月にはイージス艦「あたご」と漁船の衝突事故も発生した。それに続いて、田母神事件である。

防衛省へ昇格

防衛庁（防衛省）・自衛隊の歴史を振り返ると、警察予備隊以来の半世紀以上にわたる歩みの中で、一九九〇年代以降の十数年は、この組織が次のステップに踏み出した「新時代」だったと位置づけることができる。内外の情勢変化で、新しい活動や機構改革が進んだ。きっかけは八九年の東西冷戦の終結と九〇年の湾岸危機との遭遇であった。

第七章で詳述したとおり、政府は九一年四月、湾岸戦争終結後に初めて海自の掃海艇のペルシャ湾派遣を決めた。九二年六月に成立したＰＫＯ法と国際緊急援助隊派遣法改正法に基づいて、九月から国際平和協力活動としての自衛隊の海外派遣が始まった。

二〇〇一年九月のアメリカでの同時多発テロの後、一〇月にテロ特措法が成立し、翌月、自衛隊がインド洋に派遣された。〇四年一月からイラク特措法に基づいてイラクへの派遣も始まる。六月には自衛隊の多国籍軍参加が決定された。自衛隊の海外派遣が本格化した。

その後、〇六年あたりから、防衛庁・自衛隊の内部は、組織の改編の動きとともに、大臣と次官の対立劇、不祥事の続発、それに伴う改革論議のスタートなど、激しく揺れた。

〇六年三月から陸上、海上、航空の三自衛隊の統合運用が始まる。二七日に従来の統幕議長に代わって初代の統合幕僚長に先崎一《まっさきはじめ》（前統幕議長）が就任した。一二月には防衛庁の省昇格の関連法案が成立した。

省昇格の動きが本格化したのは、法案成立の五年以上前であった。〇一年六月に当時の保守党が防衛省設置法案を国会に提出した。

〇二年一二月、自民党、公明党、保守党の与党三党が省昇格を最優先課題とすることで合意する。〇四年暮れから〇五年春にかけて、自民党国防部会での決議、民主党の議員連盟発足などの動きがあり、〇六年六月に政府が防衛省設置関連法案を国会に提出した。

当時の安倍首相が「宿願達成」「諸外国並みに」と唱えて旗を振った。自民党、民主党、公明党などの与野党の支持で実現する。〇六年一二月に法案が成立し、翌月に防衛省が発足した。

省昇格は実現したが、それによって防衛庁・自衛隊のどこがどう変わったのか。「日本の防衛」と題する『防衛白書』（〇七年版）によれば、以下のような点であった。

「防衛庁を、わが国の行政組織の中で、『省』として位置づけ、国の防衛に専任する『主任の大臣』を置き、（中略）自衛隊の本来任務を見直し、国際平和協力活動等の取組などを自衛隊

の本来の任務に付け加える必要があった」（第Ⅱ部・第3章・第2節の「2　省移行と本来任務化の必要性」より）

庁が省になり、長官が大臣になった。それ以外には、防衛政策の企画・立案機能の強化、緊急事態対処の充実・強化、自衛隊の「付随的業務」（自衛隊法第八章雑則）だった国際平和協力業務や国際緊急援助活動等の「本来任務」の「従たる任務」（自衛隊法第三条）への格上げといった点が変わった。

一方で、『防衛白書』は「防衛政策の基本は省移行後も変わらず」とうたって、「シビリアン・コントロール」「専守防衛」「節度ある防衛力の整備」「海外派兵の禁止」「非核三原則」「軍事大国とならない」の六項は不変と強調した。

「ハト派の防衛庁長官」と呼ばれた加藤紘一は、「省になっても防衛庁でも、本質は変わらない。社会的に認知されたという意味ではよかったのかなと思う」と言葉少なに語った。小泉純一郎内閣と福田康夫内閣で二度にわたって計三年、防衛庁長官と防衛相を務めた石破に感想を聞くと、不満を口にした。

「内閣府は国家行政組織法上ではそのほかの省庁の上にあるのだから、内閣府の外局だった防衛庁はポジティブな意味があると思っていました。省にするなら、『自衛隊の管理・運営とそれに必要なその他の事務』ではなく、防衛政策の企画・立案や安全保障会議との役割分担を明確にすべきだ、と私は主張したが、一顧だにされず、名称の書き換えという非常に事務的な法改正が行われた。私は何度もおかしいと言いました。『防衛庁が省になっても、中身は何も変わらない』というその説明自体が気に入らなかったのです」

先述のように、『防衛白書』は、防衛庁の省昇格の目的として真っ先に「防衛政策に関する企画立案機能を強化すること」を挙げる。日本の防衛政策の企画・立案の中枢を担うのは防衛省という位置づけを打ち出している。防衛省と防衛政策の関係について実態を尋ねると、石破は「防衛政策ってあったんですかね」とつぶやき、問題の本質を指摘した。

「防衛省設置法に『防衛省の任務』として、『自衛隊を管理し、運営し、これに関する事務を行う』と書いてあります。防衛政策の企画・立案は『その他の事務』らしい。防衛省は自衛隊管理省としか読めない。防衛庁が省になるのは、究極的には聞こえの問題、見栄えの問題というのが根底にあったと思う」

要するに、精神運動もしくは政治運動の象徴的成果という点を除けば、省昇格は大きなエネルギーを要した割りには実質的な意味の乏しい出来事であった。

背広組と制服組

空疎なお祭り騒ぎのような省昇格に熱を入れ、一方で事件や不祥事が頻発していた防衛庁・自衛隊というのは、どんな組織だったのか。

大蔵省出身で防衛庁長官経験者の大野功統《おおのよしのり》は、防衛庁内の官僚たちの議論の仕方について、他省と比較して独自の見方を披露した。

「大蔵省の文化は、議論して、局長がこれだと決めたら、みんなが懸命にやる。外務省はあまり議論せず、上がこうだと言ったら下が従う。昔の通産省は、議論して下が勝つという文化。防衛庁は議論がない。長官をやって思ったのは、もうちょっときちんと情報を上げてもらわなければ」

大野の長官在任中の〇四年一一月一一日の朝六時半、秘書官から中国の原子力潜水艦が日本の領海内を航行しているという通報が入った。海上警備行動の発令を承認して退去させるのは首相の仕事である。大野が回顧した。

「私がびっくりしたのは、八時半ごろになって『どうしましょうか』などと言ってきたことだ。『何やってるんだ』と言ったら、首相官邸との連絡が悪かったと言う。防衛庁の担当局長が官房長官とか首相秘書官と連絡を取り合うのですが、実際に発令されたのは八時四五分くらいで、これはもう恥ずかしい話。責任は防衛庁にある」

人材不足、組織としての弱さ、実務レベルの低さを問題にする声は多かった。

防衛省・自衛隊の組織は、トップに政治家（文民）の大臣がいて、その下に内部部局（内局・背広組）と自衛隊（制服組）がいるという図式だ。それとは別に、本省に統合されるまで、防衛施設庁が存在した。〇七年九月に解体され、機構が再編されて、新たに省内に装備施設本部（現防衛装備庁）が設置された。

組織の特徴を尋ねると、他省のキャリア官僚の一人は「縦割りがすごい。背広組に二つか三つ、制服組は三幕で、全部で五つか六つの頭を持った竜みたいな組織」と解説した。

官僚組織の縦割りの強さは、往々にして縄張り意識やたこつぼ的職場感覚が優先して組織内に高い垣根を造る。互いに溶け合わない点が問題になる。三自衛隊の場合、組織の文化と伝統が色濃く反映して、縦割りどころか、長らく一つの組織とは思えないほどの違いがあった。

自衛隊には陸・海・空の組織の特性と隊員の傾向を端的に示す有名な言葉がある。「用意周到・動脈硬化」の陸自、「伝統墨守・唯我独尊」の海自、「勇猛果敢・支離滅裂」の空自といわれている。空自の田母神が歴史観表明という行動に出た土壌と背景について、実態に詳しい石破に質問したら、ポイントをとらえた解説が返ってきた。

「『勇猛果敢・支離滅裂』の空自は一人一人のパイロットの腕が重んじられる。よくもあしくも自由な集団。陸自は戦前の陸軍を徹底的に否定するところから出発している。一方、海自には帝国海軍は素晴らしかったという面がある」

縦割りとは別の問題で、防衛庁・自衛隊では大臣を補佐する行政組織の内局と実力部隊の自衛隊との間には、同じ自衛官なのに、他府省では見られない高い壁があった。戦前の内務省の官僚から政治家となった石破二朗《いしばじろう》（後に参議院議員、自治相）を父に持つ石破茂は、警察予備隊創設以来、防衛庁と自衛隊が背負ってきた事情を指摘した。

「旧内務官僚が中心となって最初に警察予備隊を造るとき、旧軍の制服軍人を使わざるをえなかった。だけど、自分たちには軍の知識がなくて怖い。政治家も当てにならない。結局、知識がなくても、背広が制服軍人を使い、コントロールするしかない。文民統制は民主主義で選ばれた政治家がコントロールすることだと知っていたと思いますが、日本の場合、戦後間もないころの政治家は、この問題に造詣も深くなく、関心もなかった。旧軍思想の人もいたはずです。だとしたら、われわれがやるしかないというのが旧内務官僚の使命感だったと思います。それが自衛隊になってもずっと引き継がれてきた」

背広と制服は互いに相手の弱点を指摘しながら、責任を押しつけ合うという無責任体制が出来上がった。制服は「現場を知らない背広組がいつも勝手なことを言う」と背広不信を募らせ、背広は「国会での答弁や財政当局との予算折衝は誰がやるのか」と制服軽視を続けた。

そう言いながら、互いに住み分けを行い、政府や他省庁、国会、与野党、マスコミなどへの言い訳に使った。責任回避の体質と構造が根を張ってきた。その土壌の中で、官僚機構の中では稀有な在任四年という異例の「守屋時代」が生まれたのである。

守屋時代の終焉

守屋の次官在任期間が二年に達し、長期在任となるかどうかの分かれ目の〇五年八月、次官続投を認めたのは防衛庁長官の大野であった。

「あのときは沖縄の駐留米軍の再編問題が大変なときで、それをやり遂げるのに残しておくかと思った。要するに普天間基地の移設です。海上に持っていくか陸上にするかという問題があり、私は陸上説でした。次官などの人事は米軍再編をきちんとしてから、ということで、陸上説を支持していた守屋次官を残すことにしました」

○七年三月、守屋が定年を延長して留任となる。七月に登場した防衛相の小池百合子が次官交代に動き、新任大臣と大物次官のバトルが話題となった。

小池は日ごろから「情報」を重視した。安倍内閣で首相補佐官を務めていた時代、このポストを情報の交差点に、と考え、情報集めに精出した。振り返って語った。

「その中に守屋さんの情報も入っていて、これは危ないと赤信号がともっていた。同時に、どう考えても五年目というのは長すぎる。防衛省となって独立したわけですから、非常に大きな抵抗があると思ったけど、それも覚悟して、辞めてもらおうと思いました」

小池は守屋には「プラスとマイナスがあった」と言って、沖縄問題への取り組みについては一定の評価を与えている。

「普天間の問題はずっと何も進まなかったけど、それを何とか自分の時代にやっておこうという強い思いが守屋さんにありました。単に利権絡みで一日も長くいたいと思ったか、普天間の代替案問題もしくは米軍再編をやりたかったのか。これは両方だったと思う。いずれにしても、私のもとには情報が来ていた。守屋一派とか、そういう話も聞いていていました」

防衛省の生え抜き官僚の守屋は、小渕恵三内閣時代から小泉首相登場後の〇二年一月まで官房長を務めた。防衛局長の後、次官となった。防衛庁を掌握する守屋の手腕を活用したのが、その時代に長期政権を担った小泉である。

守屋は米軍再編問題という難題に取り組むことができる次官は自分だけ、という姿勢をアピールしながら、小泉との太いパイプを武器に、防衛庁と自衛隊に君臨した。自民党で国防関係の実力者でもある外務省出身の加藤が言う。

「四年の次官は通常、官僚システムの中ではない。だから、次官候補を次々と追い出してしまう。言うことを聞く人間だけを周辺に集めて運営するようになった。それができたのは小泉政治の中で首相秘書官だった飯島勲氏と結んだからです。これで庁内に無力感が漂い始めました。人材を育てていかなければならないときに、未熟であるのをいいことに、政治権力と結びついて独裁を敷いた。防衛庁のモラルも質も下がるのは当たり前です」

守屋は〇七年八月に退任した。直後に発覚した接待疑惑がきっかけで汚職事件に発展した。

相次ぐ不祥事や事件の発生で、防衛省改革の必要が叫ばれるようになる。〇七年一二月から「防衛省改革に関する有識者会議」がスタートする。改革の検討も始まった。

元防衛庁キャリア官僚の太田述正《おおたのぶまさ》（元仙台防衛施設局長）は守屋と同期入庁だった。〇一年に退職した後、現職時代の体験などを基に、旧防衛庁や防衛省をめぐる大物政治家の口利き疑惑をはじめ、政・官・業の癒着、防衛官僚や自衛隊ＯＢの天下りの実態などについて、著書『実名告発　防衛省』を〇八年一〇月に刊行した。太田が組織の本質的な問題点を提起した。

「問題の根本は戦後、吉田ドクトリンで安全保障はアメリカに丸投げし、アメリカの属国となったため、防衛省は本来の仕事をさせてもらえない。そのために組織が生活互助会化してしまった。防衛庁に勤務して少し目端が利けば、最初から分かり切っている話です。だから、誰もまじめに考えていない。ある程度、まじめだと、田母神さんのようになる」

確かに防衛省に昇格するころまでは、日米安保体制で防衛政策の根幹はアメリカに握られ、国土防衛や治安維持といっても、防衛省（庁）と自衛隊が現実にその危機に直面する場面はほとんどなかった。災害派遣、九〇年代以降の平和協力や救援・援助などの国際活動を除けば、専守防衛の名の下に、訓練と演習に明け暮れるだけであった。

その状態を「本来の仕事をさせてもらえないいびつな構造」と見るのが正しいかどうか。その議論は昔からある。自国を自らの政治で完全にコントロールできる軍事超大国を別にすれば、現代の多くの国では、この状態と取り組みが防衛の「本来の仕事」と見ることもできた。

不透明な防衛関係費

守屋事件の背後に、もう一つ大きな問題が見え隠れした。防衛予算の是非である。

防衛庁の省昇格が実現した直後の〇七年度の防衛関係費は、当初予算で約四兆八〇〇〇億円だった。予算の一般会計歳出の総額に占める割合は約五・八パーセント、対GDP比で〇・九パーセント強である。

赤字財政の下では、常に歳出削減圧力が働き、各府省の予算は財政当局である財務省の厳しい査定を受けてきた。防衛省も例外ではないと思われたが、実態はどうだったか。

防衛関係費は、ほかの予算と違って、個別の予算項目の積み重ねではなく、枠を定め、それに従って毎年の予算を配分していくというやり方が取られてきたようだ。財務省で女性初の主計局主計官として防衛庁を担当した自民党の参議院議員の片山《かたやま》さつき（後に内閣府特命担当相）が、主計官時代に書いた「自衛隊にも構造改革が必要だ」と題する論文（『中央公論』〇五年一月号所収）にこんな一文がある。

「防衛装備というのは、発注から完成まで数年かかり、『後年度負担』として予算が拘束される構造になっている。（中略）従来からも、防衛費の財政上のコントロールは防衛大綱の下で、哲学に加え、ストック水準が定められた。その下で、五年分の中期防で、防衛関係費の総額と各種主要兵器のフローの整備量の上限を定め、さらに各年度の予算編成を行う形で行われてきた」

肝心の防衛関係費の中身のチェックについて、片山は〇八年八月、「毎年毎年、整備の内容を査定するということはできにくい仕組みになっています」と明言した上で解説した。

「防衛の予算の本格査定が行われるのは事実上、五年に一度、中期防を査定するとき。本当は中期防の中期見直しが三年に一度あるのですが、先送りしていたから、〇五年の中期防が生きていて、毎年の予算編成では、基本はいじれなかった。中期防も防衛大綱も、その当時のものが生きていて、防衛費の枠がきつくなっても、やれることは毎年の調達を先送りするかどうかくらいでした。一番注目を集めていたのは、次期戦闘機をどれにするかでしたが、逆にいうと、そのことぐらいしかありませんでした。私の後任の主計官たちに聞いても、石油の値上がりで困ったとか、そういう問題だけで、大きな話はなかったと言っていました。もともと防衛関係費の半分は人件費で、いじれる部分というのは本当にわずかでした」

前出の太田が〇八年一一月、予算折衝の実態についても語った。

「大蔵省の主計局も、防衛関係費については何の仕事もしないと思っていました。枠予算だから、仕事をしても何にもならない。削っても、ほかのもので復活してやらなければならないので、そんなくだらないことはしなかった」

天下りや口利きをめぐる疑惑を追及し続けてきた太田が言い添えた。

「予算は全部、ひもが付いていた。特定の武器とか装備だけ精査して削ったりしたら、ひも付き予算を座布団にして天下りする人が困ってしまう」

「査定なしの枠予算」という方式は、裏側にこんな実態が隠されていて、それに手を着けないという暗黙の了解が存在したのも理由となっていたのだろうか。

戦後体制の犠牲者

政府は防衛利権をめぐる守屋の汚職や情報漏洩などの不祥事の続発を重く見た。防衛省改革に乗り出す。福田首相は〇七年一二月に「防衛省改革に関する有識者会議」を発足させた。

本来は汚職の温床となった装備品など、防衛調達の透明性の確保、情報漏洩防止のための情報保全体制の確立、さらに基本原則である文民統制の強化が改革の主眼であった。その場面で、防衛相だった石破は、背広組と制服組の統合を視野に入れた独自の組織再編構想という長年の持論の改革案を持ち出した。

「文民統制は防衛省を背広と制服の混合型の組織にしなければ機能しない。もう一つは防衛力整備の一元化。この二つが防衛省改革です」

石破は主張した。

石破構想は文民統制強化の切り札という意気込みだったが、各方面から批判が噴出した。制服組の権限拡大に内局が強い抵抗を示した。制服組も、幕僚監部の廃止・縮小案の狙いの真意を測りかねて警戒した。首相の福田や自民党の国防族も、理念先行で組織再編傾斜の石破構想に難色を示した。

〇八年七月、有識者会議は福田に報告書を提出した。不祥事防止対策に多くの紙幅を割いたものの、具体的な改革プランは少なかった。形骸化が問題視されてきた防衛参事官の廃止や部隊運用の統合幕僚監部への統合など、小幅にとどまった。

改革効果に疑問の声が上がった。それだけでなく、関連法案の成立はねじれ国会で展望が見えず、しり切れとんぼに終わるおそれもあった。その後、石破は八月の内閣改造で防衛相の座を降りる。福田も九月で退陣した。

懸念は現実となる。次の麻生太郎《あそうたろう》内閣の発足後、防衛省改革は宙に浮いてしまった。麻生政権下で田母神事件が飛び出した。不祥事の続発を契機に防衛省改革が議論されたが、批判や悪評を浴びるような出来事は跡を絶たなかった。

戦後、防衛庁・防衛省が長く「日陰者」扱いされてきたのが第一の原因と見る人は少なくなかった。「憲法でも認められず、いわゆる『平和主義者』や『進歩派』から目のかたきにされ、社会的認知を受けないまま、自民党長期政権の下支え役を引き受けて、日陰で生き延びてきた組織だから、メンバーの気持ちの屈折も大きい」という声は内部からも聞こえてきた。

あいまいな存在だから、本来の任務を遂行する道が閉ざされ、まねごとと「ごっこ」でお茶を濁しながら、見せかけの地位や権限の獲得に血道を上げる。天下り先の確保などの生活互助活動に精を出す。そんなゆがんだ組織が不祥事発生の土壌という指摘は少なくなかった。

そのために、ほかの組織と比べて士気もモラルも劣ってしまい、不祥事が続発する。一方で、不満が鬱積して、「日陰者」扱いの打破を目指そうとするため、制服組がシビリアン・コントロールに挑戦するかのような言動を繰り返す。その結果、不祥事などの事件がしばしば発生するというメカニズムだったのか。

確かに戦後体制は、「護憲派国民」や中国、韓国など近隣諸国への配慮などもあって、建前と本音を使い分け、富国軽軍備路線の下で、解釈改憲による既成事実の積み重ね方式によって、表面を糊塗する安全保障・外交政策を採用してきた。その最大の犠牲者が防衛省（庁）・自衛隊だったといえなくもない。

冷静に振り返れば、全体としてその構図は戦後という時代を生きてきた日本人の総意だったという面も否定できない。結果的に憲法は依然、敗戦直後に誕生したときのままで、誰の目にも実態とのずれが大きいのは明白だった。

問われる「統制する側の論理」

憲法に明文の条項はなくても、自衛隊は今や大多数の国民の支持を得る存在である。政党では与党の自民党、公明党、野党の立憲民主党や日本維新の会、国民民主党はもちろん、旧社会党の生き残りの社民党も、一九九四年七月、首相だった村山富市社会党委員長が衆議院本会議の答弁で自衛隊の合憲を明言した。

憲法の解釈では、自衛隊違憲論は少数派ながら存在する。といっても、第九条第二項の「前項の目的を達するため」という規定などを根拠に、合憲と解釈する立場が、むしろ多数派と見て間違いない。

内閣府大臣官房広報室が実施する「自衛隊・防衛問題に関する世論調査」では、二〇〇七年版の『防衛白書』の段階で、「自衛隊に対する印象」については、一九九七年の調査以降、一貫して「良い」という回答が八〇パーセントを超えていたのだ。マスメディアの多くの世論調査の数字もおおむね同じ傾向であった。

防衛省と自衛隊は社会的に認知された存在と見て間違いなかった。いくつかの制約はあるものの、「日陰者」という扱いではない。「シビリアン・コントロール、専守防衛、海外派兵禁止、非軍事大国などの枠内での防衛省・自衛隊」を求めるというのが「国民の総意」である。

なのに、その現実を軽視して、「日陰者」意識を払拭できず、「国民の総意」を認めたがらない空気と潮流が、実は防衛省・自衛隊の内部に根強く残っていたのである。

本来、シビリアン・コントロールに基づいて防衛省と自衛隊を統制する役目を担っているはずの政治の側にも、同じ空気と潮流が存在する。ナショナリズムは国民に歓迎されるという心理が働く保守派の中には、防衛省・自衛隊の中の「国民に認知されていない存在」と意識する空気と潮流を支持し、現状を覆そうと考える勢力がいる。

「社会的認知を得た防衛省・自衛隊」という現実は、敗戦と現行憲法の誕生からスタートして、違憲論と合憲論の狭間で苦闘しながら、戦後の長い試行錯誤と数々の実験を経て確立し、定着した。その苦闘の軌跡と、それによって生み出された「歴史の知恵」を認めない人たちがいる。

問題は、シビリアン・コントロールをはじめ、確立した制度やルールが厳正・的確に運用されているかどうかである。その決め手となるのは、防衛省と自衛隊の職員、政治家、広く国民全体の政治的な成熟度であろう。二〇〇八年一一月、石破は強調した。

「一番怖いのは、政治家が文民統制とは制服を抑えつけることだと誤解し、制服の側が被害者意識で固まって、ますます距離が離れていくことです。政治家には、防衛の仕事をしたことがなくて、『文民統制って何？』と聞かれて答えられない人が多い。政治の側が思想も政治的立場も明らかにした上で装備や権限について制服組と議論する。それが文民統制の在り方だということを、政治家がどれだけ認識するのか。『統制する側の論理』が問われていると思います」

「文民統制」については、憲法第六六条第二項に「内閣総理大臣その他の国務大臣は、文民でなければならない」という規定がある。憲法の文民に関する規定はそれだけである。

石破は一五年後の二〇二三年六月、インタビューに答え、日本の安全保障にとって最も重要な点として、改めて「文民統制をきちんと確保すること」と強調し、持論を述べた。

「軍隊はその国における比類ない実力を持った組織で、同時に使命感や正義感が強い人たちが大勢いるところです。今の政治は間違っている、苦しい国民の暮らしを省みていないのでは、といった正義感に駆られた大実力者集団が、もしその気になれば、政府なんて、あっという間に倒れてしまう。古今東西、あまたあることです。だから、多重の文民統制の構造が必要なのです。それは人類の知恵と言ってもいい」

それでは、現行憲法の下で、「文民統制」によって、司法・立法・行政の三権が自衛隊をきちんとコントロールする体制が用意されているのかどうか。防衛の分野の実情に明るい石破は、続けてその点に大きな懸念を表明し、今後の重要な課題と訴えた。

「自衛官が国会で何も答弁しない現状では、文民統制の立法によるコントロールができるとは、私は全く思いません。司法によるコントロールは、自衛官の人権を守るためにも必要です。普通の社会で人を殺せば殺人罪。でも有事では国家の任務です。いわゆる戦闘の現場で起こるいろいろな現実を何も知らない裁判官、検事、弁護士によって自衛官が裁かれるとしたら、それは怖くて行動できない。逆に戦前の軍法会議のように、非公開で、弁護人も付かず、一審だけというのも憲法違反になります。最高裁判所を終審とする仕組みを維持しながら、自衛隊審判所というものを作らないと、自衛官の人権は守れない。憲法の議論は行われていますが、この問題も取り上げなければなりません」

シビリアン・コントロールの原則によって、防衛省・自衛隊をコントロールすべき政治と、民主主義の下でその政治を選別する国民に問われているのは、間違いなく「文民統制」の「統制する側の論理」である。

第一〇章

尖閣問題の日中衝突——田中角栄から野田佳彦まで

尖閣諸島の領有権問題

軍事力を背景とした中国の大国主義は高まる一方である。膨張路線と領土的野心は「統治力」を誇示する習近平《シージンピン》国家主席の国内向けのアピールという面もないではないが、それだけにとどまらず、米中対決時代の二大パワーを目指す覇権への野望の表れと映る。

二〇二三（令和五）年三月一三日、中国の国会に当たる全国人民代表大会が閉会した。国家主席の三期目を手にした習は、閉幕式の演説で、「外部勢力の干渉と台湾独立の分裂活動に断固として反対し、祖国統一を揺るぎなく推し進める」と述べ、台湾統一に強い意欲を示した。

その主張を裏づけるように、中国の挑発活動が頻発している。日本の周辺地域では、一方的な「祖国統一」の主張に基づく台湾有事、沖縄県の尖閣諸島に対する中国の実効支配の試みと、それによる日中衝突の危機などが日常化した。

全国人民代表大会の閉会から一七日が過ぎた三月三〇日、中国海警局の艦船三隻が、尖閣諸島の沖合で日本の領海を侵犯した。同様の事態は繰り返し発生しているが、特徴的だったのは、それから八〇時間余り、領海侵犯が継続したことである。

中国が尖閣諸島周辺の日本の領海に、漁業監視船など、政府に所属する公船を初めて侵入させたのは、自民党政権の麻生太郎内閣時代の〇八年一二月だった。以来、中国の船舶による領海侵犯は現在まで続いているが、継続時間で過去最長の記録を塗り替えた。

中国政府は公式に尖閣諸島の領有権を主張したことはない。とはいえ、沖合に船舶を送り込んで、頻繁に日本の領海を侵犯する。尖閣諸島に対する実効支配という形を作り上げるために、何とかして既成事実を積み重ねておきたいという狙いと計算があると見られる。

尖閣諸島は石垣島の北方約一七〇キロの場所に浮かぶ五島・三岩礁の列島群だ。戦前の一九四〇（昭和一五）年ごろ以降は、全島が無人島である。日本の外務省の資料によれば、一八九五（明治二八）年一月、日本政府が閣議決定して、日本の領土に編入された。

戦後の一九四六年一月、ＧＨＱの覚書によって、日本の行政権が停止となる。アメリカによる沖縄の施政が開始した。五一年九月、対日講和条約の調印で、アメリカによる沖縄統治の継続が決まる。尖閣諸島も沖縄の一部としてアメリカの施政権の下に置かれた。

その時点では、北京の中国政府も台湾政府も異議や注文を発していない。アメリカの管理下の尖閣諸島は、米軍の射撃演習場として使用された。

六九年五月、国連アジア極東経済委員会が海洋調査を行った。尖閣諸島周辺の海底に大量の埋蔵量の石油資源が眠っている可能性が報告された。

二年後の七一年六月、佐藤栄作内閣の下で、日米両政府が沖縄返還協定に調印した。返還の対象地域に尖閣諸島も含まれることが返還協定の合意議事録に記述された。

七一年七月、アメリカの大統領補佐官だったヘンリー・キッシンジャーが中国を極秘訪問し、米中和解の道を探る。一〇月、中国の国連復帰が決まった。七二年二月、アメリカのリチャード・ニクソン大統領が訪中し、米中共同声明を発表する。米中関係の正常化が実現した。

米中急接近の動きと並行して、七一年六月、台湾の外交部が初めて尖閣諸島の領有権を唱えた。一二月に、中国政府の外交部も尖閣諸島の領有権を主張し始めた。

田中・周会談で「棚上げ」

七二年五月一五日、沖縄の本土復帰が実現した。沖縄県が発足する。尖閣諸島の施政権も日本に帰属することになった。

七月七日、首相が佐藤から田中角栄に交代した。「日中国交回復」を掲げて自民党総裁選を制した田中は、八月一五日、中国からの招待を受諾する形で正式に訪中を決定した。

九月二五日、外相の大平正芳、官房長官の二階堂進らを引き連れ、北京を訪問した。三〇日まで滞在し、中国の首相の周恩来、国家主席の毛沢東《マオズァドン》と会談した。

北京での田中と周の会談は計四回、行われた。九月二五日から二八日まで毎日一回、午後の時間帯に一時間五〇分～二時間三〇分、話し合った。会場は二五日が人民大会堂安徽庁、二六日と二八日は迎賓館、二七日は人民大会堂福建庁であった。

尖閣諸島の話が出たのは二七日の第三回会談である。情報公開法（行政機関の保有する情報の公開に関する法律）による行政文書開示要求によって開示された文書（文書名は「田中総理・周恩来総理会談記録」）によれば、こんな会話が交わされたという。

「田中総理：尖閣諸島についてどう思うか？　私のところに、いろいろ言ってくる人がいる。

周総理：尖閣諸島問題については、今回は話したくない。今、これを話すのはよくない。石油が出るから、これが問題になった。石油が出なければ、台湾も米国も問題にしない」

さらに、石井明《いしいあきら》・朱建栄《しゅけんえい》・添谷芳秀《そえやよしひで》・林暁光《りんしょうこう》編『記録と考証　日中国交正常化・日中平和友好条約締結交渉』の「証言編　第一部・日中国交正常化交渉」の「2　橋本恕氏に聞く」には、大平外相、二階堂官房長官とともに田中・周会談に同席した橋本恕《はしもとひろし》（当時は外務省アジア局中国課長。後にアジア局長などを経て駐中国大使）が二〇〇〇年四月四日に取材を受けて語った回顧談が収録されている（聞き手・清水幹夫《しみずみきお》）。

「雑談のあと、周首相が『いよいよこれですべて終わりましたね』と言った。ところが、『イヤ、まだ残っている』と田中首相が持ち出したのが尖閣列島問題だった。周首相は『これを言い出したら、双方とも言うことがいっぱいあって、首脳会談はとてもじゃないが終わりませんよ。だから今回はこれは触れないでおきましょう』と言ったので、田中首相の方も『それはそうだ、じゃ、これは別の機会に』、ということで交渉はすべて終わったのです」

田中と周は尖閣諸島の問題には意識的に触れないように努め、交渉の俎上に乗せないことで合意する。その上で、二九日に日中共同声明に調印した。これによって日中の国交が回復した。日中間の懸案と議題について、周が「すべて終わり」と言ったにもかかわらず、田中が最後に「まだ残っている。尖閣は」と持ち出した。それは尖閣諸島の主権または領有権が日本にあることを公式に日中間で確認しておかなければ、と考えたからだと思われる。それに対して、周は「イエス」とも「ノー」とも答えず、先送りを主張した。

田中と周は、何よりも国交正常化の実現が最優先の課題という認識を共有していて、大事の達成には、小事の尖閣問題への深入りは避けるべきだと考えた。その点で一致したに違いない。尖閣問題については「協議回避」という結論で暗黙の合意に達したと見られるが、後述するように、この対応と決着が本質的な議論の「棚上げ」だったかどうか。それが後に長く論議を呼ぶことになる。

日中国交正常化を果たした田中は、七四年一二月まで二年五カ月、政権を担った。後から振り返ると、七二年七月の総裁選勝利の勢いに乗って日中復交を達成した七二年九月下旬が首相としての絶頂期で、以後は下り坂となる。再浮上できないまま、退陣となった。

「日中新時代」への期待

首相は在任二年の三木武夫を経て、七六年一二月、福田赳夫に代わった。三木内閣の裏側で大平との「大福密約」を仕上げて福田政権誕生に貢献したのが園田直《そのだすなお》（元衆議院副議長）である。福田は機略縦横の策士として知られた園田を官房長官に起用した。

一年後の七七年一一月、福田は内閣改造を行い、官房長官を園田から安倍晋太郎に代えた。園田はこの人事には不本意だったが、横滑りで外相に転じた。

日中国交正常化から、そこまでの五年余、日本は七四年の田中辞任、七六年のロッキード事件発覚、三木政権下の政争など、政情不安が続いた。その時代、中国も激動期だった。

七六年一月の周恩来の死没、四月の第一次天安門事件（毛沢東夫人の江青《ジャンチン》ら「四人組」による周恩来追悼デモの弾圧）と鄧小平《ドンシャオピン》（元副首相。後に共産党中央顧問委員会主任）の失脚、七月の鄧の復活、九月の毛沢東の死去、一〇月の「四人組」の逮捕と、大異変が見舞った。その間、日中両国による平和友好条約の締結交渉はたなざらし状態であった。

七七年に入って、日本も中国も、混乱期を脱した感があった。双方で「日中新時代」に期待を寄せる空気が高まった。

他方、自民党内には、親台湾勢力を中心に、反対論や慎重論も根強かった。特に首相の足元の福田派は親台湾勢力の牙城といわれた。総帥の岸信介を筆頭に、灘尾弘吉や藤尾正行らが陣営内にいた。

それを承知で、福田は日中条約の締結に前向きの姿勢を示した。首相就任直後から決意を固め、周囲にその意向をほのめかした。前掲の自著『回顧九十年』で事情を詳述している。

「七八年になって情勢が急変する。七五（昭和五十）年にサイゴンが陥落し、アメリカ軍が撤退してベトナムが統一される。（中略）インドシナ全域を支配する国家が出現することになる。しかもそれは、ソ連の支援を受ける反中国的な国家である。ＡＳＥＡＮ（東南アジア諸国連合＝筆者註）諸国も動揺したが、それ以上に中国は懸念を深めた」

「アメリカ側の態度はどうであったかというと、五月（七八年＝筆者註）の第二次訪米の際、カーター大統領は『成功を祈る』と祝福を与えてくれた。（中略）私はアメリカが日中間の条約締結を大歓迎なことは分かっていたのだが、これは明らかにアメリカが対ソ牽制に『チャイナ・カード』を使うにあたって、日中平和友好条約を一つの重要な要素として考えていることを示すものであった」

アメリカの大統領は民主党のジミー・カーターであった。福田は中ソ対立の激化によるソ連牽制と対日関係改善を求める中国の計算、対ソ戦略から日中接近を歓迎するアメリカの後押しという国際情勢の変化を読み取ったのだ。

七八年二月初め、駐中国大使の佐藤正二《さとうしょうじ》（元外務省事務次官）に対中交渉開始を指示した。二〇日には、衆議院予算委員会で、中断していた条約交渉を「再開する」と言明した。

日中交渉の最大の争点は、国交正常化の日中共同声明にも書き込まれた「反覇権条項」であった。中国側は覇権の確立を求める国としてソ連を名指しすることを狙った。他方、福田内閣の基本方針は全方位外交である。「反ソ」に同調するわけに行かなかった。

条約締結のハードル

福田は日中条約交渉で自民党内の了解を取り付けるのに手を焼いた。台湾支持派が反覇権条項を問題にした。福田は三月二七日、党五役に調整を要請した。党内対立は大きな騒動にはならず、収束するかに見えた。

そんな折、四月一二日に予期しない事件が発生した。百数十隻の中国漁船が尖閣諸島の周りに現れ、領海を侵犯したのだ。外務省のアジア局中国課長だった田島高志《たじまたかし》（後に駐ミャンマー大使、駐カナダ大使）が振り返った。

「国交正常化から条約締結まで長くかかった最大の理由は、反覇権条項の扱いでしたが、尖閣問題は、福田内閣になって起こった問題でした。福田首相の自民党内への根回しが大体、済んだとき、中国漁船が来て大騒ぎになった。タカ派議員が自民党の総務会で、領土問題できちんと中国側の言質を取ってこい、と言い出した」

それ以前は、条約締結の協議や交渉の過程で、尖閣問題が議論になることはなかったという。早期の条約締結を望む中国側は、事件の鎮静化に懸命となる。領海侵犯について、「偶発的出来事」と釈明した。

福田は条約締結交渉について、外相の園田に対して、簡単にはゴーサインを発しなかった。官房長官を交代させた七七年一一月の内閣改造のころから、福田と園田との「すき間風」が目立ち始めた。

福田は七八年の五月三日から訪米した。前述のとおり、カーター大統領から日中条約で「成功を祈る」と後押しを得た。福田は帰途、ハワイで「早期条約締結」を表明した。

帰国後、自民党内の最終調整に力を注いだ。党内の台湾支持派やタカ派は党の総務会で中国非難と条約慎重論を言い立ててきたが、総務会は二六日、「中ソ対立への不介入」「領土等の国益の守護」などの方針を示して締結交渉の再開を了承した。

七月一九日、外務省のアジア局長の中江要介《なかえようすけ》（後に中国大使）、田島ら、交渉団が北京入りする。二一日から交渉が始まった。

外務省は中国側の積極姿勢を認識していたが、反覇権条項など、未解決の課題があり、条約締結の確証はなかった。首相の福田と外相の園田の間の「すき間風」も影を落とした。福田は条約締結を決断していたが、交渉の取りまとめと条約の調印を園田にゆだねるのかどうか、ぎりぎりまで態度を明らかにしなかった。

福田には、日中条約締結という大仕事は、園田の手柄ではない形に、という気持ちが消えなかった。「外相訪中拒否」の気配に気づいた園田は、福田に「辞任」をちらつかせて対抗する。政権の舞台裏で、首相と外相の神経戦が展開された。

園田は八月六日、福田の静養先の箱根プリンスホテルに向かった。福田は園田と顔を合わせると、「いつ行くのかね」と自ら切り出した。外相訪中の容認を決めていたのだ。

「福田は園田に対し、『①福田内閣の外交は全方位平和外交が基本であることを中国側に明確に伝える　②第三国条項はソ連に対するものではない　③内政不干渉　④尖閣列島は日本固有の領土であり現実的に支配していることを貫く』――などの条件をつけて、それが満たされるなら妥結に踏み切ってもよいと指示した」（清宮龍《きよみやりゅう》著『福田政権・714日』より）

第三国条項とは、反覇権の対象国として第三国、つまりソ連を特定するかしないかという問題であった。

日中平和友好条約調印

園田は八日に訪中した。九日に中国の黄華《ホワンホア》外相との協議に臨む。同席した田島が証言した。

「大臣が訪中する前の交渉で、第三国条項だけが未解決で残っていました。条約の条文の書き方をどうするか、最終交渉で大臣に片付けてもらうことになった。こちらから三案を出した。黄華外相との二回目の会談で、三案の中で日本が最も希望する案に賛成する、と向こうが言ってきました」

一〇日、園田と鄧の会談が実現した。鄧は一年前の七七年七月から中国共産党副主席・国務院常務副総理（副首相）の座にあり、事実上の中国の最高指導者であった。会談の場面を、園田が自著『世界　日本　愛』で回顧している（以下は「〔付録〕『鄧小平副主席のタン壺』＝インタビュー・『週刊文春』編集部」より）。

「会談で一番苦労したのは、尖閣列島の領有権を何時どういうタイミングでいい出すかという、その一点だけでした。尖閣列島問題については、こんどの話しあいの中では持ち出すべきではない、というのが私の基本的な考え方でした。（中略）尖閣列島は昔から日本固有の領土で、すでに実効支配をやっている。それをあえて日本のものだといえば、中国も体面上領有権を主張せざるをえない。国益からして、こちらからいい出すべきことではないのです」

ところが、東京から電報で、鄧との会談で白黒をつけろとしきりに言ってきた。仕方なく園田は会談で尖閣問題を持ち出した。

「実はもう一つ、日本の外務大臣として、言わなければ、日本に帰れないことがあります」と鄧に告げた。園田の回想の続きはこうだ。

「鄧小平さんは、『わかってる、わかってる。わかっているから、あんたの言うこと黙って聞いているじゃないか』と言うんですね。(中略) 万が一にも鄧小平の口から、『日本のもんじゃない』とか『中国のもんだ』なんていう言葉が飛び出せばおしまいですからね。もう、こう身を固くしてね……そしたら、『いままでどおり、二十年でも三十年でも放っておけ』という。言葉を返せば日本が実効支配しているのだから、そのままにしておけといっているわけです。で、それを淡々と言うたから、もう堪りかねて、鄧さんの両肩をグッと押えて、『閣下、もうそれ以上いわんで下さい』」

わきで聞いていた田島が、その場面を振り返って語った。

「鄧小平は自分でどんどん話をする人で、尖閣の話も自分から持ち出した。『両国はこれから仲良くしなければならないけど、問題がないわけではない。例えば尖閣の問題がある。だけど、現代の世代で知恵がなければ、次の世代に延ばせばいい。次の世代でだめなら、その次の世代に任せればいい』という言い方をしたのです」

七八年の日中平和友好条約締結交渉の過程で、尖閣問題が取り上げられ、両国間で「棚上げ」という話に至ったのかどうかが、その後、大きな政治問題になった。

棚上げは「一時保留して解決・処理を延ばす」という意味で、問題が未解決であることを前提とした表現だ。領土問題はないと主張する日本側は棚上げを認めるわけには行かない。

園田・鄧会談で「棚上げ」という言葉が出たかどうか。田島が続ける。

「公開はしていませんが、私は全部メモを取っています。鄧は園田外相との会話で『放っとけばいい。数年でも数十年でも一〇〇年でも、わきに置いておけばいい』と言ったのです」

微妙な表現だが、鄧は「棚上げ」とは言わなかった。園田も文句はつけない。日本側は棚上げには合意しなかったのだ。

日本以上に条約の成立に積極的だった中国は、締結交渉で懸案だった反覇権の第三国条項では最終的に大幅に譲歩した。交渉は妥結し、八月一二日に園田は北京の人民大会堂で日中平和友好条約に調印する。一三日に帰国した。

条約締結後、批准書交換のために、鄧が一〇月に来日した。二五日に日本記者クラブで行われた記者会見で尖閣の帰属問題について聞かれ、答弁した。「文責・日本記者クラブ編集部」の会見録では――。

「両国政府が交渉する際、この問題を避けるということが良いと思います。こういう問題は、一時棚上げにしてもかまわないと思います。一〇年棚上げにしてもかまいません」

鄧は記者会見で終始、中国語で話をした。日本語に訳した中国側の王效賢《ワンシアオシエン》という通訳が「棚上げ」という単語を使ったのである。

尖閣沖の衝突事件

日中平和友好条約の締結から三二年が過ぎた。日本では福田以後、九三年まで一五年間、自民党政権が続いた。その後、非自民連立政権、自民党と社会党とさきがけの三党連立政権を経て、再び自民党首相の時代となる。九六年から二〇〇九年まで一三年八カ月の自民党政権の後、〇九年から民主党を中心とする連立政権が初めて誕生した。

一方、中国は、鄧の時代が一九八九年一一月に終わる。以後、二〇〇二年一一月まで一三年間、江沢民《ジャンズァミン》（党総書記・国家主席）がトップの座を担った。その後、胡錦濤《フージンタオ》（同）の政権が続いているときであった。

二〇一〇年九月七日、尖閣諸島の沖で、日本の海上保安庁の巡視船と中国の漁船が衝突するという事件が起こった。日本の政権担当者は、〇九年九月から一〇年六月まで首相だった鳩山由紀夫《はとやまゆきお》に続いて、二人目の民主党首相の菅直人《かんなおと》であった。

菅は首相就任の三七日後に行われた参院選で敗北を喫し、参議院で与党の過半数割れによる「衆参ねじれ」を招く。登場一カ月余で政権は「死に体」状態を余儀なくされた。

九月一四日に任期満了による民主党代表選挙が予定され、前幹事長で元代表の小沢一郎が対立候補に名乗りを上げた。一騎打ちの決戦となる。与党内が民主党代表選で一色になっているとき、漁船衝突事件が発生したのだ。

一五人の中国人が乗り組む中国のトロール漁船が海保の巡視船二隻に体当たりした。八日、那覇の第一一管区海上保安本部は、立ち入り検査を妨害するために衝突させたという公務執行妨害の容疑で漁船の船長を逮捕した。

菅内閣発足以来、官房長官の座にあった仙谷由人《せんごくよしと》（後に法相、民主党代表代行）が記者会見を行った。「『尖閣諸島については領土問題は存在しないというのが日本の立場だ。違反の程度を考慮のうえ、わが国の法令に基づいて厳正に対処する』と述べた。逮捕まで半日以上かかった理由については、『（公務執行妨害という）初めての事案で手続きに時間がかかった』と説明し、外交的な配慮は否定した。日中関係への影響については『エスカレートしないようにしようと中国大使らと話し合っている』と語った」という（読売新聞「民主イズム」取材班著『背信政権』より）。

中国側は「漁船と漁民の拘束は違法」と強く反発する。駐日大使館を通じて外務省に抗議した。中国では、外相が日本の駐中国大使を呼び出して船長らの即時無条件解放を要求した。

九日、沖縄県石垣市の石垣海上保安部が船長を送検する。船長以外の船員は一三日に中国に帰国した。

一四日、民主党代表選で菅首相が小沢を破って再選を遂げ、政権継続を果たす。菅は一七日に内閣改造を実施した。衝突事件発生時に海保を所管とする国交相だった前原誠司を外相に起用した。官房長官の仙谷は留任した。

一九日、石垣簡易裁判所は逮捕された中国人船長の拘留延長を認めた。中国側は対日強硬姿勢を露骨に示す。「強烈な報復措置」と警告を発して、実際に次々と対抗手段を繰り出した。

二〇日、中国側の招請による約一〇〇〇人の万博視察の青年訪中団が訪問中止の通告を受けた。他方、中国の石家荘《シージャージュアン》市で、日本のゼネコン会社「フジタ」の日本人社員四人がビデオ撮影によるスパイ容疑で拘束された。

二一日、国連総会出席のために訪米中だった中国の温家宝《ウエンジャーバオ》首相がニューヨークで「即時無条件釈放」を唱える発言を行った。二三日には、中国が日本製品の部品に必要なレアアース（希土類）の対日輸出停止を通告したことが判明した。中国の対日圧力は予想以上だった。

一方、同じく国連総会に出席するためにニューヨークにいた日本の前原外相は二三日、当時のバラク・オバマ大統領の政権で国務長官だったヒラリー・クリントンと会談した。尖閣諸島と日米安保条約の問題についてアメリカ側の見解を確認するという行動に出た。

中国は過去三〇年で目覚ましい経済発展を遂げた。中国政府が発表する経済統計を信用した場合、中国のGDPは、日中条約締結の一九七八年には米ドル換算で約一四九五億ドルだった。三二年後の二〇一〇年には約六兆八七〇億ドルに達した。

対して、日本のGDPは、一九七八年には約一兆一四〇億ドルで、中国の約六・八倍だったが、二〇一〇年は五兆七五九〇億ドルである。中国は一〇年に初めて日本を抜いてアメリカに次ぐ世界第二位の経済大国に躍り出た。

経済力と軍事力を背景に、中国は強気一辺倒である。日中間の緊張が激化し、外交関係悪化だけでなく、安全保障の面でも、一触即発の危機という空気となった。

事態を重く受け止めた菅内閣は二四日、事態の収拾に動き始めたと見られる舵取りに転じた。

検察首脳会議での協議を経て、那覇地方検察庁は処分保留のまま、中国人船長を釈放すると発表した。那覇地検の次長検事が記者会見で説明した。

「『故意に衝突させたことは明白だ』『巡視船の乗員が海に投げ出される恐れのある危険な行為だった』と強調した。一方で、①巡視船には航行に支障が生じるほどの損害はなく、負傷者もいない、②追跡を逃れるためとっさにとった行為で計画性は認められない――とし、『わが国国民への影響や今後の日中関係も考慮すると、身柄を拘束して捜査を続けることは相当ではない』と釈放の理由を説明した」（前掲『背信政権』より）

石垣市の八重山警察署に拘置中の中国人船長は二五日に中国に送還された。

事件対応の落としどころ

官房長官だった仙谷は次の野田佳彦《のだよしひこ》首相の下で行われた一二年一二月の衆院選で落選し、政界を引退した。弁護士に戻った仙谷は、尖閣沖の漁船衝突事件から約三年が過ぎた一三年九月一九日、時事通信のインタビューを受け、事件の経緯と中国への対応について、内幕の一端を回想した（一三年九月二三日報道）。

「法務事務次官と私が会う時間が大変長くなった」

「次官に対し、言葉としてはこういう言い方はしていないが、政治的・外交的問題もあるので自主的に検察庁内部で（船長の）身柄を釈放することにやってもらいたい、というようなことを僕から言っている」

二〇一〇年は一一月七日から一四日まで、横浜市で「2010年日本APEC横浜」の開催が決定済みだった。一三日と一四日に首脳会議が設定され、アメリカのオバマ、中国の胡錦濤らの出席が予定された。仙谷はこの点にも触れた。

「中国が来ないとどうするのか。これは菅氏も大変焦りだした。『解決を急いでくれ』というような話だった」

仙谷は一八年一〇月に故人となった。生前、日本財団が設立した公益財団法人ニッポンドットコムのサイトで、東大総合文化研究科教授の川島真《かわしましん》（ニッポンドットコム編集企画委員）のインタビューを受け、ここでも尖閣沖の衝突事件について、告白している（ニッポンドットコム「尖閣国有化から5年：漁船衝突事件を振り返って」一七年一一月一五日公開）。

「実は（民主党政権は）それまで、麻生内閣の時代に海保が『逮捕マニュアル』を作っていたとは知らなかった。それは中国の海洋進出に対抗するということを目的化したものではなくて、中国漁船の違法操業をどうやって取り締まるかのマニュアルであるという理解だ」

「あの時、中国は『日本の政府が決断、決定すれば、船長を釈放することなどわけないではないか』という立場をとってきた。しかし、日本の場合『逮捕して72時間』までは政府の政治的な判断の余地はあるが、送検されて裁判所が勾留を決定して以降は、行政が『どういう風に扱え』などと関与することは絶対にできない。これを（中国は）分かってくれない」「結局、どこかで折り合いをつけないといけない。世論はこの問題で、強く出れば出るほど支持するけれども、それでは落としどころが分からない。菅首相もどこかで落とすことを考えろと、訪問先の米国から言ってきていた」

衝突事件が起こった直後、先述のように、仙谷は「尖閣諸島については領土問題は存在しない」と原則論を表明したが、大きな外交問題に発展しないように、一方で秘密裏に現実主義的な対応策を探った。

事件発生直後の一〇年一〇月から一一年九月まで菅内閣で内閣官房参与を務めた松本健一《まつもとけんいち》（麗澤大学教授・評論家）が、首相官邸内での目撃体験も踏まえて、著書『官邸危機――内閣官房参与として見た民主党政権』で、仙谷の対応姿勢を解説している。

「小泉内閣当時、何度も尖閣周辺の領海侵犯が起きたさい、中国漁船員などを逮捕しながら外交問題にせず、強制送還した政権与党の手法を知っていたからである。たとえば、二〇〇四年三月、中国人の活動家七人が尖閣諸島に上陸したさいも、小泉首相は『日中関係に悪影響を与えない大局的な判断』から、かれらを逮捕したものの、起訴せず、強制送還を行っていた。仙谷はその先例にならおうとしていたのである。ところが、国家統治の経験がなく、外交は外交問題にしてしまったら失敗だという発想がなかった菅直人首相や前原誠司外相（岡田氏の後任）は、あくまでも原則論を主張し、『国内法にのっとって粛々と裁判にかける』、という発言に終始した」

前原誠司「一〇年後の証言」

漁船衝突事件から一〇年が経過した。一二年一二月の衆院選による民主党の下野と自民党の政権復帰によって、野田政権の崩壊、二期目の安倍晋三内閣の発足と、政治が大きく動いた。その後、安倍長期政権が終結間近となった二〇年九月、事件発生直後に国交相から外相に転じた前原が、産経新聞のインタビューで、当事者の一人として当時の政権中枢の動きを振り返った（以下は、産経新聞のＷＥＢサイト「産経ニュース」二〇年九月八日公開の「前原誠司元外相『菅首相が船長を〈釈放しろ〉と言った』」より）。

「海上保安庁の鈴木《すずき》久泰《ひさやす》長官から報告を受け、その日のうちに衝突時の映像を見た。極めて悪質な事案だということで、長官の意見を聞いたら『逮捕相当』ということだった」

衝突時の映像とは、漁船が巡視船に衝突した際の一部始終をビデオ撮影した映像で、事件の発生当初から海保は、計四四分超に及ぶ全場面の映像を手にしていたのである。この映像を海保は非公開とした。例外的に、国会からの提出要求に応じて、三〇人の与野党の衆参議員だけに開示されたが、一般には映像の存在も知らされていなかった。

ところが、事件発生の二カ月後の一一月四日、インターネットの動画サイト「ユーチューブ」にこの映像が流出した。海上保安官の一人がインターネットへの投稿を認めた。

この動画によって、海保の巡視船に漁船をぶつけてきた中国人船長が泥酔状態だったことが世界中に知れ渡った。当初、流出ビデオは捏造の偽映像では、と疑念を呈していた中国も、本物と判断してからは、それまでの対日強硬姿勢をトーンダウンさせ始めた。帰国した漁船の船長を英雄視していた時期もあったが、すぐに扱いを変えた。

前原は前掲の産経のインタビューで、続けて一〇年九月七日の仙谷とのやり取りを明かす。

「ただ、外交案件になり得る問題なので、私から仙谷由人官房長官に『海保長官から逮捕相当という意見が上がっている。私も映像を見たが、逮捕相当だと思う。あとは外交的な問題も含め官邸のご判断をお願いしたい』と伝えた」

前原の「一〇年後の証言」は大きな話題となったが、それは以下の発言が注目を集めたからである。前原は菅とともに国連総会に出席するために一〇年九月下旬に訪米した。出発前の打ち合わせで、外務省の幹部らとともに首相公邸に呼ばれた。

「そのとき、菅首相が船長について、かなり強い口調で『釈放しろ』と。『なぜですか』と聞いたら『（11月に）横浜市であるＡＰＥＣ（アジア太平洋経済協力会議）首脳会議に胡錦濤（中国国家主席）が来なくなる』と言われた」

「私は『来なくてもいいじゃないですか。中国の国益を損なうだけだ』と言ったが、『オレがＡＰＥＣの議長だ。言う通りにしろ』ということで流れが決まった。仙谷氏に『菅首相の指示は釈放ということです』と報告した」

前原はこの場面でもう一つ、自身の理念に基づく思い切った行動を実行に移した。

「当時、オバマ米政権は米国の対日防衛義務を定めた日米安全保障条約第5条を尖閣に適用すると言っていなかった。訪米した私はクリントン国務長官との会談前日、ニューヨークの日本総領事館に東アジア担当のキャンベル国務次官補を呼んだ。20年来の知り合いだ」

アメリカ海軍出身のカート・キャンベルはハーバード大学助教授などを経て、ウィリアム・クリントン大統領の政権でアジア・太平洋担当の国防副次官補となった。〇七年に安全保障問題のシンクタンク「新アメリカ安全保障センター（CNAS）」を設立して最高経営責任者に就任した後、〇九年六月からオバマ政権で東アジア・太平洋担当の国務次官補となった。中国にも人脈を持つ知日派のアメリカ人である。

わざわざニューヨークに呼び出した前原がキャンベルとの密談の中身を打ち明ける。

「こうした事件が今後あるかもしれないと思い、『尖閣への5条適用を言ってほしい』と頼んだら『分かった』と。彼はその代わり『これ以上、ことを荒げるなよ』とも言っていた。そして翌日、クリントン氏は5条適用と言った」

一〇年間、闇の中で眠ったままになっていた政権内の舞台裏の動きを、前原は自分流の分析と解説で明るみに出した。これに対して、当時、首相だった菅は、前原のインタビューが掲載された日の午後八時一八分に行ったツイッター上での投稿で反論を述べている。

「尖閣諸島は我が国固有の領土であり、尖閣諸島をめぐり、解決すべき領有権の問題は存在していない。尖閣中国漁船衝突事案は、中国漁船による公務執行妨害事件として、我が国法令に基づき、厳正かつ粛々と対応したものである。指揮権を行使しておらず、私が釈放を指示したという指摘はあたらない」

結論となった最終決定だけを取り出した回答で、用意された公式論と建前論にすぎず、これでは政治上の選択と決断の真実は伝わってこない。

事件の三カ月前の一〇年六月まで鳩山内閣で官房副長官を務め、その後、一三年七月まで民主党の参議院議員の座にあった松井孝治《まついこうじ》（現慶応義塾大学教授）が、二〇年一〇月一六日放送のニッポン放送「飯田浩司のOK！　Cozy　up！」に出演して、民主党政権の首相官邸内での経験を基に、独自の視点で真相の解明を行っている（番組の表題は「尖閣漁船衝突事件の真相─仙谷由人氏が墓場まで持って行ったこと」）。当時、事件発生の直後に、菅首相の判断で、一転して船長を釈放すると決めた点を取り上げて、松井は説く。

「『それはおかしい』というのが前原さんの基本的な考え方です。その前原外務大臣を外して、官邸が引き取り、亡くなられた仙谷由人先生が責任者になられて、菅（かん）さんがその指示を出され、最終的にその船長を釈放するということになったのです」

「なぜ前原さんが外されたのか。（中略）前原さんは彼の人脈を駆使して下交渉をし、尖閣が日米安保第5条の対象であると。『尖閣は日本の領土であり、日本の領土を守るという意味でアメリカは協力するのだ』という言葉をクリントン国務長官から取ったのです。これがおそらく中国側を刺激したのです」

「要するにこの事件をめぐって一歩前に進めて、実効支配をさらに強化したと。もちろんないのです。おそらく菅元総理の指示のもとで、『前原では問題解決しないから、仙谷さん頼む』と言われたのではないかと推測されるのですが、菅さんは『よく覚えていない』とおっしゃっているので、わからないのです」

尖閣国有化に中国が猛反発

民主党政権での尖閣をめぐる日中衝突は、一〇年九月の事件だけでは終わらなかった。

菅首相は以後も政権を担い続けたが、一一年三月の東日本大震災に伴う東京電力福島第一原子力発電所の大事故、「衆参ねじれ」の下での政権運営の迷走などが重なる。一一年八月、在任一年三カ月で退陣に追い込まれた。

〇九年九月の政権交代から二年間で実に三人目となる野田首相が登場した。野田政権が尖閣諸島の国有地化を実行したところ、中国で反日の嵐が吹き荒れ、日中関係は一触即発の危機に直面したのだ。

野田は民主党政権の初代首相の鳩山の時代、アメリカの対日不信が高まり、日米間に不協和音が目立った点を重く見て、日米関係の立て直しに懸命となった。他方で、菅内閣での尖閣沖の漁船衝突事件以後、冷え込んだ中国との関係も気掛かりだったが、対中関係の修復は簡単ではなかった。

首相就任から約一年後の一二年九月二九日に、田中内閣時代の日中国交正常化から四〇年を迎える。野田は「記念の四〇年」をカードに、日中関係の好転を、と考えた。

ところが、異変が生じる。内閣発足から八カ月余が過ぎた一二年四月一六日、東京都知事の石原慎太郎《いしはらしんたろう》（元運輸相。作家）が突然、アメリカのワシントンにあるヘリテージ財団での講演で「東京都の尖閣諸島購入」を表明した。対中強硬派として知られた石原は、全国からの寄付金を購入資金にして、私有地だった尖閣諸島三島を買い取る計画を立てた。

野田内閣は急遽、対策を協議する。五月一八日、野田は東京都による購入ではなく、国有地とする方針を打ち出し、購入の交渉を開始した。

中国側の反応は、しばらくは明確ではなかった。日本では、中国政府は国有化を容認するのではないかという楽観論もないわけではなかった。

実際は違った。九月九日、野田はロシアのウラジオストックで開催されたＡＰＥＣ首脳会議で中国の胡錦濤国家主席と顔を合わせた。胡は野田に向かって、「国有化は不法で無効。断固反対」と明言したという。

野田は五月以来の検討の結果、尖閣諸島の国有地化を決断済みだった。九月三日に地権者との間で買い取りの合意が成立したのを受け、一〇日に政府関係閣僚会議を開いて尖閣諸島三島の購入を決定する。一一日に所有権の移転登記を終えた。

中国で反日の動きが火を噴いた。各地で激しいデモが起こる。中国国内の日本企業の工場やスーパーマーケットが襲撃され、日本人への暴行事件も発生した。

野田は三カ月後の一二月、自ら行った衆議院解散・総選挙で大敗する。在任一年四カ月弱で政権の座を降りた。

それから一年九カ月後の一四年九月、インタビューを受けて、尖閣諸島国有化を含む首相在任時の外交・安全保障問題での舵取りについて、体験に基づいて回顧した（『週刊東洋経済』二〇一四年九月二七日号掲載「中韓のわなに自らかかるな――首脳外交の内幕と安倍政権への直言」）。

「中国とは就任当初は関係がよかったが」と述べ、石原都知事がワシントンでの講演で尖閣諸島の買い取りを発表したことについて、「日中関係の潮目が変わったのは、まさにそれだ」と明言して、尖閣諸島の国有化を決断した事情と経緯を語った。

「私は、東京都が尖閣諸島を買い取った場合には、（船だまりの設置などで）深刻な状況が生まれるのではないかと考えた。そのため、国有化に向けた交渉を水面下で進めるように政府に指示をした。（中略）その後に石原都知事とも話し合いをして、私の腹は本当に固まった」

急いで国有化を実行する必要はなかったのでは、という声もないわけではなかった。それに対して、野田は「判断ミスと言われることもある。だが、それは違う」と断言して、国有化に合意した六日後のAPEC首脳会議での胡錦濤との接触の場面を詳述する。

「その直前に中国雲南《ユインナン》省で地震が発生したことに対するお見舞いを胡主席に伝えようとして声をかけたら、国有化について極めて厳しく、批判された。胡主席は私の言葉には答えず、国有化を強い調子で批判した。能面のように無表情で、目を合わせないままの抗議だった」

野田はインタビューで国有化を急いだ理由を説明している。

「一つは地権者がわれわれより石原都知事との関係が深いこともあり、突然の心変わりをリスクと考えたためだ。国有化の決定を先延ばししてよいことはないと判断した。また、国有化といっても、もともと領有権の問題ではなく、国内の所有権の移転だ。いちいち海外の首脳の了解を求める話ではない。だから粛々と手続きを進めた」

尖閣諸島をめぐる安全保障の環境は、野田内閣による国有化から一一年が過ぎた今も、好転するどころか、悪化と緊張の激化がさらに深まった感がある。一九七二年の国交正常化以来、半世紀以上にわたって、日中両国が積み重ねてきた「尖閣問題の知恵と教訓」を、今後、生かすことができるかどうか。瀬戸際の攻防が続く。

第一一章

日米同盟と集団的自衛権——安倍晋三の挑戦

日米安保再定義の試み

三年三カ月で幕となった民主党政権の後を担ったのは、二〇一二（平成二四）年九月に自民党総裁に返り咲いた安倍晋三元首相だった。〇六年九月に第一次内閣を担った安倍は、〇七年七月の参院選敗北に体調悪化が重なり、在任一年で一度、政権を手放した。約五年で復活を果たす。一二年一二月の衆院選で政権交代を実現して、二度目の首相の座を手にした。

衆議院議員初当選は一九九三年七月だった。それ以来、安倍は正面から憲法改正を唱え続ける筋金入りの改憲論者である。

九四年一〇月、野党だった自民党は、後藤田正晴を会長とする総裁直属の党基本問題調査会を新設した。その中の「理念・綱領・党名に関する小委員会」で党綱領などの見直しの検討を始めた。後に安倍側近となる衛藤晟一《えとうせいいち》（後に内閣府特命担当相）が当時を振り返った。
「後藤田さんが新綱領に『憲法改正を入れない』と言った。安倍さんは『冷戦終結後、国造りに取り組むとき、これからの日本にふさわしい憲法を考えるべきで、新綱領で憲法改正を降ろすのは、改革をやらないことになる』と訴えた。理路整然と明確に主張する人だと思いました」

安倍は六年後の二〇〇〇年七月から〇三年九月まで、森喜朗内閣と小泉純一郎内閣で官房副長官を務めた。〇一年九月のアメリカでの同時多発テロの後、〇三年七月にイラク特措法が成立した。衛藤の回顧談が続く。

「そういう状況で、安倍さんは相当早くから、アメリカのアーミテージさんやナイさんから、『日本が施政権下にある地域の防衛をきちんとやっていないと、アメリカはやらないよ』という趣旨のことを言われました」

元国務省副長官のリチャード・アーミテージと、元国防省次官補でハーバード大学教授のジョセフ・ナイは、二〇〇〇年一〇月に対日外交の指針を示す政策提言「アーミテージ・ナイ・レポート」などを策定した知日派アメリカ人である。

ナイは安倍が官房副長官となる四年半前の一九九六年四月一七日、当時の橋本龍太郎首相とアメリカのウィリアム・クリントン大統領が共同で打ち出した「日米安全保障共同宣言——21世紀に向けての同盟」の策定で中心的な役割を果たした人物であった。

この共同宣言は「日米安保再定義」という言葉で歴史に刻まれた。東西冷戦の終結で、「共通の敵」のソ連が消滅した後の日米安保条約と、それを基盤とする日米同盟の位置づけを見直し、新たな同盟関係をどう構築していくか、その点を両国が協議して合意した文書である。

この再定義という動きはどんな経緯で始まったのか。

「われわれの認識では議論の出発点はアメリカ側にあったということです」

防衛庁長官官房の企画官だった髙見沢将林《たかみざわのぶしげ》（後に防衛省防衛政策局長を経て内閣官房副長官補）は振り返った。この問題に携わった外務省で北米局日米安全保障条約課長だった梅本和義《うめもとかずよし》（後に北米局長を経て駐イタリア大使、国際交流基金理事長）が事情を解説した。

「九四年の九月にナイさんが国防次官補になったのがきっかけですね。それまでクリントン政権は国内問題ばかりに目が行っていて、日米安保への関心は薄れていた。これではいけないということになった」

ナイは一〇月、日本通でハーバード時代からつきあいがあったエズラ・ヴォーゲル教授を連れて来日し、外務省北米局長だった時野谷敦《ときのやあつし》（後に駐タイ大使）ら関係者と会談した。これが再定義をめぐる交渉の公式の出発点だったとされている。

その後、九五年二月にアメリカ国防総省は「東アジア戦略報告」（ＥＡＳＡ）を発表した。日米など二国間同盟の重視、冷戦後の日米安保の必要性、アジア太平洋をはじめとする平和と安定の維持などを唱えた。ナイ提案に基づいて作成されたため、「ナイ・イニシアティブ」と呼ばれた。

日米両国の懸念と思惑

日米交渉はナイ提案がきっかけだったが、再定義はアメリカ側の事情だけで提唱されたわけではなかった。日本側からの働きかけもあった。

九四年八月、当時の村山富市首相の諮問機関の防衛問題懇談会が出した報告書を見て、アメリカは日本の姿勢に疑念を抱き、行動を起こす気になったという。懇談会のメンバーだった青山学院大学教授の渡邉昭夫（後に平和・安全保障研究所理事長）が事情を説明した。

「報告書では、日米安保よりも先に、国連や多国間安保について触れた。これを読んで、日本は日米安保を軽視し始めたのでは、と懐疑的になり、九月に日本の本意を探るためにペンタゴンから若手研究員が飛んできました。その結果をナイさんに報告したのです」

アメリカ政府は日本の「アメリカ離れ」を警戒し始めた。一方、防衛庁ＯＢの最高実力者といわれた元事務次官の西広整輝も水面下で動いた。その前から、冷戦終結という世界の変化に対応して日米安保の役割や位置づけをはっきりさせる必要があるとアメリカ側に訴えてきた。西広が振り返った。

「私は冷戦が終わる五年前からずっと言い続けてきたのです。このままだと安保は空洞化するという私の危機感とナイさんの考えが一致した。大事な点は、同盟国としてチャレンジすべき目標をはっきりさせようということでした」

西広の危機感の底流には、当時、「アメリカの世論のかなりの部分が日米安保の重要性に疑問を抱いている」という状況認識があった。西広が続けて強調した。

「アメリカは世界の安全保障を一人で背負ってきたけど、ソ連のようなアメリカにとって直接、脅威になる国がなくなったのだから、日本から手を引いてもいいのでは、というわけです。政府や政治家のレベルは安保の重要性を認識していても、一般国民レベルはそうではなかった」

世界最大の債務国のアメリカがなぜ世界最大の債権国の日本の防衛を引き受けなければならないのか、という素朴な疑問が、アメリカ国民の間には根強く存在した。

日本側には、冷戦終結後、高まってきたアメリカの「日米安保離れ」への危惧があった。外務省の梅本も安保の必要性を訴えた。

「日米安保がなくなれば、自衛隊では安心できないということで、日本は軍事力を増強せざるをえなくなる。アジア諸国は警戒します。ですから、アメリカに出ていかれて困るのは日本ということになる。何とかこの地域に関心を持ち続けてもらわなければならない。そのために日本にもそれなりの努力が必要になったわけです」

アメリカをつなぎ止めておきたい日本政府と、日本の日米安保軽視を危惧するアメリカ政府の思惑が一致した。

そのとき、外務省はなぜ安保政策でアメリカのつなぎ止めに躍起になったのか。日米関係最優先という原則ももちろんだが、それだけでなかった。日米安保は総合調整官庁といわれる外務省の数少ない国内拠点だった。事情に詳しい渡辺が当時の現状を解説した。

「日米安保の交渉では、防衛庁は限られた防衛問題にしかコミットさせてもらえなかったのです。外務省は防衛庁を一人前の役所として扱わない。交渉の日本側の窓口はあくまでも外務省北米局です。省庁間の縄張り意識が国政の重要な場面に出てくるのはまずいと思いますが、主導権は完全に外務省が握っていました」

アメリカ側で交渉相手を務めるのは国防総省である。外務省にとって日米安保は戦後一貫して最重要課題であり、最大の縄張りであった。

社会党首相の誕生

日米安保再定義の動きが出てきた事情として、もう一つ見落としてはならない点があった。日本に社会党の首相を擁する政権が発足したことである。

再定義の交渉が始まる二カ月余り前の九四年六月三〇日、自民党・社会党・さきがけの三党連立の村山内閣が誕生した。社会党委員長の村山は七月一八日、国会で初の所信表明演説を行い、「日米安保条約は堅持します」と明言した。二日後、衆議院での代表質問に対する答弁で、

「専守防衛に徹し、自衛のための必要最小限度の実力組織である自衛隊は憲法の認めるものであると認識しています」と表明した。

社会党が安保政策、自衛隊問題などについて基本路線の大転換を敢行した。防衛問題懇談会の報告書が出たのはその直後であった。二カ月後に再定義の交渉が公式に開始した。九五年一月に村山・クリントン会談があり、翌月、国防総省から戦略報告が発表になった。

この符合は偶然ではなかった。長い間、最大の安保反対勢力だった社会党の変身を見て、チャンス到来と受け止め、作業に着手した、と見るのがむしろ自然である。こうして日米安保再定義の仕掛けが動き始めた。

作業は順調に運んだ。一一月一六日に大阪で開催されるＡＰＥＣに出席するため、クリントンが来日することになった。閉会後の二〇日に行われる二度目の村山・クリントン会談で再定義計画を決着させることが決まった。ゴールは日米首脳会談と見定めて、再定義のための日米共同文書の作成が始まった。

九五年夏にアメリカ側の草案が出来上がる。日本側に提示された。外務省も防衛庁も大筋で合意し、対案を示す直前まで行った。

そこで思わぬ誤算が生じた。九月四日、沖縄の米軍基地所属の兵士による少女暴行事件が発生した。再定義よりも先に日米地位協定の運用改善問題を解決しなければならなくなった。

他方、沖縄の事件が大きく報道されたこともあって、逆に国民の間では、安保問題に対する関心が高まった。安保再定義も、最初は耳慣れない言葉で、多くの国民はピンと来なかったが、日本の将来を左右しかねない重要な問題を含んだ動きと気づき始めた。

再定義の中身について、批判も噴き出した。条約改定という正規の手続きを経ないで、解釈で内容を拡大するもので、「実質的改定」「安保変質」では、と反対の声が上がる。

外務省も防衛庁も、再定義は安保の変質ではないと言い続けた。冷戦後の状況に対応するための措置と説明した。それでも、再定義は、安保体制の根幹ともいえる条約の役割や位置づけについて、新しい解釈を下すことになる。事実上、新条約作りでは、という疑いを抱いた国民は少なくなかった。

同時に、一度はゴーサインを出した村山が、沖縄の事件の後の世論を見て、「安保の拡大」と受け取られかねない再定義に難色を示し始めた。日米首脳会談での決着という当初の計画は大きく後退した。

村山・クリントン会談をゴールとするのではなく、首脳会談ではひとまず安保体制の重要性と再定義の必要性を確認することで、日米が合意した。時間をかけて再定義問題の検討を継続するという方向に進み始めた。

結局、クリントンは訪日を中止した。村山との首脳会談も延期となる。安保再定義の協議は仕切り直しとなった。その後、一一月二八日、村山内閣は新防衛計画大綱を閣議決定した。村山はそれを置き土産にして、九六年一月五日、政権を投げ出した。

一一日、自民党首相による橋本内閣が発足した。日本側のこの二つの事情変化で、再定義問題は振り出しに戻った。

日米安全保障共同宣言

しばらくして、クリントンの訪日が四月一六日からと決まった。それをにらんで、作業をやり直すことになった。一月中旬、日米の当局者はアメリカの西海岸に集まり、協議を開始した。九五年一一月発表の予定だった共同宣言案を放棄する。新宣言は四月の日米首脳会談の直前に作成することにした。

四月一二日、沖縄の米軍基地整理・縮小問題で、最大の懸案だった宜野湾《ぎのわん》市の普天間飛行場の全面返還について、日米間で合意が成立した。五日後の一七日、橋本とクリントンは日米安全保障共同宣言に署名した。

「この宣言は二一世紀に向けた両国間の同盟関係を強化するものです」

首脳会談を終えた二人は、共同記者会見で笑顔を浮かべながら表明した。

「今回の合意は、両国が時代の要請に合わせて微調整したものである」

クリントンは「微調整」という言葉で説明した。実際は、橋本とクリントンが署名した「共同宣言」では、「首相と大統領は日本と米国との間の同盟関係が持つ重要な価値を再確認した」とうたわれた。
九四年から準備されてきた安保再定義は、形の上では葬られ、代わりに安保再確認の共同宣言が採択された。といっても、実質的には一年八カ月にわたって検討されてきた再定義が、形を変えて生き残ったのは明白であった。

再定義には、安保条約の対象地域を、従来の極東から、アジア・太平洋全域に広げる狙いがあった。採択された「共同宣言」は、同じ考え方に立って、日米安保体制によって、アジア・太平洋地域に在日米軍を展開させ、それを日本が支援するというシステムを認めた。

安保条約の適用範囲を極東からアジア・太平洋という広大な地域にまで拡大したのだ。これはどう見ても実質的な安保条約の改定であった。

確かに「冷戦後」という新しい世界情勢の下で、日米安保体制がどんな役割を担うべきか、議論を深め、必要ならば条約の見直しを図るのも、一つの選択である。かつては日米安保の内容が拡大されれば、日本は一方的に戦争に巻き込まれると唱える「巻き込まれ論」も強かったが、冷戦後は事情が変わった。

日米同盟関係は日米二国間だけでなく、世界の平和、アジア・太平洋地域の安全保障という問題に直接、関わりを持つ段階に達した。日本が日米安保体制という傘の下で自国の平和と繁栄だけを追求していれば済むという時代は過ぎ去ったのである。

日米安保条約の内容も、世界情勢や日本の役割の変化に伴って当然、再検討が必要だった。

それは国民の間の幅広い議論や、国会での審議などを経た上で結論を見出すべきであった。なのに、日米両政府は条約の重要な部分を、正規の改定手続きによらずに、政府の最高責任者の合意だけで変更してしまったのである。

集団的自衛権問題に対する決意

日米安保再定義の共同宣言から一〇年五カ月が過ぎた二〇〇六年九月、安倍は一回目の首相となった。日米安保体制の下で長らく議論の種となってきた集団的自衛権行使の問題に強い関心を寄せた。

戦後の歴代政権の下で政府の憲法解釈として認められないとされてきた集団的自衛権の行使について、その「容認」に意欲を抱いた。憲法解釈を変更して行使を可能にするという考えは、一回目の首相に就任する前からの安倍の構想であった。第一次内閣発足の直前に刊行した自著『美しい国へ』で、安倍は自ら書きつづっている。

「日本は一九五六年に国連に加盟したが、その国連憲章五十一条には、『国連加盟国には個別的かつ集団的自衛権がある』ことが明記されている。集団的自衛権は、個別的自衛権と同じく、世界では国家がもつ自然の権利だと理解されているからだ。いまの日本国憲法は、この国連憲章ができたあとにつくられた。日本も自然権としての集団的自衛権を有していると考えるのは当然であろう。権利を有していれば行使できると考える国際社会の通念のなかで、権利はあるが行使できない、とする論理が、はたしていつまで通用するのだろうか」

安倍は憲法解釈の変更による集団的自衛権の行使制限の撤廃を企図した。首相の私的諮問機関の「安全保障の法的基盤の再構築に関する懇談会」（安保法制懇）を設置して検討を開始した。第一次安倍内閣で事務の官房副長官だった的場《まとば》順三《じゅんぞう》（元国土庁事務次官）が著書『その時、日本が動く――私が見た政治の裏側』で回顧している。

「安倍さんから、『集団的自衛権を是非やりたい』と言われたとき、私は時期尚早だと判断しました。『手を広げすぎたら失敗する。急がないほうがいい』と安倍さんの熱を冷ます側に回りました」

「一方で外務省は『安倍総理、是非お願いします』と前のめりになっていました。アメリカにせっつかれているから、というのがその理由です。（中略）安倍さんは『国会答弁で言いたい』とも言っていました。これも実は、公明党が『選挙までは絶対にダメだ。そんなことは言わないでくれ』と反対でした」

的場は〇七年七月の参院選まで自重を、と促した。自民党は参院選で大敗を喫し、安倍は二カ月後に首相を辞任した。

歴代内閣は、集団的自衛権の行使は許されないという憲法解釈を維持してきたが、それを主導したのは政府内の組織の内閣法制局であった。

一九八一年、社会党の稲葉誠一が衆議院に「憲法、国際法と集団的自衛権」に関する質問書を提出した。当時の鈴木善幸内閣は五月二九日、首相の名で衆議院議長の福田一《ふくだはじめ》（元法相）に政府の答弁を送付する。政府の憲法解釈として、内閣法制局で練られた答弁書で、以下のような見解が示された。（前掲『憲法答弁集［1947—1999］』）

「国際法上、国家は、集団的自衛権、すなわち、自国と密接な関係にある外国に対する武力攻撃を、自国が直接攻撃されていないにもかかわらず、実力をもって阻止する権利を有しているものとされている。我が国が、国際法上、このような集団的自衛権を有していることは、主権国家である以上、当然であるが、憲法第九条の下において許容されている自衛権の行使は、我が国を防衛するため必要最小限度の範囲にとどまるべきものであると解しており、集団的自衛権を行使することは、その範囲を超えるものであって、憲法上許されないと考えている。なお、我が国は、自衛権の行使に当たっては我が国を防衛するため必要最小限度の実力を行使することを旨としているのであるから、集団的自衛権の行使が憲法上許されないことによって不利益が生じるというようなものではない」

四年後の八五年九月、自民党の衆議院議員の森清《もりきよし》（元自治省官房長）が「集団的自衛権についての」を含む全五項目の質問主意書を国会に提出した。それに対して二七日に中曽根康弘内閣が衆議院に提出した答弁書にも、八一年五月の答弁書とほとんど同じ文言の記述がある。集団的自衛権に関する政府の憲法解釈は、従来からの見解が維持され、全く変更がないことが明らかにされた。

集団的自衛権の憲法問題

集団的自衛権については、国連憲章（日本での効力発生は五六年一二月一八日）の第五一条に規定がある。

「この憲章のいかなる規定も、国際連合加盟国に対して武力攻撃が発生した場合には、安全保障理事会が国際の平和及び安全の維持に必要な措置をとるまでの間、個別的又は集団的自衛の固有の権利を害するものではない。この自衛権の行使に当つて加盟国がとつた措置は、直ちに安全保障理事会に報告しなければならない。また、この措置は、安全保障理事会が国際の平和及び安全の維持又は回復のために必要と認める行動をいつでもとるこの憲章に基く権能及び責任に対しては、いかなる影響も及ぼすものではない」

国家が個別的自衛権と集団的自衛権を有することを国連憲章も認めている。

個別的自衛権は、他国からの武力攻撃に対して実力で阻止・排除する権利である。日本には武力行使の放棄を定めた憲法第九条が存在するが、吉田茂首相以来、歴代政府は、主権国としての固有の権利である自衛権は存在するという立場を取っている。

もう一つの集団的自衛権については、先述の答弁書にもあるように、政府は「自衛のための必要最小限度の実力行使」という憲法第九条の制限を超えるから許されないという解釈を維持してきた。国家として集団的自衛権は保有しているが、憲法上、行使はできないという理論構成に基づいた方針であった。

六〇年に岸信介内閣の下で改定され、国会で批准されて発効した新安保条約も、集団的自衛権には踏み込まなかった。日米両国の共同防衛について定める第五条第一項は次のようにうたっている。

「各締約国は、日本国の施政の下にある領域における、いずれか一方に対する武力攻撃が、自国の平和及び安全を危うくするものであることを認め、自国の憲法上の規定及び手続に従つて共通の危険に対処するように行動することを宣言する」

共同防衛の対象地域は「日本国の施政の下にある領域」だけであった。

歴代内閣が行った憲法解釈を変更することは可能かどうか。村山内閣の時代の九五年一一月九日、内閣法制局長官だった大出峻郎《おおでたかお》（後に最高裁判事）が国会で答弁した。

「憲法を初め法令の解釈について一般論として申し上げますと、当該法令の規定の文言、趣旨等に即しつつ、立案者の意図なども考慮し、また議論の積み重ねのあるものにつきましては全体の整合性を保つことにも留意して、論理的に確定されるべきものであると考えております。政府による憲法解釈についての見解は、このような考え方に基づいてそれぞれ論理的な追求の結果として示されたものと承知をいたしておりまして、最高法規である憲法の解釈は、政府がこうした考え方を離れて自由に変更することができるという性質のものではないというふうに考えているところであります。特に、国会等における論議の積み重ねを経て確立され、定着しているような解釈については、政府がこれを基本的に変更するということは困難であるというふうに考えられるわけであります」（以上、前掲『憲法答弁集［1947―1999］』参照）

政府の憲法解釈では、集団的自衛権の行使容認問題以外に、過去に一度、「文民条項」に関して従来の解釈を変更した例があった。

憲法第六六条第二項は「内閣総理大臣その他の国務大臣は、文民でなければならない」と定めている。五四年の自衛隊発足以前は、文民でないとするのは、「職業軍人の経歴を有する者」「軍国主義的思想に深く染まっていると考えられる者」という解釈だった。発足後、現役自衛官が該当するかどうかが問題になった。

内閣法制局長官の高辻正己《たかつじまさみ》（後に最高裁判事、法相）が六五年五月三一日、国会で「自衛官は文民にあらずと解すべき」と答弁し、憲法解釈を変更した。現役自衛官の大臣起用は憲法違反になるという判断を示したのだ。

憲法解釈の変更とは位置づけられていないが、第九条第二項が「保持しない」と定める「陸海空軍その他の戦力」の定義も大きく変化した。

五二年三月一〇日、吉田首相は「たとえ自衛のためでも戦力を持つことは再軍備で、この場合には憲法の改正を要する」と国会で明言した。他方で、自衛隊発足後の五四年一二月二一日、内閣法制局長官の林修三《はやししゅうぞう》（後に首都高速道路公団理事長）は、国会で憲法は必要な限度の自衛力を禁止していないという解釈を示し、自衛隊について、「陸海空軍その他の戦力は保持しないという意味の戦力にはこれは当たらない」と答弁した。

後に安倍内閣で、政府による憲法解釈の変更は可能かどうかが問題になったとき、安倍は文民条項を例に挙げ、変更は可能と唱えた。反面、集団的自衛権の行使制限の撤廃は文民条項の場合とは比べものにならない大きな変更で禁じ手という主張も根強かった。

「憲法の番人」の不在

戦後の歴代内閣では、政府の憲法解釈は、政府内で「憲法の番人」と呼ばれてきた内閣法制局が一貫して担ってきた。「法令等の合憲性の審査権」を規定する憲法第八一条は、「最高裁判所は、一切の法律、命令、規則又は処分が憲法に適合するかしないかを決定する権限を有する終審裁判所である」と定めている。

最高裁は憲法適合性を決定する終審裁判所だが、日本の司法制度は、具体的な訴訟事件の中で憲法判断を示す通常裁判所型である。法令などについて一般的、抽象的に憲法適合性の判断や憲法解釈を行う憲法裁判所は存在しない。代わりに、内閣法制局がその役割を担ってきたというのが実態だった。

この点について、集団的自衛権行使容認の立場に立っていた橋下徹《はしもととおる》（弁護士。当時は大阪市長兼日本維新の会共同代表）が二〇一四年二月一六日発信のブログで重要な問題提起を行った。

「内閣法制局は助言者であって、責任者でもなければ決定権者でもない」
「日本の仕組みはこの責任のない助言者に事実上の決定権を与える。そして責任を伴わない決定が繰り返される。これが日本の統治機構の特徴」
「内閣における憲法解釈の最終責任者は首相であるが、国における憲法解釈の最終責任者は首相ではない。本来は裁判所が憲法解釈の最終責任者だが日本は十分に機能していない。これは占領時に突貫的に作られた日本国憲法の欠陥だ。本来は憲法裁判所が必要なところ」

内閣の憲法解釈の是非を判断する「国の憲法の番人」の不在が問題、と指摘した。

その点について、安保法制懇の座長代理で集団的自衛権行使容認派の北岡伸一《きたおかしんいち》（当時は国際大学学長）は、第九条第二項の解釈の変遷と比較して、「この飛躍に比べれば、集団的自衛権を認める憲法解釈の変更は、たいしたジャンプではない」と唱えた（日本経済新聞・二〇一三年一一月三日付朝刊）。

〇一年九月に発生したアメリカでの同時多発テロも大きな影響を与えた。アメリカは対テロ戦争に踏み切ってアフガニスタンに武力攻撃を開始した。イギリスやフランス、カナダなどが作戦に加わった。アメリカは自衛権に基づく軍事行動という立場を取った。イギリスなど軍を派遣した多くの国は戦争参加を集団的自衛権の行使と位置づけた。

日本も国連安保理の決議に従って、対テロ戦争への協力を迫られた。第七章で述べたように、小泉内閣は〇一年一〇月にテロ特措法を成立させ、後方支援のために自衛隊を海外に派遣することにした。

憲法上の位置づけがあいまいで、集団的自衛権の行使ではないかという指摘も多かった。テロ特措法は二年の時限立法だったが、〇三年、〇五年、小泉退陣後の〇六年と計三回、国会で延長となった。集団的自衛権との関係については、議論がくすぶり続けた。

小泉はテロ特措法成立から二年四カ月後の〇四年二月、参議院本会議での答弁で、集団的自衛権の行使について、憲法改正にまで踏み込んだ。

「見解が対立する問題があれば、便宜的な解釈の変更ではなく、正面から憲法改正を議論して解決を図るのが筋だ」と表明する。集団的自衛権の問題は憲法改正によって決着を図るべきだという考え方を打ち出した。

憲法解釈の変更については、「時間の経過とともに新しい解釈が定着するなら、それも一つの解決方法」と述べる。そのやり方も認めた上で、「便宜的な解釈の変更は憲法への国民の信頼を損なう」と唱えて、憲法改正による最終決着を説いた。

集団的自衛権の行使など、従来から争点となってきた憲法上の問題について、歴代の自民党政権が続けてきた憲法の拡大解釈によるその場しのぎの対応ではなく、「憲法上、できないことは憲法改正で」と改憲を主張した。

小泉が在任中、政権の優先テーマとしたのは、郵政民営化や構造改革、金融再生などである。集団的自衛権の問題や憲法改正を政権の達成目標に位置づけて取り組む考えはなかった。

公明党に配慮して慎重姿勢

○六年九月、小泉が退陣した。六年三カ月を経て、二期目の安倍内閣が開演となる。

第一次安倍内閣の後、福田康夫、麻生太郎の政権と、その後の民主党政権の時代、○九年四月の北朝鮮のミサイル発射、一○年以来の尖閣諸島をめぐる日中の緊張激化など、日本を取り囲む東アジアの安全保障の環境が激変した。その影響もあって、首相に復帰した安倍は、集団的自衛権解禁を持論の「戦後レジームからの脱却」や「積極的平和主義」の一環と位置づけ、第一次内閣で未着手に終わった行使容認への挑戦姿勢を鮮明にした。

安倍再登場の時点で、集団的自衛権に関して、明らかになった問題点は二点あった。第一は、憲法解釈を行う最終責任者は誰かという問題である。第二は、個別的自衛権のほかに、集団的自衛権の行使が本当に必要かどうかという根本的な疑問が消えていなかった。

第一の点では、もちろん行政の最高責任者は首相だが、行政による憲法解釈について、是非を判断するシステムを確立して国全体の責任者を明確にすることが立憲主義の要請だ。国会の審議や決議も無視できないが、憲法解釈という性質上、司法の出番である。

現行制度で最高裁が役割を果たし切れないなら、憲法裁判所が検討課題となる。戦後の統治機構の見直しの重要なポイントの一つであった。

第二の点では、憲法解釈変更や憲法改正を議論する前に、日本の安全保障、世界平和維持のための国際貢献、国際社会での地位と評価の確立といった点で、集団的自衛権の行使制限撤廃が不可欠かどうかである。多角的な視野に立った精緻な研究と議論が必要であった。

安倍は一二年一二月の衆院選に続いて、一三年七月の参院選でも勝利を遂げる。衆参で「与党一強」が実現した。

それを見届けて、一三年八月、内閣法制局長官の人事で、小松一郎《こまついちろう》（元外務省国際法局長）を任命した。続いて九月に安保法制懇を再開させ、集団的自衛権問題の検討を本格化させた。

外務省は一九九〇年代以降、自衛隊の海外派遣などで内閣法制局とことごとく対立してきた。「国際貢献を重視する外務省」対「自衛隊の海外派遣に慎重な内閣法制局」という構図が長く続いた。小松起用の人事は、歴代政権が内閣法制局の判断を踏まえて行ってきた集団的自衛権の憲法解釈を変更するための布石であるのは明白だった。

一方で、安倍は、序章で触れたように、一九五七年五月決定の「国防の基本方針について」に代わるものとして、初の国家安全保障戦略を二〇一三年一二月に策定した。後に二二年一二月に策定された岸田文雄内閣の国家安全保障戦略の前身である。

安倍内閣では一三年一二月四日に国家安全保障会議が設置され、六日に国会で成立した特定秘密保護法が一三日に公布された（施行は一四年一二月一〇日）。続いて一七日に国家安全保障戦略が決定される。同日、国家安全保障戦略に基づいて、一四年度以降の「防衛計画の大綱」と、一四〜一八年度の「中期防衛力整備計画」が、こちらも国家安全保障会議と閣議の決定によって打ち出された。

当時、自民党幹事長だった石破茂は、後に二三年五月のインタビューでこの経緯を振り返って、「一三年一二月に初めて国家安全保障戦略を策定したのは、その後に集団的自衛権の憲法解釈の変更に踏み出すことを決めていた安倍首相がそのために打った布石」と明かした。

ただし、一三年一二月の時点では、安倍は表向き慎重姿勢を装い続けた。集団的自衛権問題について、一四年一月一三日、外遊先で「自然体で行きたい。今、スケジュールを決めているわけではない」と語る。意欲は十分だったが、「公明党の壁」を意識していたからだ。

「平和の党」が看板の公明党は、集団的自衛権問題では、自民党と連立政権を組んだ後も反対姿勢を崩していなかった。代表の山口那津男《やまぐちなつお》は一三年七月の参院選で、憲法解釈の変更について「断固反対」と明言した。「連立継続が可能かどうか、相談する」と連立カードまでちらつかせた。支持母体の創価学会の強い反発を背に、ブレーキをかけ続けた。

参院選で大勝し、「一強」体制は確立したが、自民党はそれでも単独では参議院で過半数に七議席足りなかった。参議院で二〇議席を持つ公明党に配慮せざるをえなかった。

一八議席のみんなの党、九議席の日本維新の会（旧）が集団的自衛権問題で自民党と足並みをそろえるなら、安倍には「自公」から「自み維」へ、連立組み替えという選択肢もないわけではなかった。それでも一九九九年以後、「自公」の一四年間の連携の積み重ねは大きかった。選挙協力を軸に、中央でも各選挙区でも「持ちつ持たれつ」の関係である。

自民党にとって、自公関係は生命維持装置、と説く政界関係者は多かった。安倍が集団的自衛権や憲法改正の問題で連立組み替えを選択しようとすれば、自民党内で「反安倍」の動きが高まり、党内抗争が火を噴くおそれもあった。

「最高の責任者は私」発言への抵抗

安倍内閣で安保担当の首相補佐官だった礒崎陽輔《いそざきようすけ》は一四年一月一二日、集団的自衛権問題の政府の方針を打ち出す判断時期について、「通常国会の会期中に行いたい」と語った。安倍は二月一二日、衆議院予算委員会で「最高責任者は私。私たちは選挙で国民から審判を受けているんです」と答弁した。

安保法制懇は四月に報告書を提出する予定だった。安倍内閣は通常国会の会期末の六月二二日までに憲法解釈変更の閣議決定を行う方針で、自衛隊法改正など、関連法の整備は秋の臨時国会以降に、というスケジュールを想定していると見られた。

官房長官の菅義偉を一三年九月にインタビューした。菅は「集団的自衛権の行使を可能にする」と答えた。「アメリカ政府の要求に基づくのか」と尋ねると、「具体的にはあれだけど、日本として当然だと思う。抑止力が必要です。日米安保条約の信頼感を取り戻す」と語った。

安倍は集団的自衛権の行使容認に意欲的だったが、安倍に近い自民党の平沢勝栄《ひらさわかつえい》（後に復興相）は一三年一一月、前のめりの姿勢についてやんわりとくぎを刺した。

「国民は簡単には付いてこない。憲法解釈を全く変えるという言い方だと、大変だと思う。憲法解釈は今までと同じだが、国際情勢が変わったから、自衛権の中に一部、集団的自衛権が含まれるといった部分的な解釈変更でなければ、国民の反発を買う気がする」

懸念は的中した。一四年の通常国会の会期末までに、と狙い定めて、安倍は一直線に走り始めたが、シナリオが狂った。

安倍は「閣議決定で案が決まったら、国会で議論を」と表明していたのに、閣議決定の前に与党協議を、という流れになる。安倍は軌道修正を図り、二月二〇日の衆議院予算委員会で「政府としての検討を進めながら、同時並行的に与党でも調整をしていただく」と答弁した。

二月一二日の「最高の責任者は私」という安倍発言を境に、自民党内の慎重派や反対派が声を上げ始めたのだ。それだけでなく、「公明党の壁」も大きかった。

あっぷあっぷの安倍を見て、三月下旬、副総裁の高村正彦《こうむらまさひこ》（元外相）が「限定容認論」という浮き輪を投げた。一九五九年の砂川事件の最高裁判決を論拠に、「必要最小限の集団的自衛権容認」を唱えた。

「砂川判決」と呼ばれる最高裁判決は、一九五七年七月八日に東京の北多摩郡砂川町（後に立川市）付近にあった在日米軍飛行場の拡張に対するデモ隊の反対行動を、日米安保条約に基づく行政協定（後の地位協定）違反として起訴した事件について、最高裁大法廷が五九年一二月一六日に下した判決である。

最高裁は、憲法第九条によってわが国が主権国として持つ固有の自衛権は何ら否定されたものではなく、自国の平和と安全を維持し、その存立を全うするために必要な自衛のための措置をとりうることは、国家固有の権能の行使として当然のこと、と判決で示した。併せて日米安保条約が合憲か違憲かの法的判断については、「一見極めて明白に違憲無効であると認められない限りは、裁判所の司法審査権の範囲外」と述べ、高度な政治性を持つ国家行為には司法審査は及ばないとする「統治行為論」の存在を認めた。その上で、米軍の駐留については、「違憲無効であることが一見極めて明白であるとは認められない」という判断を示した。

現実主義者・安倍晋三

安倍は高村説に飛びついた。首相補佐官の衛藤が解説した。

「国際法上、集団的自衛権は無制約だが、憲法や砂川判決などに照らすと、もともと制限的な集団的自衛権しかないと安倍さんも考えていたのではないか。限定的な集団的自衛権であれば、公明党が意図しているところとあまり差はないと思う」

強気を装いながら、安倍は、公明党の根強い反対、自民党内の消極派の抵抗、民意や世論の乏しい支持という圧力に負け、路線変更を余儀なくされたという見方も強かった。

理念派・独走型と見られがちだが、安倍には、オペレーションやシミュレーションに基づいて政策を組み立てる現実主義者という一面があった。二〇一四年四月二四日、来日中のアメリカのバラク・オバマ大統領との会談で、集団的自衛権問題について、「歓迎し、支持する」という発言を引き出すのに成功した。

安倍にとって、「オバマの確約」は強力な援軍だった。安倍は集団的自衛権の憲法解釈変更という自身の理念の実現よりも、日米同盟の強化が優先課題で、首脳会談で一定の成果を手にしたと受け止めた可能性があった。

幹事長の石破は五月三日、集団的自衛権行使容認の閣議決定の後に取り組む自衛隊法改正などの関連法案の整備について、「秋の臨時国会でなく、一五年春以降になる」と見通しを語った。一四年四～五月の連休中に欧州六カ国を回った安倍は、五月七日、憲法解釈変更の閣議決定について、「期限ありきではない。与党で議論を」と口にした。

年初から集団的自衛権の憲法解釈変更を最重要テーマに掲げ、通常国会会期末の六月二二日までに閣議決定という方針で走ってきたが、情勢は険しかった。四月に安保法制懇の報告書提出、五月にも閣議決定というのが安倍のシナリオと見られたが、通常国会会期中の閣議決定は断念し、先送りの意向を固めた。

安倍は五月九日、石破らに「秋の臨時国会までに与党合意を」と指示した。宿願の集団的自衛権行使容認の実現に強い意欲を見せるが、閣議決定の先送りで、実際は足踏み状態だった。

安倍は一五日、記者会見で「集団的自衛権の憲法解釈見直しの検討」を正式に表明した。国会で論戦が始まった。

二八日、安倍は衆議院予算委員会で、安全保障の環境変化を根拠に「切れ目のない防衛体制を造ることで抑止力を」「日米同盟をさらに強化」と唱えるが、実際は壁に阻まれ、独り相撲を演じている感があった。誤算は公明党や自民党内の消極派の抵抗だった。

それ以外に、世論や民意の懐疑と反発も大きかった。五月一七〜一八日の共同通信の世論調査では、「集団的自衛権の行使容認」には、反対四八・一パーセント（賛成三九・〇パーセント）、「憲法解釈変更」は、反対五一・三パーセント（賛成三四・五パーセント）だった。

併せて、「集団的自衛権とは別に、離島への不法侵入などグレーゾーンと呼ばれる事態に対する法整備」という質問では、賛成が六七・三パーセント（反対一九・五パーセント）に達した。国民の多くは安保環境の変化に応じて政権に現実的な対応を求めていたのである。

「民意の壁」という自覚は安倍にもあったようだ。二八日の国会答弁で、国民の理解を得やすい「紛争地から脱出する邦人の輸送を行う米艦船の防護」について、「検討は当然」と表明した。それだけでなく、「集団的自衛権行使の全面的容認という結論にはなりえない」「武力行使を目的とする海外派兵は憲法上許されない」「専守防衛は政府の基本的姿勢」と述べる。「好戦論者」「タカ派」のイメージを打ち消すのに懸命となった。

安倍は防衛問題では現実主義者を自任したが、憲法との関わりでは、解釈で可能な限り対処するといった現実的姿勢は示さなかった。乗船邦人の保護の問題で、「個別的自衛権で対応可能では」と問われると、「従来の解釈ではできない」と言い切った。

現実主義者の裏側に、戦後六九年間、「開かずの扉」の集団的自衛権行使容認というドアを自身の手で開けたいという理念派の顔が見え隠れした。有事の際の他国艦船護衛問題で見解を聞かれ、答弁のたびに護衛対象が拡大した。理念先行で議論が生煮えという印象を与えた。

「自公合意」を優先

安倍が意欲を示した集団的自衛権行使容認の憲法解釈変更は、実は憲法改正との関係で微妙な問題が内在した。安倍は改憲が容易ではないという認識に立って、現憲法の解釈変更によって集団的自衛権の行使制限の撤廃を果たそうとした。それに対して、前述のとおり、小泉や歴代の内閣法制局長官の多くは、集団的自衛権の行使容認を企図するなら、憲法解釈変更でなく、憲法改正によって実現するのが筋、と主張してきた。

この手法のほうが国民の理解を得やすいだけでなく、「解釈変更では対応が困難だから改憲を」と唱えるほうが改憲実現の近道、と説く人も少なくなかった。憲法解釈による行使制限の撤廃が不可能であれば、行使容認には憲法改正が不可欠となる。

解釈変更で行使制限の撤廃が可能なら、集団的自衛権問題に限っていえば、憲法改正は必要ないという理屈も成り立つ。改憲不要論が勢いを増すことも予想された。

官房長官だった菅に、当時、憲法改正と集団的自衛権問題の関係について、対応姿勢を聞いた。菅は「まず集団的自衛権。憲法はその先」と二段階作戦を唱えた。衛藤もインタビューで、「第九条改正と集団的自衛権の憲法解釈変更は全く別の話。集団的自衛権問題は憲法解釈のはざまにあり、もともと中途半端な解釈だったのを直すこと」と主張した。

集団的自衛権の憲法解釈変更に挑む安倍の頭痛の種は、連立与党の「公明党の壁」であった。公明党の国対委員長だった漆原良夫《うるしばらよしお》（後に党中央幹事会会長）らと太いパイプを持っていた自民党の大島理森《おおしまただもり》（後に衆議院議長。元副総裁）は、副総裁だった高村に「手伝ってほしい」と言われ、公明党と接触して内部事情を探った。大島が振り返った。

「公明党も、日本を取り巻く国際情勢の変化は現実的に分かっていました。安倍さんも、大掛かりな集団的自衛権の行使ではなく、限定的なものを、と発言するようになったので、手法と中身の両面できちんと進めていけば、うまく行くかもしれないと思いました」

安倍は五月七日、閣議決定について、「期限ありきではない。与党で議論を」と述べる。公明党との合意優先の姿勢を示した。一五日に安保法制懇の報告書が出ると、「行使は必要最小限」と唱えて報告書と一線を画した。公明党幹事長だった井上義久《いのうえよしひさ》が語った。

「報告書の中の『自衛のためであれば、個別的であろうと集団的であろうと、憲法上の制約がない』という主張について、安倍首相は記者会見で、『これまでの憲法解釈と論理的な整合性がない』と明確に否定しました。それを聞いて、公明党の主張を十分に認識した上での発言だと思った。協議すれば合意できる可能性が十分あると考えました」

与党協議の責任者は、自民党が高村、公明党は副代表で党憲法調査会長の北側一雄《きたがわかずお》（元国交相）であった。北側が経緯を振り返った。

「高村さんが砂川判決を言った。長年、国会での議論で、その前提として砂川判決があったが、自衛の措置を述べるには不十分で、調べてみると、一九七二年の政府見解があり、『それを根拠に整合性を図っていかなければ』と私から強く言いました。新三要件は三月ごろから高村さんとの議論の中で出てきていたが、内閣法制局長官を含めた三人の長い議論の積み重ねの中で生まれました」

武力行使の新三要件

読売新聞・二〇一四年七月一六日付朝刊掲載の「憲法考⑨　転換　安保法制」によれば、北側は一四年四月上旬、公明党の勉強会に出席した衆議院法制局次長の説明を聞いた後、砂川判決を引用した集団的自衛権行使の限定容認案と、一九七二年の政府見解を基にした集団的自衛権の一部容認案の二案を構想するようになり、後者の案が適切と思うようになったという。

七二年の政府見解は、当時の田中角栄内閣が七二年一〇月一四日に参議院決算委員会に提出した政府見解である。それによると、「憲法は第一三条において、『生命、自由及び幸福追求に対する国民の権利』については（中略）『国政の上で、最大の尊重を必要とする』旨を定めていることから、わが国が自らの存立を全うし国民が平和のうちに生存することまでも放棄していないことは明らかであつて、自国の平和と安全を維持しその存立を全うするために必要な自衛の措置をとることを禁じているとはとうてい解されない」と述べている。

二〇一四年六月上旬、与党協議が山場に来た。高村は九日、砂川判決を引用した集団的自衛権行使容認に関する「武力の行使」の「新三要件」を内容とする座長試案を北側に提示した。

歴代内閣は、憲法上、武力行使が認められるのは個別的自衛権だけで、集団的自衛権の行使は禁じられていると解釈してきた。それを改めて、「新三要件」を満たせば、個別的自衛権、集団的自衛権、さらに国連憲章第一条第一項が世界平和維持のための基本的理念として掲げる集団安全保障の三種類の武力行使が憲法上、可能とした。

集団安全保障とは、侵略など不当に平和を破壊する国に対して、国連加盟国が安保理の決議に基づいて集団で制裁などを加えることだ。国連憲章第四二条で認められている。

集団安全保障は安保理の決議に基づくので、決議までの対応方法として、国連憲章は第五一条で加盟国の個別的自衛権と集団的自衛権を認めた。その際に満たす必要がある「新三要件」とは、「①我が国に対する武力攻撃が発生したこと、又は我が国と密接な関係にある他国に対する武力攻撃が発生し、我が国の存立が脅かされ、国民の生命、自由及び幸福追求の権利が根底から覆される明白な危険があること、②これを排除し、我が国の存立を全うし、国民を守るために他に適当な手段がないこと、③必要最小限度の実力行使にとどまるべきこと」である。

前掲の読売新聞・一四年七月一六日付朝刊の記事は、高村が提案した「新三要件」に関する座長試案に対して、「北側は即座に、『根底から覆される』という文言を使った別の案を示し、険しい表情で強く受け入れを求めた」と報じる。

その後、高村は六月一〇日に首相官邸に出向き、安倍と話し合った。読売の記事は続けて、高村が「『北側案で与党協議をまとめることができる』という手応えを伝え、安倍に受け入れを迫った。安倍は『北側さんを信じる』と語り、北側案を了承した」と内幕を明らかにしている。

高村と北側は六月一一日、北側の提示した案に沿って文言の調整を行い、最終的に合意する。集団的自衛権の行使容認問題をめぐる自民党と公明党の協議は完了した。これが自公の合意と、その後の安倍内閣の閣議決定の骨格となった。

与党合意で採用となった北側案は一九七二年の政府見解が基になっている。この政府見解は、「必要な自衛の措置は憲法が禁じているわけではないが、無制限に認められているのではなく、その措置は必要最小限度にとどめるべき」と説き、「現行憲法の下で可能な武力行使は、外国の武力攻撃によるわが国に対する急迫、不正の侵害への対処に限られる」と限定した。

その上で、「だから、集団的自衛権の行使は憲法上、許されない」というのが田中内閣の見解の結論だった。高村と北側の合意は、公明党の同意を得るために、安倍が唱える集団的自衛権行使の限定容認論を縮減して、行使条件を厳格化する狙いから、七二年一〇月の田中内閣の政府見解をベースにした。

安倍内閣の場合、結論は田中内閣の政府見解とは全く逆である。国の存立や国民の生命、権利が明白な危険に直面した場合は、「ほかに適当な手段がないときは、憲法上、必要最小限度の実力行使が許容される」という論法で、安保環境の変化に伴い、「だから、集団的自衛権の行使は憲法上、許される」という結論に導いた。七二年一〇月の政府見解の前提部分だけをつまみ食いして、別の内容の政府見解を作り出したのだ。

安倍の「三つの誤算」

安倍は二〇一四年七月一日、集団的自衛権の行使容認の憲法解釈変更を閣議決定した。「開かずの扉」だった集団的自衛権のドアを自身の手で開けたという形を作った。

舞台裏を点検すると、集団的自衛権の限定容認と言いながら、事実上、個別的自衛権の部分的拡大のような決着と映った。実際は公明党が、集団安全保障の不行使も含めて、強固な枠をはめ、「平和の党」として実を取ったと見ることもできた。

連立維持最優先の安倍と公明党が、それぞれ支持者向けに都合のいい説明ができる形で決着を図った妥協の産物である。「氷上のダンス」を演じる自公の「薄氷の合意」であった。

集団的自衛権問題をめぐる公明党側の内部の事情について、容易ではないという声も聞こえてきた。自公体制は一九九九年一〇月以来、野党時代の三年三カ月も含め、この時点で通算一五年に達した。支持母体の創価学会の関係者や公明党の支持者の中にも、連立与党として存在意義が問われる事態に直面するのでは、と厳しく受け止める人は少なくなかった。

閣議決定の後、二〇一四年七月第一週発表の各メディアの世論調査を見ると、安倍内閣の支持率は、六月まで五〇パーセント台を維持していたのに、軒並み四〇パーセント台に落ちた(読売新聞は四八パーセント、共同通信は四七・八パーセント、朝日新聞は四四パーセント)。一三日に行われた滋賀県知事選挙では、自民党と公明党の推薦候補が敗退した。

攻防の跡を再検証すると、安倍の「三つの誤算」が浮かび上がった。

第一に、閣議決定が通常国会の閉幕後にずれ込んだ。「会期内に」と言明していたのに、公明党との協議に手間取った。第二に、形の上では集団的自衛権の行使容認を実現したものの、公明党の要求で、実際上は行使困難といえるような厳しい条件をのまされた。第三に、自衛隊法改正など関連法制の整備も、二〇一四年秋の臨時国会ではなく、一五年へ先送りとなった。

安倍政権を取り巻く潮流が暖流から寒流に変わる潮境ではないかと映った。

集団的自衛権行使容認の憲法解釈変更の閣議決定の後、次の課題はそれに伴う安保法制（平和安全法制）の法案整備であった。関連法案の提出の際、改めて閣議決定、与党協議が必要かどうか、公明党の北側に尋ねると、「もちろん必要」という答えが返ってきた。

一四年七月一日の閣議決定と安保法制法案の整合性についても、北側は「議院内閣制の下での与党の役割です。チェックは当然」と強調した。安倍はもう一度、「公明党の壁」と闘わなければならなかった。

安倍は安保法制法案を国会に提出して成立を図る前に、思い切った行動に出た。

七月の閣議決定の後、九月三日に内閣の改造を行う。二九日に臨時国会を召集した。会期末は一一月三〇日だったが、二一日に衆議院の解散を敢行した。総選挙は一二月一四日に行われた。官房長官だった菅が一五年一〇月、インタビューで解散の内幕を語った。

「臨時国会の日程を決めたときから考えていました。会期を一四年一一月いっぱいまでにして日を残した。そのときは総選挙をやるとは決めていませんでしたが、やれる状況にした。具体的に解散を決めたのは一〇月です。安倍政権は長期スパンに立っていつ何をやるか、考えてやっていますが、そういう意味で、あの解散・総選挙は、本当にあのときにやっておいてよかった。消費税増税延期の問題など、国会運営全体を考えた上で行ったけど、時期としては、あそこで選挙をやって、政権が力を得ました」

「岸の失敗」の教訓

一四年の衆院選は安倍と菅が六つの課題をにらんで組み立てた「一石六鳥」の戦略だった。もちろん第一は集団的自衛権行使容認の安保法制法案の成立である。七月の集団的自衛権の行使容認の閣議決定の後、秋の臨時国会では関連法案の審議を行わず、法案の国会提出を一五年の通常国会に先送りした。閣議決定の後、法案の国会審議の前に衆院選を設定し、勝利を得れば、法案成立が確実になる、と踏んだのだ。

第二に消費税再増税の延期という計算があった。安倍は一三年一〇月、野田佳彦前内閣での民主党・自民党・公明党による「三党合意」に基づいて消費税率の八パーセントへの引き上げを決定し、一四年四月に実施したが、経済の失速は予想以上だった。三党合意では、続いて一五年一〇月に一〇パーセントへの増税を行う計画である。安倍は再増税の一七年四月までの延期を決め、それについて国民の信を問うことを大義名分に解散・総選挙を断行した。狙いは野田内閣の置き土産である増税プランの束縛の打破であった。

第三は政権のじり貧打開という思惑も働いた。増税による経済の落ち込みに加え、九月の内閣改造で起用した小渕優子《おぶちゆうこ》経産相と松島《まつしま》みどり法相の女性二閣僚が早期辞任となる。支持率下落に見舞われた。追い詰められた安倍が一点突破で解散に走った面もあった。

第四は「一強多弱」の継続という計算だ。政権の長期安定を目指して、野党側の結集・再編の動きが本格化する前に衆院選に打って出た。

第五は自民党総裁選対策であった。安倍の一期目の総裁任期は一五年九月三〇日までだ。その前に衆院選で圧勝すれば、「無投票総裁再選」が党内世論になると計算した。総裁在任は自民党則で連続二期六年までだが、一八年九月までの在任の展望が開ける。

第六は宿願の憲法改正の道である。衆院選を一四年一二月に設定し、一五年九月の総裁選と一六年夏の参院選を乗り切れば、その後、総裁任期満了の一八年九月まで、衆参の選挙も総裁選もない「無選挙の二年二カ月」を手にする。首相在任中の改憲のチャンスはそこしかない。総裁任期満了から逆算して衆院選に踏み切ったと見られた。

安倍は集団的自衛権の行使容認と安保法制の整備で、二つの「失敗の教訓」を胸に刻んでいたと思われる。一つは第一次内閣でのつまずき、もう一つは尊敬する祖父の岸元首相が半世紀前に直面した一九六〇年の安保騒動による挫折であった。

第一次内閣では、短慮・性急な取り組みで失敗した。その反省から二度目の内閣では、熟慮・漸進型の政権運営を心掛けた。首相就任から集団的自衛権の憲法解釈変更の閣議決定まで一年七カ月、さらに閣議決定の後、安保法制の整備までに一年の時間をかけた。

第二章で述べたとおり、安保改定で知られる岸は、首相在任中の六〇年一月、新日米安保条約に調印し、その年の通常国会で条約批准と新条約の発効を目指した。国会での批准の前の衆院選を模索したが、側近の川島正次郎幹事長が党内の根強い解散反対論を理由に難色を示したため、断念する。衆院選を経ずに批准国会に突っ込む道を選択した。「反岸・反安保」を叫ぶ嵐のような反対デモに見舞われる。批准国会での新条約発効を見届けて首相の座を降りた。

孫の安倍が、銃撃事件で暗殺される九カ月前の二〇二一年九月三〇日、インタビューに答えて一九六〇年二月の出来事を取り上げ、「岸の失敗の教訓」について発言した。

「失敗としては、安保国会の前に衆議院を解散しようとしたのに、当時の川島幹事長の反対でできなかったことです。総選挙で勝利を得て批准に臨めば、状況は違ったと思います。私の内閣では二〇一四年と一七年に二回、解散をしましたが、祖父のことが頭にありました」

安倍は祖父・岸の失敗から、「政権の命運を懸けるような重要な政治目標に挑むときは、必ず事前に衆議院の解散を実施して国民の信を得なければ挑戦は成功しない」という教訓を学び取ったに違いない。二つの教訓を意識して、安倍は用意周到で臨んだ。集団的自衛権行使容認の閣議決定の後に解散・総選挙を断行し、「一強多弱」体制を盤石にして、その後に安保国会、という筋書きを実行したのだ。

一四年一二月の衆院選は、投票率が一二年の衆院選を大きく下回った。戦後最低の五二・六六パーセントとなる。だが、安倍は当選者数で狙いどおりの結果を手にした。

与党の自公両党は合計で公示前よりも一増の三二六を獲得する。参議院否決法案の衆議院での再議決に必要な三分の二も維持した。

石破起用を断念

安倍は第三次内閣を発足させる。一五年の通常国会を迎えた。

一四年七月に閣議決定した集団的自衛権行使容認の憲法解釈変更を制度的に整備する安保法制の実現が目標の一つである。自衛隊による米軍支援について地理的制約をなくして、日本の領域外での活動を認める内容の法案だ。

安倍は一五年四月下旬、訪米する。現地時間の二九日、アメリカの上下両院合同会議での演説で、安保法制の法案について、「この夏までに成就」と明言した。

帰国後、五月一四日に国家安全保障会議と閣議で安保法制法案を決定する。翌一五日に国会に提出した。

安保法制法案は平和安全法制整備法（我が国及び国際社会の平和及び安全の確保に資するための自衛隊法等の一部を改正する法律）と国際平和支援法（国際平和共同対処事態に際して我が国が実施する諸外国の軍隊等に対する協力支援活動等に関する法律）の総称である。平和安全法制整備法案は自衛隊法など一〇の法律を一括改正する法案であった。

官房長官の菅に、この法案に取り組んだ安倍内閣の姿勢について尋ねた。菅が答えた。

「国民の生命と平和な暮らしを守るのは政府の役割ですが、今の日本ではなかなか難しい。民主党政権のときも、いろいろな問題が起こっています。世界の安全保障の環境はガラッと変わった。現在は一国で国の平和と安全を守れる国はほぼなくなっています。そういう中で、日米同盟を強化し、あるいは世界のほかの国としっかり連携して抑止力を高めて、戦争の危険を少なくすることが極めて重要です。本当の大仕事でした。総理は、やらなければだめだ、この法律は作っておかなければという使命感がものすごく強かった」

一九日から国会で論戦が始まった。自民党と公明党の合計議席は、衆参とも過半数を超えている。両党が歩調を合わせて採決に突き進めば、法案成立は確実であった。

法案を直接、担当する閣僚は防衛相兼安保法制担当相である。安倍は一四年一二月の第三次内閣の組閣の際、最初、一四年九月まで自民党幹事長を務めた後、国家戦略特区担当の内閣府特命相に転じていた石破の起用を決め、本人に打診した。ところが、石破が受諾しなかった。

八年半後の二三年五月にインタビューでその経緯と真意を尋ねると、石破本人が説明した。

「このとき、私に安保法制担当大臣をやれ、とのご下命をいただき、お受けするに当たって、集団的自衛権の行使について、『現行憲法上ここまで』ではなく、『安倍内閣としてはここまで』とおっしゃっていただけないでしょうか、と申し上げました。私は現行憲法の下でも集団的自衛権は国際法的に認められた全面的な行使が可能だと思っているので、安保法制での限界が現行憲法下の限界だと説明するわけには行かなかったのです。しかし、安倍総理はそこは譲れないということで、恐縮ながら防衛相兼安保法制担当相の任はお断りせざるをえませんでした。それで安倍総理の逆鱗に触れることになったわけです」

安倍は石破と違って、集団的自衛権の全面的な行使は現行憲法の下では不可という憲法解釈だったと見て間違いない。石破に向かって「そこは譲れない」と自説にこだわったのは、集団的自衛権の全面的な行使の容認には憲法改正が不可避という考え方に立ち、「だから、改憲が必要」という主張を堅持したかったからだと思われる。

一四年一二月の人事で、石破の代わりに防衛相兼安保法制担当相を引き受けたのは中谷元である。安倍は一五年の通常国会に備えて、かつて防衛庁長官や自民党安保法制整備推進本部長を歴任した「安保のプロ」の中谷を登用した。

安保法制は改憲到達の「一里塚」

国会に安保法制法案が提出されたのは、新人事から五カ月余が過ぎた一五年五月一五日であった。三週間後の六月五日、衆議院平和安全法制特別委員会で、民主党の辻元清美《つじもときよみ》（元首相補佐官）が月刊誌の記事を読み上げて中谷を追及した。

手にした記事は月刊『ニューリーダー』一三年八月号掲載の「対談　なぜいま憲法改正なのか――リミットまできている集団的自衛権問題　明確なデザインとシナリオを提示できるか　中谷元・塩田潮」と題する筆者との対談である。自民党副幹事長兼憲法改正推進本部事務局長だった中谷は七月、憲法解釈と集団的自衛権の行使について、対談で発言した。

「集団的自衛権の問題も、もうリミットまできています。先に進むには、解釈でなし崩しにというのでなく、きちんと改正案を国民に提示すべきです。九条を改正すべきだと丁寧に訴えています」

「政治家として解釈のテクニックで騙したくない。自分が閣僚として『集団的自衛権は行使できない』と言った以上は、『本当はできる』とは言えません。そこは条文を変えないと……。宮沢さんが生きていた時代は（憲法の）解釈の変更で通用したかもしれませんが、尖閣諸島の問題とか北朝鮮の長射程ミサイルの発射の問題が現実となったいまは、条文を規定し直さなければ、安全保障を維持できなくなっています」

「宮沢さん」は元首相の宮沢喜一である。

ところが、安倍内閣の防衛相兼安保法制担当相となった中谷は、憲法解釈変更による集団的自衛権の行使と、それに基づく安保法制法案制定を容認する姿勢を示した。辻元は約二年前の対談での発言と防衛相としての姿勢との矛盾を追及したのだ。

中谷は辻元の質問に対して、集団的自衛権について、一九七二年に政府見解が示された後、検討を行い、二〇一四年の安倍内閣の閣議決定によって、「憲法上許容されると判断するに至ったものは新三要件というものをかぶせました」と説明し、「私は、この今回の法案は憲法の範囲内であるという認識に至ったわけでございます」と答弁した。

その点について、中谷は続けて自身の見解を詳しく回答する。

「これは、他国の防衛それ自体を目的とする集団的自衛権の行使を認めるものではないということでございますので、国際法上言われる集団的自衛権ではなくて、我が国の憲法上、我が国の自衛の措置を行使する必要最小限度のものに限られる、他国の防衛それ自体を目的とする集団的自衛権を認めるものではないということで、私は、この今回の法案は憲法の範囲内であるという認識に至ったわけでございます」

辻元は簡単には引き下がらない。「『政治家として解釈のテクニックで騙したくない』今のをお聞きしていて、私、中谷大臣は、今おっしゃっているようなことをつらつらおっしゃること、国民をだましているように見えますよ」と追い打ちをかける。中谷は一言、「事前通告なしの質問なんですよ、これは全て、私、答弁をしておりますが」とこぼす場面もあった（以上、発言は、衆議院「第百八十九国会・衆議院我が国及び国際社会の平和安全法制に関する特別委員会　第七号　会議録」より）。

中谷の受け答えを、危なっかしい不安定答弁と受け止めた人は少なくなかった。

国会審議で懸念されたのはそれだけではなかった。一五年六月四日、衆議院憲法審査会に参考人として呼ばれた憲法学者が、自民党や公明党などの推薦の長谷部恭男《はせべやすお》早大教授も含め、三人とも「安保法制は憲法違反」と唱え、大騒ぎになった。

違憲論が注目を集めたが、憲法第九条との関係では、憲法解釈の変更で集団的自衛権の行使が認められるなら、この問題については憲法改正は必ずしも必要ではないという話になる。解釈変更に基づいて安保法制が成立すれば、改憲不要論が強まる可能性もあった。

集団的自衛権行使のための安保法制法案が違憲であれば、行使容認論者から、憲法解釈の変更ではなく、憲法を改正するしか集団的自衛権行使の方法がないという声が上がる。

第九条改正論者は、国際法や国連憲章で認められている集団的自衛権の行使を解禁するために第九条の改正を、と唱えてきた。違憲論が高まれば、むしろ国民の間で改憲への理解が深まると唱える改憲論者もいた。

改憲論者の安倍は、集団的自衛権の憲法解釈変更に基づく安保法制法案の実現については、改憲をにらんだ二段構え作戦と見られた。六月一八日、衆議院予算委員会で「国際情勢に目をつぶり、従来の憲法解釈に固執するのは政治家としての責任放棄だ」と答弁する。将来の改憲とは切り離して、現状での安保法制の整備の必要性を強調した。

現憲法の下で切れ目のない安全保障を実現し、その積み重ねで改憲への国民の理解を深めるという道である。安倍にとって、安保法制法案の成立は改憲に到達するための「一里塚」という位置づけだったに違いない。

その本心はひとまず封印し、改憲問題とは切り離して通常国会で安保法制法案を成立させ、国会終了後に訪れる自民党総裁任期満了で「無投票再選」を実現する。それが安倍のシナリオだったが、違憲論が強くなり、安倍は一転して逆風にさらされた。

真夏の五四日間の攻防戦

安倍の総裁任期満了の九月三〇日が近づいた。安保法制法案の成立が不透明となり、政府・与党は国会の会期を三日前の九月二七日まで三カ月以上も延長した。

維新の党（後の日本維新の会の前身）の総務会長だった片山虎之助《かたやまとらのすけ》（後に日本維新の会共同代表）に法案の成否について尋ねた。「今のままでは通らないと思う。通したら不協和音が起こって、ろくなことはない」と厳しい見通しを口にした。

過去に、自衛隊の海外派遣を初めて認めたPKO法案の場合も、一九九一年の通常国会、臨時国会、九二年の通常国会と三国会での審議を経てやっと成立した。安保法制法案についても、二〇一五年の通常国会での一発成立は困難では、と悲観的な見方も多かった。

安倍政権の陣容に不安があった。安倍と中谷はもともと姿勢や見解に違いがあった。衆議院の憲法審に呼んだ憲法学者の参考人の選考も不可解だった。担当者だった自民党憲法改正推進本部長の船田元《ふなだはじめ》（元経企庁長官）は、自ら「人選ミス」と釈明した。

安倍内閣による集団的自衛権の憲法解釈変更は、現憲法の範囲内で集団的自衛権の行使を容認し、安保法制法案の成立を図るのが狙いだった。なのに、法案を「違憲」と説く憲法学者を自民党推薦の参考人として呼んだのだ。安倍が人選にストップをかけた形跡はなかった。

六月下旬から政治の風景が大きく変わり始めた。維新の党は七月八日、安保法制法案の修正案を用意した。対案となる平和安全警備法案と国際平和協力支援法案は党独自に、領域警備法案（領域等の警備に関する法律案）は民主党と共同で、それぞれ国会に提出したが、三法案はすべて衆議院で否決された。

与党は維新の党が採決先送りを企図していると受け止め、与野党協議を打ち切った。七月一六日に衆議院で政府案を採決する。自民党、公明党、次世代の党などの賛成で可決し、安保法制法案は参議院に送付された。

衆議院で可決した法案は、参議院が受け取った後、国会休会中の期間を除いて六〇日以内に議決しない場合、衆議院で出席議員の三分の二以上の多数で再可決すれば成立する（憲法第五九条）。「六〇日ルール」と呼ばれる。

安保法制法案の衆議院可決の六〇日後は九月一四日だった。政府と与党は九月一四～一八日の週をゴールと見て、そこからの逆算で七月一六日に衆議院通過を図ったのである。

安倍政権は安保法制法案で中央突破作戦を敢行したが、反発と悪評が噴出した。途中、自民党議員の威圧発言が飛び出し、「一強によるおごり」と批判を浴びた。

安保法制違憲論も高まる。衆議院での法案の採決強行も重なって、支持率の下落が明らかになった。七月一七～一八日実施の共同通信の世論調査で、内閣支持率は二期目の安倍政権で最低の三七・七パーセントに落ち込んだ。

七月二七日、参議院での審議が開始した。通常国会の会期末は九月二七日だったが、一九日から大型連休が始まるため、法案成立のデッドラインは九月一八日と見られた。真夏の五四日間の攻防戦がスタートした。

安倍は二度目の政権を担って二年半、初めて際どい綱渡りに直面した。世論と民意の動向次第で、法案成立に黄信号が点灯した。総裁任期満了を前に、政権基盤が揺らぐ危険性を肌で感じ取ったのか、安倍は参議院の審議初日の七月二七日、「国民の間に厳しい意見があるのは承知」「分かりやすい説明で理解を得る努力を」と神妙に答えた。

自公体制も不安材料だった。自公合計なら参議院の過半数、衆議院の三分の二に届くが、自民党単独だと、参議院は過半数に八不足、衆議院は三分の二に二六の不足である。

「一強多弱」とはいえ、安保法制法案の成否のかぎを握っていたのは公明党であった。一四年七月の集団的自衛権の行使容認の閣議決定、一五年五月の安保法制法案の国会提出について、公明党は事前に自民党と与党協議を行い、共に法案成立を目指してきた。

与党協議を主導した北側や漆原ら、自公体制重視派が党内の論議をリードする態勢が確立している。ただ、安保法制法案に対する批判的な世論が拡大すれば、創価学会・公明党グループの中で反対論や慎重論が高まり、与党内でブレーキ役となる可能性があった。

だが、公明党の造反は起こらなかった。最後まで自公体制下で連立与党を続ける道を選んだ。

九月一六日、自民党、公明党、日本を元気にする会、次世代の党、新党改革（後に解党）の五党が「平和安全法制についての合意書」に署名した。一七日、合意書の内容が参議院の平和安全法制特別委員会で附帯決議として議決される。一九日、安保法制法案は参議院本会議で五党の賛成によって可決・成立した（施行は一六年三月二九日）。

集団的自衛権行使のための安保法制法案成立は、その是非や評価は別にして、一九五二年の吉田内閣の日米安保条約締結・発効、岸内閣の安保改定・批准と並ぶ戦後の安保政策の三大転換点の一つといっていい出来事であった。

六〇年の安保条約批准の際は、国会を取り巻いたデモの嵐の中で、首相の岸が退陣を余儀なくされた。五五年後の集団的自衛権行使容認のための安保法制法案成立の場面でも、反対デモが国会を取り巻いたが、政権を打倒するだけのパワーやエネルギーはなかった。

任期満了に伴う総裁選でも、出馬要件を満たした対抗馬は現れず、安倍は二〇一五年九月、希望どおり「無投票再選」を手にした。官房長官だった菅が、一四年七月の集団的自衛権をめぐる憲法解釈変更の閣議決定から、一二月の衆院選を経て、一五年九月の安保法制法案の可決・成立に至る一年三カ月を振り返って感想を述べた。

「この問題では国民世論が割れて、世論調査では反対のほうが多かった。政権の力、勢いがものすごくそがれます。一四年に総選挙をやって国民の理解をいただいた。そういう政権でないと、体力を消耗するから、なかなか難しい」

安保法制法案の成立は一四年衆院選の勝利が決め手になったと強調した。

終章

安保三文書改定——岸田文雄の賭け

「安倍元首相もできなかったこと」

二〇二三（令和五）年六月二一日、通常国会は「衆議院解散なし」で閉会となった。政治の焦点は、次に召集予定の臨時国会と、岸田文雄首相の解散再挑戦の成否を含めて、二四年九月に訪れる一期目の自民党総裁任期満了時の総裁選再選をにらんだ政権戦略の行方に移った。

二三年の通常国会での解散意欲は本気だったと見られる。二一年一〇月四日に政権を握った岸田は、二七日後の三一日の衆院選、二二年七月一〇日の参院選を乗り切った後、九月から一度、内閣支持率の低落に見舞われた。時事通信の世論調査で二三年一月、最低の二六・五パーセントまで下落した。

三月、悪化していた日韓関係の正常化、岸田のウクライナ電撃訪問などの外交実績も影響して、支持率が再浮上に転じる。そのころから、通常国会の会期末近くの解散・総選挙を視野に入れていたと見られた。だが、会期末の六日前の六月一五日、自ら「解散権不行使」を明言して国会を終えた。

前回の衆院選から一年八カ月だったのに、岸田は衆院選実施に前のめりになった。狙いは、何よりも総裁再選と長期の政権維持と見られた。加えて、必ずしも十分ではない首相としての実質的最高権力の掌握、求心力の確保など、自身の権力保持の思惑が第一だったと思われる。

安倍晋三元首相は二期目の政権で七年八カ月余、在任し、衆参選挙五戦全勝の記録を残した。退陣後、政権維持の要諦について、安倍本人に質問すると、「自民党総裁は選挙で負けなければ大丈夫。政権維持は、議席減をどの程度にとどめるか、負け方による」と語った。岸田は安倍政権時代、外相、自民党政調会長を務め、間近にいて安倍の政権運営術を学んだはずだ。「政権維持の切り札は衆議院解散」という明確な自覚があると見て疑いない。

にもかかわらず、二三年の前半、解散権を振り回した後、不行使を表明するというエラーを犯した。支持率回復と五月のG7広島サミット（主要七カ国首脳会議）開催、野党の選挙準備の遅れなどを見て、一度は勝利の好機と判断したのに、「一転、撤退」という迷走を演じた。解散・総選挙をめぐる首相の失態は、逆に政権弱体化を招く。それも承知で、なぜ解散見送りを選択したのか。

実際は、三月以来の外交実績などを帳消しにする「四つの誤算」に直面したからだ。第一は首相公邸での忘年会写真による長男・岸田翔太郎《きしだしょうたろう》首相秘書官の辞任騒動、第二は候補者調整をめぐる自民党と公明党の亀裂、第三はマイナンバーカードと健康保険証を一体化する「マイナ保険証」のトラブル続発、第四は性的マイノリティーへの理解を深めるＬＧＢＴ理解増進法案の拙速成立だ。そのまま七月総選挙に突入すると、「自民党は四〇議席以上の減、単独過半数割れも」という予想が流れた。

もう一つ、岸田解散作戦の大きな弱点は、急いで衆院選を行うための大義名分、つまり国民の信を問うべき重要な政治的争点や達成目標などが見当たらない点であった。首相が提唱する「新しい資本主義」、自ら「異次元」と位置づける少子化対策なども、大義名分の候補となりうるが、それ以上に、岸田政治の看板として国民の審判を仰ぐべきテーマがある。

岸田は二二年一二月一六日に自ら主導して決定した安保・防衛に関する三文書の改定について、「安倍元首相もできなかったことをやった」という自負があるようだ。それなら、安保政策の転換こそ、衆議院の解散・総選挙に挑む際、大義名分に掲げて戦うべき問題である。

三文書改定に対する評価

序章で触れたとおり、岸田内閣は安保三文書の柱である国家安全保障戦略で、「戦後の我が国の安全保障政策を実践面から大きく転換するもの」と宣言した。「歴史的転換」と位置づける三文書が、従来の安保・防衛に関する政策決定と大きく異なる特徴とは何か。

過去の防衛計画の大綱や中期防衛力整備計画では、防衛の目標、達成のためのアプローチと手段、保有すべき防衛力の水準、自衛隊の体制、防衛経費の総額、主要装備品の整備数量などを規定した。それに対して、岸田内閣の三文書改定では、国防のための戦略文書が必要という認識に立ち、国家安全保障に関する最上位の政策文書として国家安全保障戦略を決定した。

その点を強く意識して、岸田は「防衛政策の歴史的転換」とアピールしている。この自己評価は的を射ているのかどうか。安保・防衛問題に精通する笹川平和財団上級研究員の渡部恒雄《わたなべつねお》は、笹川平和財団の公式WEBページ「国際情報ネットワーク分析IINA」で、「日本の安保三文書の何が新しいのか?」と題して分析している（二三年五月二日公開）。

「防衛政策の歴史的な転換と考えていいのだろうか?　イエスであり、ノーである。（中略）日本は過去30年に渡り、安全保障政策について現実的な歩みを進めてきた。今回の安保三文書の決定も、その延長線上にあると考えれば、劇的な転換というよりも、着実に進歩を続けたこれまでの防衛政策の延長上にあると考えることができる。それでは、今回の安保三文書の何が新しいのか?　ひとことでいえば、日本の領域が、現実的に軍事攻撃を受ける事態を想定して、戦略を策定したという点に尽きるだろう」

国家安全保障戦略の下で、防衛目標を達成するための方法と手段を示すのが国家防衛戦略である。そこで、重視する能力として、七つの分野を取り上げた（「国家防衛戦略」の「Ⅳ　防

衛力の抜本的強化に当たって重視する能力」より）

①スタンド・オフ防衛能力（日本に侵攻してくる艦艇や上陸部隊などに対して脅威圏の外から対処する能力）、②統合防空ミサイル防衛能力（探知・追尾能力や迎撃能力の抜本的強化、ネットワークを通じて各種センサー・シューターを一元的かつ最適に運用できる体制の確立）、③無人アセット防衛能力（有人機の任務代替を通じた無人化・省人化により、自衛隊の装備体系、組織の最適化を推進）、④領域横断作戦能力（宇宙・サイバー・電磁波の領域、陸・海・空の領域における能力の有機的融合と相乗効果による能力増幅）、⑤指揮統制・情報関連機能（ＡＩの導入などを含め、リアルタイム性・抗たん性・柔軟性のあるネットワークの構築、迅速・確実なＩＳＲＴの実現など）、⑥機動展開能力・国民保護（自衛隊の海上・航空の輸送力強化、民間輸送力の最大限活用、住民避難の迅速化など、輸送・補給の迅速化）、⑦持続性・強靭性（自衛隊の継戦能力の確保・維持）。

この中に出てくる「抗たん性」（抗堪性）とは、一般に「基地や軍事施設が敵の攻撃を受けた場合などに被害を局限して機能を維持する能力」という意味で使われる用語である。最近では対象をさらに広げて、宇宙システムの安定的利用の確保についても用いられている。

もう一つ、「ＩＳＲＴ」は、Ｉ（Intelligence。情報収集）、Ｓ（Surveillance。警戒監視）、Ｒ（Reconnaissance。偵察）、Ｔ（Targeting。攻撃目標選定）の略だ。

岸田政権による三文書改定に対する評価について、安保・防衛の分野にも詳しい野党の政治家の反応を聞いた。

国民民主党の前原誠司が、「中国の軍事力の拡大、北朝鮮の核ミサイル開発、ロシアのウクライナ侵攻という厳然たる事実を見れば、紛争あるいは戦争リスクが高くなっているのは間違いないと思いますね」と、現在の安全保障環境を分析した上で、三文書について述べる。

「私は党の安全保障調査会長で、三文書に対して、党としての考え方をまとめて岸田首相に提出しました。この提言と三文書はほとんど齟齬はないと思います。アメリカは本当に信頼できるのか。首相は答弁で『信頼している』と言わなければいけないし、私が聞かれても『信頼しています』と言い続けますが、腹の中では、アメリカは本当に日本を守ってくれるのか、常に考えなければいけない。日本が他国から攻められたとき、少しでも自分の国は自分で守れるようにする。その第一歩になっていることについて、私は三文書を評価するし、この方向性に進めていかなければいけない」

日本維新の会の浅田均は、三文書改定を手掛けた岸田の姿勢と本気度を問題にした。

「安倍元首相が掲げた路線で、安倍さんができなかったことをやろうとしている印象です。安倍さんは在任中、外交と軍事は表裏一体という世界標準に持っていこうとかなり努力した。岸田さんはさらにそこに近づけるための努力をしているというところが安保三文書改定に出ていると思います。ですが、岸田さんは自民党の派閥・宏池会の領袖です。実際にどこまで世界標準を意識しているかは分かりません。日本の安全保障は現在の岸田政権の対応では不十分ですね。安倍さんは世界が平和でないと日本も平和ではないと考え、そこに日本はどれだけ貢献できるか、それを『積極的平和外交』と言いました。岸田さんもそこまで踏み込んで独自路線として進めていけるかどうかです」

専守防衛のための「反撃能力」

第一章で述べたように、戦後の安全保障体制の起点は一九四七（昭和二二）年五月の現憲法の施行である。周知のとおり、前文で「平和を愛する諸国民の公正と信義に信頼して、われらの安全と生存を保持しようと決意した」と宣言した。第九条第一項では「正義と秩序を基調とする国際平和を誠実に希求し、国権の発動たる戦争と、武力による威嚇又は武力の行使は、国際紛争を解決する手段としては、永久にこれを放棄する」と内外に向けて約束した。

それから七六年、日本を取り巻く安全保障環境の現実は、現憲法が前提とした「平和を愛する諸国民の公正と信義」「正義と秩序を基調とする国際平和」とは大きな隔たりがある。世界のその現実は誰も否定しないだろう。

戦後の日本は、憲法の理念と規定に基づいて、専守防衛の方針を堅持してきた。元防衛相の小野寺五典が、ウクライナの現状を取り上げ、世界情勢の実態について解説している。

「ウクライナは専守防衛をしている限り、多分、最終的に勝利はないと思うんです。あるとすれば、停戦ですが、停戦のきっかけは、ウクライナが『勘弁してくれ』と言うか、ロシアが『これ以上、攻めるのを許してやるよ』と言うか、こういう形しかない。ロシア国内への攻撃ができないとすると、一方的にやられ尽くしていくしかない。これはリアルな姿として国民によく理解していただく必要がある。ですから、敢えて一つの例として、『ウクライナが専守防衛の国。今、殺されている民間人はみんなウクライナ人、壊されているのはみんなウクライナの領土』と説明しています」

序章でも触れたように、小野寺は、ロシアのウクライナ侵攻によって、「中ロがタッグを組む状況」と「戦争の仕方が変わった」という点を強調した。その認識をベースに浮上したのが、戦後の安全保障政策で初めて登場することになる「反撃能力」という考え方であった。

この言葉は小野寺が発案者である。狙いを明かした。

「実際の防衛装備においても変革が必要でした。ミサイル防衛では、相手のミサイルを撃ち落とします。しかし、すごい技術と莫大な予算が必要で、これを追い続けたら、国が破綻してしまう。であれば、ある程度の防衛力は持ちますが、そこから先はむしろこちらから反撃する。それによって抑止力を高める。この現実的な対応を取らざるをえない。そう思って『反撃能力』という言葉を作り上げ、政府の案として採用していただいた」

「反撃能力」という表現を使うことになる経緯について、小野寺が続けて証言する。

「こちらからの攻撃について、『打撃力』とか『策源地攻撃』とか、いろいろな言葉があったのですが、どれもしっくり来ないと思った。どういう言葉にするか、難しかったのです。政府の政策にした場合、周辺国に配慮する必要がある。間違って伝わると、『軍国主義化する日本』と悪宣伝に使われかねない。英語で何が一番、妥当か、考えました。外務省とも相談したら、『カウンターストライク・キャパビリティ（counterstrike capability）』が最も常識的な言葉だろう、と。『先制攻撃』は国連憲章で否定されています。その中での考え方ということで、日本語に直し、反撃能力にした。岸田総理にご説明すると、『うーん、まあそうかな』という感じでご理解いただいたと思います」

三文書の柱の国家安全保障戦略では「専守防衛に徹し、非核三原則を堅持するとの基本方針は今後も変わらない」と表明している。その一方で、「反撃能力を保有する必要がある」と認めるのは、矛盾する内容を含んでいる、と受け取る人もいるに違いない。

その点について、小野寺は「反撃能力は専守防衛の範囲に入る」と説く。

「憲法の解釈では、自衛の能力を持つこと自体は憲法に違反しないということなので、反撃能力を持っても、専守防衛という考え方には抵触しないと思います。専守防衛で日本を守るには、いわば『待っていて攻撃する』という戦いでした。技術的な変化で、今の具体的な戦争は、相手の領土から直接、ミサイルが飛んでくる。今は撃たれたらすぐに食い止めるか、撃つ前に食い止めるかです。相手の領土にあるものを攻撃して無力化するしかない。これは日本を守るための防衛としては何も変わっていないスタンスです」

「日本のサイバー空間だけが無法地帯」

「戦争の仕方が変わった」という状況変化に伴って、今後、新たに議論や検討の対象となる安全保障のテーマがいくつか浮かび上がってきた。第一は、すでに数年前から重要問題として取り上げられているサイバー安全保障である。

サイバー空間を利用した侵害行為をサイバー攻撃と呼ぶ。誰が仕掛けているかを突き止めるのが容易ではなく、攻撃する側が一方的に有利な立場にあり、かつ簡単に国境の壁を突破して攻撃を実行できる点が特徴である。

この分野については、日本では安倍内閣時代の二〇一四年一一月にサイバーセキュリティ基本法が成立した。政府は一五年から三年ごとにサイバーセキュリティ戦略を閣議決定して必要な対策を打ち出すことになっている。

といっても、国家の安全保障に関わる問題では、対応はとても十分とはいえないのが現状のようだ。事情に詳しい浅田が解説する。

「日本はかなり弱いです。中国には三万人、北朝鮮にも五〇〇〇人のサイバー部隊があり、例えばＤＤｏＳ攻撃といって、一点に絞って攻撃してくるわけです」

ＮＴＴコミュニケーションズのサイト「ドコモ・ビジネス」の解説では、ウェブサイトやサーバーに対して過剰なアクセスやデータを送付するサイバー攻撃を「ＤＤｏＳ攻撃」(Distributed Denial of Service。分散型サービス拒否攻撃。読み方は「ディードス攻撃」)と説明している。ＤＤｏＳ攻撃を受けると、サーバーやネットワーク機器などに対して大きな負担がかかるため、ウェブサイトへのアクセスができなくなったり、ネットワークの遅延が起こったりするという。浅田が続ける。

「電力会社を対象にすると、特定の地域に限って停電させることが可能です。首相官邸に的を絞って、官邸への電気の供給を全部、遮断してしまう。コンピューターも止まってしまう。そういう状況にするのは可能です」

他国の国家機関がサイバー攻撃を仕掛けたとき、これを日本に対する武力行使、あるいは戦争行為と見なして自衛力や反撃能力で対抗することが憲法上、可能かどうか。小野寺が言う。

「非常に難しい議論です。サイバー空間の中では、国際ルールはない。今までは相手の領土を壊滅的に攻撃することは憲法上、できないと言っていましたけど、サイバー空間上、領土はない。どこまでが領土で、どこまでの攻撃が武力攻撃か、やっていいのは何か、だめなのは何かは、世界中、基準も非常にあいまいです。こちらから相手に対してサーバーをダウンするようなことを行ったら武力攻撃に当たるのか。これもよく分からない。それを盾に、各国はある面で自由なことをしていますす」

安全保障問題の専門家の自民党の石破茂も訴える。

「コンピューターのキーをたたいただけで、武力攻撃と同じような破壊力を持つ場合、つまり、わが国の発電所、水道のような重要インフラシステムが破壊されたり、通信が断絶したり、といった場合は、『わが国に対する急迫、不正の武力攻撃』と認定することは可能だと思います。であれば、どの段階で認定するか。向こうはキーをたたいているだけだから、それに対していかなる反撃が可能か、きちんと法的に詰めなければなりません。日本に対するサイバー攻撃を、どこの国の誰がやっているのか、それを突き止める能力は、必ずしもわが国は十分ではない。自衛隊にもサイバー部隊はあるけど、やるのは自衛隊のコンピューターシステムの防衛だけです」

小野寺は「日本のサイバー空間だけが無法地帯」という現状を問題にした。

「日本は憲法上の制約があり、通信の秘密の保護をとても厳しくしていて、サイバー分野では世界で最も厳しい規制が作られています。不正アクセス禁止のためのさまざまな法律、攻撃を仕掛けるウイルスの作成を禁止する法律もある。自分たちの手足を縛っている点では、多分、世界でもトップクラスです。日本では今、サイバー空間でパトロールができません。日本だけが無法地帯になっています。日本としても、取り締まる人がサイバー空間の中をパトロールできるようにする必要があるのではないか。そういう方向の法改正が必要では、と思います。今回の三文書にもそれを書き、与党で合意して、大枠は了承しました」

前原はこの問題に対する政府の対応の遅さを指摘した。

「政府は今、準備室を作って情報を集めている段階ですけど、法案が出てくるのは、おそらく二〇二四年だと思う。それを急がせる意味で、理念法ですけど、わが党は政府案よりも踏み込んだ『サイバー安全保障基本法（仮称）』の骨子案を用意し、党の安全保障調査会で二三年六月から議論を始めました。『アクティブ・サイバー・ディフェンス（能動的サイバー防御）』を唱えていますが、今までのように受け身だけだと、元を断てないからです。やられて、初めて『しまった』ということではいけない。まずパトロールし、日本への攻撃を事前に探知して、ある程度、元を断てるようなものを作る。それは『専守防衛の範囲』という建て付けの中で、ある程度、必要です。ミサイル発射が判明した場合、ほかに手段がなければ、敵のミサイル基地を攻撃できるという憲法解釈と全く同じです」

核政策・経済安全保障・防衛装備移転

もう一つ、安全保障の問題として見過ごせないのは、日本の核政策の在り方である。特に核兵器保有大国であるロシアが、現実に非核国のウクライナを侵攻し、戦術核兵器の使用をちらつかせている。一方で、同じく核保有国の中国が、軍事力拡大と膨張主義で独走を続ける。

日本は一貫して「アメリカの核の傘の下での非核路線」を続けてきた。ところが、核戦争の危険性という世界情勢の新しい現実が、日本の核政策に大きな影響を与える可能性がある。

石破はこの問題について、独自の見解を唱える。

「まず核抑止力の実効性をきちんと担保する方策を考えるべきで、ニュークリア・シェアリング（核共有）の議論もすべきです。核共有とは、核兵器そのものを共有することではないし、日本が核を持つことでもありません。核兵器の使用の責任とプロセスを共有する政治的な仕組みです。核抑止力、拡大核抑止の実効性を高める方策を考えるときに、ニュークリア・シェアリングの議論は避けて通れないと思っています。NATOの文書が示すように、核共有とは核兵器使用に関するリスクと決定に至る過程を共有することです。NATOでは、核兵器使用の決定権限も核兵器の管理権もアメリカが持ちますが、どんなときに使うか、使わないかという決定過程に常に関与し、意見を述べる機会が同盟国に与えられています。これに対して、日米では、使うも使わないもアメリカに任せよと言うに等しい状態になっています。ですから、核抑止の実効性を高めるためにはその議論が必須です」

石破は日本が核保有国とともに核政策に主体的に関与する道を模索すべきだと訴える。

他方、浅田は、日本は非核に徹して核防条約の体制を強化していくのが重要と主張した。

「日本は核兵器を持つと、NPTから脱退する必要があります。日米原子力協定も破棄しなければならなくなる。原子力発電所も動かせなくなる可能性があるので、それはできません。日本はNPTに残って、NPT体制を強化していく。核保有国と非保有国を明確に分けて、核を持っていないところには『絶対に持ってはだめよ』と、持っているところには『減らしていきましょう』と言い続ける。平和利用の道を新たに組み立てていくのが現実的ではないかなと考えています」

日本の安保・防衛の問題で今後、重要課題になると思われるテーマは、ほかにも数多い。具体的な問題点の一つは、国民生活や産業に不可欠の材料や物品に関係するサプライチェーン（供給網）の確保などの経済安全保障である。岸田内閣は二二年二月、サプライチェーンの強化、先端技術の開発支援、インフラの安全確保、特許の非公開化を四本柱とする経済安全保障推進法案を閣議決定した。法案は二二年五月に国会で成立した。

経済安全保障は世界的に経済と軍事・外交の境界線があいまいになったことによって生じた問題である。安全保障を軍事・外交だけでなく、経済的な手段や方法によって実現するという対応が今後、さらに必要となる。

第二は、防衛装備移転だ。始まりは一九六七（昭和四二）年四月の佐藤栄作首相の国会答弁による「武器輸出三原則」であった。

共産圏諸国や国際紛争の当事国などへの武器の輸出を認めないことにした。四七年後の二〇一四年四月、安倍内閣が閣議決定した国家安全保障戦略に基づいて、「武器輸出三原則」に代わる新しい方針として「防衛装備移転三原則」を打ち出した。

「武器輸出三原則」は、原則的に武器の輸出や国際共同開発は認めず、必要があれば例外規定の設定で運用するというのが基本方針だった。それに対して、「防衛装備移転三原則」は、基本的に武器の輸出入を認める方針に転換し、禁止が必要な場合は審査規定に基づいて認めることにした。そこが大きな違いであった。

二二年一二月に岸田内閣が決定した新しい国家安全保障戦略は、「Ⅵ　我が国が優先する戦略アプローチ」の「(2)　我が国の防衛体制の強化」で、「エ　防衛装備移転の推進」と題して以下のようにうたっている。

「安全保障上意義が高い防衛装備移転や国際共同開発を幅広い分野で円滑に行うため、防衛装備移転三原則や運用指針を始めとする制度の見直しについて検討する。その際、三つの原則そのものは維持しつつ、防衛装備移転の必要性、要件、関連手続の透明性の確保等について十分に検討する。また、防衛装備移転を円滑に進めるための各種支援を行うこと等により、官民一体となって防衛装備移転を進める」

それに基づいて、二三年前半から与党の自民党と公明党が防衛装備の移転や供与の拡大、殺傷能力のある武器の輸出の制限緩和など、従来の「防衛装備移転三原則」の見直しと新しい運用方針について、議論を進めている。

難関の防衛財源問題

それらの課題と並んで、政権の行方だけでなく、国の将来を左右しかねないのは、防衛力強化に伴う防衛費の増額の問題である。

岸田の安保政策の「歴史的転換」は、安保三文書改定と防衛費増額プランがセットになっている。長く対GDP比一パーセント以内だった日本の防衛予算を、この時点でなぜ「五年で二パーセント、約四三兆円」にするのか。

世界情勢に対応して、日本の安全保障上、必要とされる防衛費を積み重ねた結果、はじき出された数字なら、理解できないわけではない。実態はどうか。小野寺が実状を説明する。

「現在の安全保障環境の中で、日本の周辺で紛争を起こさせないためには、日本だけでなく、日米同盟など、チームとしての抑止力が必要です。チームは、結束力だけでなく、それぞれの国に目標を課しています。それがGDP比二パーセントなんです。これはNATOの国がそれぞれ決めたことだと思うんですが、NATOの議論の詳細は分かりません。アメリカは確か三パーセント以上、NATOでも主要な国は、ドイツを除いて二パーセントを超えています。おそらくこのくらいの努力を、という数字だと思います」

ドイツのオラフ・ショルツ首相の政権も、二三年六月一四日に初の国家安全保障戦略を策定し、国防費をGDP比で二パーセントに引き上げると明記した。

石破に「なぜいきなりGDP比二パーセントという数字が独り歩きするのか」と質問した。石破は笑いながら、一方で鋭い「警告」を口にした。

「それは『もう一声』みたいな……。ドナルド・トランプ大統領の時代、NATOに対して二パーセントを要求した。だから、日本も二パーセント、ということだとすると、議論としてはかなり粗略ですね。ＮＡＴＯよりも日本の安全保障環境が厳しいなら、二パーセントどころか、三パーセントという議論だって、あるでしょう。その精査なしに、ＮＡＴＯが二パーセントなら日本も二パーセントというのは、論理的にぶっ飛んだ話だと思っています」

防衛費増額の根拠や理由をめぐる疑問は小さくない。それ以上に、岸田内閣が国民への説明で回答に四苦八苦しそうなのが、防衛予算増額に充てる財源の問題である。この点では、二三年の通常国会で、六月一六日に財源を裏付ける防衛力強化財源確保法が成立したが、当面の対策だけで、防衛増税問題も含めた抜本的な解決策は先送りされた。

前原は「この財源確保法案はひどい内容。安定財源とは言えない。しかもちぐはぐ」と一刀両断にした。

「法律に書かれているのは、防衛力強化の一部だけです。その対象を占めるのは二三年度の外国為替資金特別会計で、剰余金の繰り入れを約束しているのがメインです。後の増税とか歳出改革とか決算剰余金の活用は法律に書いていない。鈴木俊一財務相の答弁は、最後はやむにやまれず、『政治的な判断』と言って逃げるしかないわけです」

岸田政権はなぜ逃げるのか。逃げた後、何をやろうとしているのか。前原が続ける。

「理由はおそらく衆院選。その前は逃げておきたい。選挙の後にやるのでしょう」

この先、岸田が「歴史的転換」と称する安保政策の是非を大義名分にして、解散再挑戦に臨むという選択を行った場合、国民は衆院選でどんな判定を下すのか。もしかすると、防衛費の問題が最大の争点となる可能性がある。

財政や、さらに増税議論が衆院選の焦点になれば、同じ轍を踏んで何度も苦杯をなめたことがある過去の自民党政権と同様に、総選挙敗北、政権崩壊も、という懸念が消えない。その結果、解散・総選挙をパスし、岸田政権が衆院選なしで二四年の自民党総裁任期満了を迎えるという展開もありうる。

そのシナリオで、総裁選再選・首相続投を果たすことができるかどうか。国民の支持を失えば、その前に政権が死に体化して漂流状態となり、命運が尽きるおそれもある。

「安保政戦」のかぎを握るのは民意

ここまで、戦後七八年の安全保障と防衛に関する政府の基本方針や重要政策の決定過程を検証・追跡した。取り上げたのは、第一に安全保障政策の基盤と骨格を形成する憲法、日米安保、集団的自衛権の在り方、第二に戦後日本の基本路線となった非核三原則、専守防衛、防衛費一パーセント枠、自衛隊の海外派遣、行政機構の防衛省と文民統制という選択、第三に安全保障と防衛の根幹に関わるココム違反事件、北朝鮮の核疑惑、尖閣諸島をめぐる日中衝突という過去の大きな出来事である。

これらの問題を追究する際、いつも立ち止まって考え込む疑問点がある。戦後の日本で安全保障と防衛の基本方針や政策を決定する際、決め手となる最大のパワーとは何だったのかというなぞであった。

言うまでもなく、国の安全保障を確保し、国民の平和と安全を守るのは、「政治」の重大な責務の一つである。実際は、政治の舞台の表と裏で、政権を担う政府・与党と、それに対峙する野党勢が、敵味方に分かれて、しばしば先鋭的に対立したり、時には綱引きや駆け引きなど、重層的なパワーゲームを繰り広げたりする。

表面上、展開するのは、理念や路線を異にする政治勢力による攻防戦だが、「安保政戦」の内幕をのぞくと、別の対決の図式が浮かび上がる。政府・与党も、一方の野党勢も、向き合っている相手を打ち負かすこと以上に、もう一つの「見えざる強力なパワー」をどうやって味方に取り込むかという戦いを強く意識しているからだ。

「見えざるパワー」とは、幅広い国民の民意である。ここで取り上げた「安保政戦」の内実をのぞいても、多くの場合、勝敗のかぎを握っていたのは民意だった。政府・与党は「民意との結託」に腐心し、敵対する側も「ノーと言う民意」を頼りにした。

一言で民意といっても、一定でも不変でもなければ、単色、一様というわけでもない。時代や情勢の変化によって大きく動く。民意が示す回答は正しいとは限らない。ポピュリズムなどの影響を受けて、結果的に間違った判断や方向を指向することも珍しくない。

それでも、戦後、七〇年以上の長期にわたる暗中模索と試行錯誤、紆余曲折を経て、日本国民は日本流デモクラシーを自分のものとした。それに基づく「民意による政治」は、今や政策決定の最大の要素であることは疑いない。

ただし、安全保障と防衛の分野では懸念材料もないわけではない。それは戦後の日本における安全保障と防衛の議論、国の方針や政策の決定は、ここまですべて「将来、起こるかもしれない仮想の有事」を想定した一種のシミュレーションのオンパレードだったという現実である。幸か不幸か、「本物の有事」はまだ一度も経験がないというのが、戦後の歴史の真実だ。

シミュレーションとしての議論や決定における「民意の政治」では、おおむね「賢明な日本国民」の「理性的で冷静な判断」がプラスに作用してきた。だが、現代の日本にとって未体験の「本物の有事」に遭遇したとき、民意はどう動くのか。

「本物の有事」に直面する場面が訪れるかどうかは予想がつかないが、日本の安全保障の将来を考えるとき、現在、何よりも大きなポイントは、誰もが懸念する安全保障環境の変化である。繰り返し述べてきたとおり、中国、ロシア、北朝鮮という周辺諸国の軍事・外交での実際の行動が、安全保障の直接の脅威となっているのは間違いない。

日本が平和で安全な国であり続け、かつ他国の支配や圧迫にさらされることなく、人権や自由が保障された独立国として存続するにはどんな条件が必要か、考えてみた。

日本が膨張主義や覇権主義を企図して他国に侵略や武力行使を行ったり、他国の軍事的脅威となるような方向を目指したりするのは、もちろん論外である。日本は平和国家を指向しているのに、他国からの直接または間接の武力攻撃、軍事的圧力、領土・領海・領空の侵犯や主権侵害など、平和と安全が脅かされるような事態を招かないためにはどうすればいいか。

現憲法が施行された七六年前は、第二次大戦終了の二年後で、米ソ対立が本格化する前だった。日本は戦前・戦中期の選択への反省を最重視し、憲法で非戦・非武装を宣言して再出発した。現実には東西冷戦が進行する国際情勢の中で、西側の自由主義陣営の一員の道を選び、平和と安全の確保については、日米同盟に全面的に依存してアメリカの傘の下で生きてきた。

東西冷戦は約四五年で幕となる。一九九〇年代以降、ポスト冷戦の時代を迎えた。

中国や北朝鮮が健在のアジアでは、冷戦は続行中という見方も有力だった。だが、ポスト冷戦ではアメリカによる「一強他弱」の世界が出現した。各地で「ならず者国家」による局地的な軍事的危機は続発したものの、中国とロシアの膨張主義が顕著となるまでの二十数年は、世界の安全保障環境は比較的良好であった。

平和国家と経済立国は表裏一体

日本は冷戦期とポスト冷戦の時代を通じて、全体として日米同盟の下で「富国・軽軍備」の方針を守り続け、経済大国への到達に成功した。無論、経済最優先の一本槍、成長至上主義の一直線で目標にたどり着いたわけではない。第一章から第一一章まで、個別の各テーマで解明を試みた攻防の軌跡を見ても分かるように、一筋縄では行かない難問を、時には乗り越え、その一方では失敗で苦汁をなめながら手にした経済大国の座であった。

過去七〇年余、日本は世界の中で「一国繁栄主義」と攻撃を受けることが少なくなかった。「一国繁栄主義」は「一国平和主義」と背中合わせという一面がある。共に、世界の繁栄や平和よりも自国の繁栄と平和を優先させる、あるいは世界の繁栄や平和を無視して自国の繁栄と平和だけを追い求めるご都合主義、と批判を浴びてきた。

悪評にさらされながらも、一国主義が可能な時代は、それで間に合った。ところが、ここに来て、第二次大戦終結後、おそらく初めて一国繁栄主義も一国平和主義も通用しない時代が到来したと見るべきだろう。

前出の浅田の発言にも登場するように、安倍は「世界が平和でなければ、日本も平和ではない」と考えた。この「日本が平和であるためには、世界が平和でなければならない」という基本的な考え方は間違っていない。世界が平和でなければ、日本も安全保障の危機に直面する、という事態が現実となりそうな場面に遭遇しているからだ。

世界中の人々が、知恵を絞り、勇気を奮って行動しても、なかなか狙いどおりにはならないように、世界の平和は簡単には実現しない。その問題で、日本は何ができるのか。独自の外交努力、国連などの国際機関の強化と改革、経済協力や経済支援、チームとしての諸外国との同盟関係の維持・構築、有事の対友好国支援、平時の平和維持活動などが挙げられる。

世界の平和とともに、日本は直接、自国を武力攻撃の対象とする国が出現した場合を想定して、独自に平和を守るための措置を講じる必要がある。憲法施行直後のような「非武装」を目指す「丸腰国家」は、軍事力のバランスという点から見ても、平和と安全を揺るがす空白地帯として、膨張主義路線の標的となりやすい。

独自に自国の平和を守る能力が自衛力である。他国の脅威とならない必要・最小限度の自衛力が必須条件であるのは論をまたない。

さらに、他国が日本に対して軍事力を行使しようとすれば、逆に日本からの反撃で多大な損害を被ると事前に自覚させることも重要な視点である。それによって、他国からの攻撃を阻止できるという意味で、抑止力を備えることも安全保障の重要な対応措置と考えるべきだ。

もう一つ、無視することができない点がある。国家と国民の安全保障にとって、隠れた大きな武器は経済力である。過去七〇年余、日本が他国からの武力攻撃という安全保障の危機に直面することなく、平和を維持できた最大の要因は、疑いなく日米同盟という巨大な防衛の傘の力だった。同時に、一時は年額のGDPでアメリカに次いで世界第二位の地位を築いた経済力も、安全保障の大きな盾だったと見ることができる。

経済力が大きければ、比例して財政も強くなる。それなりに防衛費の負担も可能となるため、防衛力も高まるが、それだけではない。経済力を背景とした政・官・民の外交力や、国際関係での発言力も、広い意味で安全保障の面で大きなパワーとなりうる。

併せて、経済力が大きい国に対する攻撃や侵略は、それを仕掛ける側も、経済面で大きな打撃を受けるという意味で、経済力には抑止力としての効用もある。過去七〇年余、日本が平和を維持できたことと、経済力の大きい国となりえたことは、歴史上、たまたま重なり合って実現した「偶然の一致」の結果ではない。平和国家と経済立国は表裏一体と見るべきだろう。

これからの安全保障を考える際、岸田政権は安保三文書改定で問題提起したように、安全保障環境の激変や、科学・技術の革命的な進歩による戦争の仕方の大変化で、新たに生じるさまざまな課題やテーマにどう取り組むのか。その問題も、もちろん重要である。それとともに、「失われた三〇年」による長期低迷を脱して日本経済を飛躍的に再生させることが、長期的に安全保障の面でも大きなポイントである点を見逃してはならない。

二三年一〇月、政権獲得から二年を迎える岸田は、長期政権戦略の模索に懸命だ。安保・防衛政策とともに、経済もまた「歴史的転換期」を迎えようとしているという時代認識に立って、日本経済復活のシナリオを用意し、具体的な実行プランも提示して、果敢に挑戦することができるかどうか。間もなく三年目を迎える岸田政治はこれからが真価を問われる正念場である。

あとがき

私は一九四六（昭和二一）年七月、四国の高知で生まれた。振り返ると、現行憲法の施行の約一〇カ月前である。「戦争の放棄」を定めた現憲法と私の人生はほぼ重複しているが、過去七七年の思い出をたどると、物心が付いたときから現在まで、安全保障に関して、「これは重大な危機では」という気持ちになった大きな出来事が三つある。

第一は一九六〇年の日米安全保障条約改定をめぐる「六〇年安保騒動」、第二は二〇〇一（平成一三）年九月一一日のアメリカでの「同時多発テロ」のテレビ中継の映像、第三は二〇二二（令和四）年二月二四日に始まったロシアによるウクライナ侵攻の報道だ。

「六〇年安保」は中学二年のときだった。東京は連日、デモの渦となる。といっても、四国の片隅にいて、緊迫した雰囲気はストレートには伝わってこない。そのとき、中学で漢文を教える古武士のような老教諭がつぶやいた一言は長く耳に残った。「東京は今、革命前夜の状態だ。もしかすると、革命で政府が倒れ、日本は社会主義の国になるかもしれない」と真剣な顔で説明した。東京で展開する激動の意味を知らされた。

だが、実際には革命も社会主義も実現しなかった。映画の画面が切り替わるように、日本の風景は一転して成長と豊かさを追い求める経済と平和の場面に変わった。

五年後の六五年、大学受験浪人中に、表題の「海洋」の二文字に引き寄せられて高坂正堯さん（当時は京都大学助教授）の著書『海洋国家日本の構想』（中央公論社・一九六〇年刊）を購入した。世界地図の中での国際政治というアプローチに初めて接する。併せて戦後の日本の潮流だった「理想主義の平和論」の問題点と、「現実主義の平和論」の着眼点を学んだ。

六六年、慶応義塾大学法学部政治学科に入った。三年生から中村菊男教授のゼミに所属した。中村菊男編著『日米安保肯定論』（有信堂・一九六七年刊）を読む。東西冷戦下での自由主義陣営と日米同盟の選択、経済立国路線と安全保障の関係、日米安保条約の経済効果など、「現実主義の平和論」の基盤と構造を知った。

大学卒業の七年後の七七年四月に月刊『文藝春秋』の契約記者となる。以来、四六年余、取材や調査を基に記事を書く仕事を続けてきた。八三年に一本立ちしてノンフィクションの書き手になった。以後、取り組んだテーマは政治、行政、経済、財政・金融、人物研究、近・現代史、日米関係などだが、題材の八割以上は政治と霞が関の官僚機構の話だった。

多くの場合、政権争奪劇、政局と権力闘争、政策決定過程、政治家や官僚の人間像と生き方などが関心の焦点だが、胸の内でいつも気掛かりだったことがある。日本の民主主義は大丈夫か、経済と国民生活の行方は、という点と、もう一つは安全保障である。政治や行政や経済をウォッチしていて、一方で、いつの日か安全保障の問題に取り組みたいと思った。

チャンスは八六年の年初に訪れた。『中央公論』編集長だった近藤大博さん（後に日本大学教授）から「七六年に三木武夫内閣で決まった『防衛費対GNP比一パーセント枠』の決定の内幕をレポートしませんか」とお誘いいただいた。九年余が過ぎた八五〜八六年、当時の中曽根康弘首相がこの一パーセント枠の撤廃を企図して動き始めているタイミングであった（掲載された記事は、本書四四六ページの「初出記事一覧」の【第四章】「カネと防衛」〈一九八六年五月号〉と、【第六章】「ドキュメント『一％枠』決壊の五〇〇日」〈一九八七年四月号〉）。

その後、現在まで三七年余、安全保障・防衛に関する記事を五〇本前後、執筆し、雑誌、新聞、WEB上のオンラインページなどで発表・公開してきた。本書はそれらの記事が基になっている（各記事の初出は四四六〜四四九ページの「初出記事一覧」を）。

各記事を執筆する際、取材で多くの関係者のご協力を得た。その方々のリストを巻末に掲載した。大部分は私が直接お目にかかってお話をお聞きしたが、一部、取材を手伝っていただいた吉田茂人さん（元『文藝春秋』記者。後に月刊『ニューリーダー』編集長）、中川一徳さん（現ノンフィクション作家）、佐久間哲夫さんがインタビューした方が含まれている。

リストにお名前を掲げなかったが、ほかに匿名を条件にご協力を賜った方が多数いる。本書の刊行は、ひとえに皆様方のご支援とご厚意のお陰である。改めて感謝の意を表します。

初出記事執筆の際、各メディアの左記の担当編集者の方々にご指導とご支援を賜った（敬称略）。『月刊Ａｓａｈｉ』角倉二朗、永山義高、杉山直隆、中野晴文、杉野信雄、伊中義明、

『月刊公論』飯田裕子、中岡真保美、『サンデー毎日』城倉由光、『諸君！』内田博人、西本幸恒、『中央公論』近藤大博、堀間善憲、『ニューリーダー』足立亶、清水恵彦、切手洋子、『プレジデントオンライン』中田英明、『文藝春秋』中井勝。大変お世話になりました。

本書の企画と本作りで、東洋経済新報社の出版局編集第一部長の岡田光司さんのお力添えを得た。二〇二二年刊の拙著『大阪政治攻防50年』に続いて担当していただき、今回も構想の段階から企画、取材、執筆、校正に至るまで、行き届いたサポートを頂戴した。「安全保障政策をめぐる攻防の軌跡を本に」という私の提案にその場でご賛同くださり、刊行の道をご用意いただいた。岡田さんのご尽力とご支援がなければ、本書は誕生していなかったと思う。

今年三月、「今こそ安全保障政策とその決定の内実を読者に」というアドバイスを頂戴した経済倶楽部常任理事の日暮良一さん、いつも貴重なご提案やご助言をくださる東洋経済新報社社長の田北浩章さんにも、ご助力を賜った。ありがとうございました。

なお、勝手ながら、漢字の表記は原則として新字に統一し、お名前はすべて敬称を略させていただきました。

二〇二三年九月

塩田　潮

主な参考資料（五十音順）

秋山昌廣『日米の戦略対話が始まった』亜紀書房・二〇〇二年

浅野善治・岩﨑隆二・植村勝慶・浦田一郎・川﨑政司・只野雅人編『憲法答弁集［1947—1999］』信山社出版・二〇〇三年

朝日新聞「湾岸危機」取材班『湾岸戦争と日本——問われる危機管理』朝日新聞社・一九九一年

麻布昭「弄ばれる『平和協力法』」『諸君！』一九九〇年一二月号

アジア・パシフィック・イニシアティブ『検証　安倍政権　保守とリアリズムの政治』文春新書・二〇二二年

安倍晋三『美しい国へ』文春新書・二〇〇六年

安倍晋三『新しい国へ——美しい国へ　完全版』文春新書・二〇一三年

安倍晋三『安倍晋三　回顧録』中央公論新社・二〇二三年

飯島勲『小泉官邸秘録』日本経済新聞社・二〇〇六年

五百旗頭真・伊藤元重・薬師寺克行編『90年代の証言　小沢一郎　政権奪取論』朝日新聞社・二〇〇六年

五百旗頭真・伊藤元重・薬師寺克行編『90年代の証言　岡本行夫　現場主義を貫いた外交官』朝日新聞出版・二〇〇八年
石井明・朱建栄・添谷芳秀・林暁光編『記録と考証　日中国交正常化・日中平和友好条約締結交渉』岩波書店・二〇〇三年
石井一『近づいてきた遠い国――金丸訪朝団の証言』日本生産性本部・一九九一年
石坂信雄「東芝・死にもの狂いの六カ月」『文藝春秋』一九八七年一一月号
石破茂『国難　政治に幻想はいらない』新潮社・二〇一二年
石破茂『日本人のための「集団的自衛権」入門』新潮新書・二〇一四年
石原信雄『官邸2668日　政策決定の舞台裏』日本放送出版協会・一九九五年
伊藤圭一「前国防会議事務局長として防衛費一%枠を論ず」『中央公論』一九八五年三月号
NHK取材班『NHKスペシャル　戦後50年その時日本は〈第1巻〉』日本放送出版協会・一九九五年
太田述正『実名告発　防衛省』金曜日・二〇〇八年
海原治『日本の国防を考える』時事通信社・一九八五年
海部俊樹『政治とカネ　海部俊樹回顧録』新潮新書・二〇一〇年
片山さつき「自衛隊にも構造改革が必要だ」『中央公論』二〇〇五年一月号
加藤陽三「私録・自衛隊史」『月刊政策』政治月報社・一九七九年

岸信介『岸信介回顧録　保守合同と安保改定』廣済堂出版・一九八三年
共同通信社憲法取材班『「改憲」の系譜　9条と日米同盟の現場』新潮社・二〇〇七年
清宮龍『福田政権・714日』行政問題研究所出版局・一九八四年
楠田實『首席秘書官　佐藤総理との10年間』文藝春秋・一九七五年
楠田實編著『佐藤政権・2797日〈上〉〈下〉』行政問題研究所出版局・一九八三年
沓脱和人「戦後における防衛関係費の推移」『立法と調査』二〇一七年一一月号
久保卓也『国防論——80年代、日本をどう守るか』PHP研究所・一九七九年
久保卓也遺稿・追悼集刊行会編『遺稿・追悼集　久保卓也』久保卓也遺稿・追悼集刊行会・一九八一年
熊谷独『モスクワよ、さらば——ココム違反事件の背景』文藝春秋・一九八八年
憲法制定の経過に関する小委員会編『日本国憲法制定の由来』時事通信社・一九六一年
小池百合子『女子の本懐』文春新書・二〇〇七年
河野博文「ココムと輸出管理」『通産ジャーナル』一九八九年七月号
公明新聞「湾岸平和へのアピール——日本の国際貢献についての公明党の見解」一九九一年二月二二日付
後藤田正晴『内閣官房長官』講談社・一九八九年
後藤田正晴『情と理——後藤田正晴回顧録〈下〉』講談社・一九九八年

坂田道太「国会通信」〈第八・九号〉一九八六年五月一日発行
佐々木芳隆『海を渡る自衛隊』岩波新書・一九九二年
佐藤功『日本国憲法概説〈全訂第五版〉』学陽書房・一九九六年
佐藤行雄『差し掛けられた傘――米国の核抑止力と日本の安全保障』時事通信出版局・二〇一七年
参議院「第六十一国会・参議院予算委員会　第九号　会議録」一九六九年三月一〇日
産経新聞WEBサイト「産経ニュース」「前原誠司元外相『菅首相が船長を〈釈放しろ〉と言った』」二〇二〇年九月六日公開
サンデー毎日編集部「安倍晋三官房副長官が語ったものすごい中身」『サンデー毎日』二〇〇二年六月二日号
時事画報社「Cab·iネット」編集部編『小泉純一郎です。――「らいおんはーと」で読む、小泉政権の5年間』時事画報社・二〇〇六年
信田智人『官邸外交――政治リーダーシップの行方』朝日新聞社・二〇〇四年
島田豊「防衛メモ」『波涛』一九八三年七月号
『週刊東洋経済』編集部「中韓のわなに自らかかるな――首脳外交の内幕と安倍政権への直言（発言・野田佳彦）」『週刊東洋経済』二〇一四年九月二七日号
衆議院「第二十二国会・衆議院内閣委員会　第三十四号　会議録」一九五五年七月五日

衆議院「第五十七国会・衆議院予算委員会　第二号　会議録」一九六七年一二月一一日
衆議院「第百八十九国会・衆議院我が国及び国際社会の平和安全法制に関する特別委員会　第七号　会議録」二〇一五年五月一五日
自由民主党『日本国憲法改正草案（現行憲法対照）』自由民主党　二〇一二年四月二七日
首相官邸ホームページ「岸田内閣総理大臣記者会見」二〇二二年一二月一六日更新
情報公開法（行政機関の保有する情報の公開に関する法律）による行政文書開示要求によって開示された文書「田中総理・周恩来総理会談記録」
「政治家　橋本龍太郎」編集委員会編『61人が書き残す　政治家　橋本龍太郎』文藝春秋・二〇一二年
世界平和研究所編『中曽根内閣史　資料篇』世界平和研究所・一九九五年
世界平和研究所編『中曽根内閣史　日々の挑戦』世界平和研究所・一九九六年
外岡秀俊・本田優・三浦俊章『日米同盟半世紀——安保と密約』朝日新聞社・二〇〇一年
園田直『世界　日本　愛』第三政経研究会・一九八一年
高瀬弘文「日本のココム加入と対中貿易——外務省と通産省の政策対立を中心に」『一橋論叢』（日本評論社）二〇〇二年一月一日発行
高橋紘『陛下、お尋ね申し上げます』文春文庫・一九八八年
田島高志・高原明生・井上正也『外交証言録　日中平和友好条約交渉と鄧小平来日』岩波書

店・二〇一八年
田中秀征『平成史への証言　政治はなぜ劣化したか』朝日選書・二〇一八年
中馬清福『再軍備の政治学』知識社・一九八五年
内閣総理大臣官房編『佐藤内閣総理大臣演説集』内閣総理大臣官房・一九七〇年
中曽根康弘『政治と人生――中曽根康弘回顧録』講談社・一九九二年
中曽根康弘『天地有情――五十年の戦後政治を語る』文藝春秋・一九九六年
中曽根康弘・宮澤喜一『憲法大論争　改憲vs.護憲』朝日文庫・二〇〇〇年
中谷元『誰も書けなかった防衛省の真実』幻冬舎・二〇〇八年
中谷元・塩田潮「対談　なぜいま憲法改正なのか――リミットまできている集団的自衛権問題・明確なデザインとシナリオを提示できるか」月刊『ニューリーダー』二〇一三年八月号
日経産業新聞編『〝レッド・フォックス〟を追え―ルポルタージュ・対ソ貿易』日本経済新聞社・一九八八年
ニッポンドットコム「尖閣国有化から5年：漁船衝突事件を振り返って」（発言・仙谷由人、聞き手・川島真）二〇一七年一一月一五日公開
ニッポン放送「飯田浩司のＯＫ！　Ｃｏｚｙ　ｕｐ！」「尖閣漁船衝突事件の真相　仙谷由人氏が墓場まで持って行ったこと」（発言・松井孝治、聞き手・飯田浩司）二〇二〇年一〇月一六日放送

日本再建イニシアティブ『民主党政権　失敗の検証』中公新書・二〇一三年
春名幹男『仮面の日米同盟　米外交機密文書が明かす真実』文春新書・二〇一五年
樋口陽一・大須賀明編『日本国憲法資料集〈第4版〉』三省堂・二〇〇〇年
久江雅彦『9・11と日本外交』講談社現代新書・二〇〇二年
平野貞夫『昭和天皇の「極秘指令」』講談社・二〇〇四年
平野貞夫『平成政治20年史』幻冬舎新書・二〇〇八年
平野貞夫『戦後政治の叡智』イースト新書・二〇一四年
福田赳夫『回顧九十年』岩波書店・一九九五年
藤田尚徳『侍従長の回想』中公文庫・一九八七年
船橋洋一『同盟漂流』岩波書店・一九九七年
防衛庁長官官房広報課「中期防衛力整備計画」『防衛アンテナ臨時増刊号』一九八五年一〇月
防衛を考える会事務局編『わが国の防衛を考える』朝雲新聞社・一九七五年
細川護熙『内訟録　細川護熙総理大臣日記』日本経済新聞出版社・二〇一〇年
保利茂『戦後政治の覚書』毎日新聞社・一九七五年
毎日新聞社政治部編『転換期の「安保」』毎日新聞社・一九七九年
前尾繁三郎『続々　政治家のつれづれ草』誠文堂新光社・一九七三年
前尾繁三郎『現代政治の課題――政治家の反省と考察』毎日新聞社・一九七六年

前田哲男「軍事費『一%』枠突破の構造」『世界』一九八五年一一月号
松本健一『官邸危機——内閣官房参与として見た民主党政権』ちくま新書・二〇一四年
的場順三『その時、日本が動く——私が見た政治の裏側』海竜社・二〇一三年
御厨貴・中村隆英編『聞き書　宮澤喜一回顧録』岩波書店・二〇〇五年
御厨貴・牧原出編『聞き書　武村正義回顧録』岩波書店・二〇一一年
御厨貴・牧原出編『聞き書　野中広務回顧録』岩波書店・二〇一二年
御厨貴・渡邉昭夫　インタヴュー・構成『首相官邸の決断——内閣官房副長官　石原信雄の2600日』中央公論社・一九九七年
宮沢喜一『新・護憲宣言——二十一世紀の日本と世界』朝日新聞社・一九九五年
宮沢喜一『ハト派の伝言——宮沢喜一元首相が語る』中国新聞社・二〇〇五年
矢吹晋『尖閣問題の核心——日中関係はどうなる』花伝社・二〇一三年
山田栄三『正伝　佐藤栄作（下）』新潮社・一九八八年
吉田茂『回想十年』〈全四巻〉新潮社・一九五七〜一九五八年
吉村克己『戦後総理の放言・失言』文春文庫・一九八八年
読売新聞「民主イズム」取材班『背信政権』中央公論新社・二〇一一年
読売新聞政治部『外交を喧嘩にした男——小泉外交二〇〇〇日の真実』新潮社・二〇〇五年
若宮啓文『忘れられない国会論戦』中公新書・一九九四年

渡辺公徳「新たな国家安全保障戦略等の策定と令和5年度防衛関係予算について」『ファイナンス』二〇二三年四月号
渡部恒雄「日本の安保三文書の何が新しいのか?」(笹川平和財団の公式WEBページ「国際情報ネットワーク分析IINA」)二〇二三年五月二日公開
渡部亮次郎『園田直・全人像』行政問題研究所出版局・一九八一年
新聞記事は本文中に明記しました。

初出記事一覧

【序　章】

新原稿

【第一章・第二章】

新原稿（左記の拙稿記事の該当部分を抜き出し、加筆・修正や構成の見直しを行って作成）

連載「戦後憲法政争史」（月刊『ニューリーダー』二〇〇七年一月号～〇九年七月号）

連載「岸信介『不死鳥』の昭和史」（『月刊公論』一九九二年九月号～九五年九月号）

【第三章】

新原稿（左記の拙稿記事の該当部分を含め、本書の企画に沿って新たに作成）

連載「沖縄問題政争史――戦後歴代政権はどう向かい合ったか」（月刊『ニューリーダー』二〇一六年一〇月号～一八年九月号）

連載「現代史断章・前尾繁三郎の三十三日」（日本経済新聞・一九九四年七月三日付朝刊～九月二五日付朝刊）

【第四章】

「カネと防衛」（『中央公論』一九八六年五月号）を基に再構成。

【第五章】
連載「日米『安保』戦争」（『月刊Ａｓａｈｉ』一九九〇年二月号～四月号）を基に再構成。
【第六章】
「ドキュメント『一％枠』決壊の五〇〇日」（『中央公論』一九八七年四月号）を基に再構成。
【第七章】
新原稿（左記の拙稿記事の該当部分を含め、本書の企画に沿って新たに作成）
　連載「オオカミが襲った——検証・湾岸戦争　日本の危機管理」（『月刊Ａｓａｈｉ』一九九一年四月号～六月号）
【第八章】
新原稿（左記の拙稿記事の該当部分を含め、本書の企画に沿って新たに作成）
　「『金丸訪朝団』で何が話されたか」（『文藝春秋』一九九四年八月号
【第九章】
「防衛省大研究　自衛隊は『暴走』する」（『諸君！』二〇〇九年一月号）を基に再構成。
【第一〇章】
新原稿（左記の拙稿記事の該当部分を含め、本書の企画に沿って新たに作成）
　連載「『政権の大黒柱』研究　トップリーダーとその右腕　福田赳夫と園田直」（月刊『ニューリーダー』二〇一五年九月号～一二月号）

取材にご協力いただいた方々（五十音順・敬称略）

青井　舒一	赤城　宗徳	浅田　均	安倍　晋三	安倍晋太郎	荒垣　秀雄
池田　久克	池田　行彦	石田　博英	石破　茂	石原　信雄	泉　健太
礒崎　陽輔	伊藤　圭一	伊東　正義	井上　義久	猪木　正道	岩見　隆夫
岩屋　毅	宇野　宗佑	梅本　和義	衛藤　晟一	大内　啓伍	大来佐武郎
大島　理森	太田　述正	大塚　耕平	大豊　暢	大野　功統	大村　襄治
岡本　行夫	小川　半次	奥野　誠亮	小倉　謙	小沢　一郎	小野寺五典
小渕　恵三	海部　俊樹	梶山　静六	片貝　光次	片山さつき	片山虎之助
加藤　紘一	金丸　信	金丸　信吾	鎌倉　節	川島　裕	川端　達夫
菅　直人	神田　厚	岸　信和	岸　信介	岸田　文雄	北側　一雄
北澤　俊美	鯨岡　兵輔	楠田　實	熊谷　一男	倉成　正	栗原　祐幸
小池百合子	小泉純一郎	高坂　正堯	香田　洋二	河野　洋平	古賀　誠
小金　義照	小島　徹三	児玉　幸治	後藤田正晴	齋藤　健	佐伯　喜一
坂井　弘一	坂田　道太	佐藤　功	佐藤　信二	佐藤　行雄	佐藤　嘉恭
佐藤龍太郎	佐波　正一	椎名　素夫	ジェームズ・アワー		塩田　章
島田　豊	下村　博文	菅　義偉	鈴木　宗男	スティーブン・ブライアン	
仙谷　由人	曽根　泰教	高島　章	高見沢将林	竹内　道雄	竹下　登
武正　公一	武村　正義	竹本　貞雄	田島　高志	田中　秀征	田中　龍夫
田中　六助	田辺　誠	谷垣　禎一	谷野作太郎	玉木雄一郎	中馬　清福
月原　茂皓	津島　雄二	頭山　興助	長島　昭久	中曽根康弘	中谷　元
長富祐一郎	中村　長芳	中山　太郎	二階　俊博	西広　整輝	野田　毅
野中　広務	野本　佳夫	萩原吉太郎	橋本龍太郎	羽田　孜	畠山　襄
鳩山由紀夫	馬場　伸幸	平沢　勝栄	平野　貞夫	深田　肇	福川　伸次
福田　赳夫	福田　篤泰	福本　邦雄	福山　哲郎	福家　俊一	藤井　裕久
藤尾　正行	船田　元	フレッド・イクレ		ヘレン・ベントレー	
細野　豪志	保利　耕輔	ポール・フリーデンバーグ		マイケル・マンスフィールド	
前原　誠司	増原　恵吉	松井　一郎	松井　孝治	松下　康雄	松野　頼三
馬淵　澄夫	丸山　昂	三木　武夫	水盛　五実	宮沢　喜一	宮田　義二
武藤　正敏	村岡　茂生	村田　成二	村山　富市	室谷　克実	森田　一
森山　裕	森山　真弓	山口　鶴男	山口那津男	山崎　拓	山地　一寿
与謝野　馨	米沢　隆	李　虎男	リチャード・パール		蓮　舫
渡邉　昭夫	渡辺　幸治	渡辺美智雄	渡辺　喜美	渡部亮次郎	渡里杉一郎

【第一一章】

新原稿（左記の拙著収録記事の該当部分を含め、本書の企画に沿って新たに作成）

『安倍晋三の憲法戦争』（プレジデント社刊　二〇一六年一〇月二一日発行）

【終　章】

新原稿（左記のインタビュー記事から証言を抜粋して引用）

インタビュー・浅田均〈上〉（聞き手・塩田潮）「防衛力強化は経済・産業にもプラス――日本維新の会が考える『あるべき安全保障』の姿」（『東洋経済オンライン』二〇二三年六月一二日公開）

インタビュー・浅田均〈下〉（聞き手・塩田潮）「緊急事態条項の新設は不可欠――防衛力強化の財源、憲法改正問題をこう考える」（『東洋経済オンライン』二〇二三年六月一三日公開）

インタビュー・石破茂〈上〉（聞き手・塩田潮）「専守防衛は軍事的には極めて困難――党きっての防衛通が語る『あるべき安全保障』」（『東洋経済オンライン』二〇二三年六月一九日公開）

インタビュー・石破茂〈下〉（聞き手・塩田潮）「防衛力整備の財源は法人税で賄うべき――『自衛官が国会でもっと議論してこそ文民統制』」（『東洋経済オンライン』二〇二三年六月二〇日公開）

インタビュー・前原誠司〈上〉（聞き手・塩田潮）「自主防衛が主で、日米同盟は補完に――『アメリカの抑止力』の後退に備えた対応を」（『東洋経済オンライン』二〇二三年六月二六日公開）

インタビュー・前原誠司〈下〉（聞き手・塩田潮）「安全保障で政界再編は起こりうる――憲法改正は『第９条』問題を優先事項にすべき」（『東洋経済オンライン』二〇二三年六月二七日公開）

インタビュー・小野寺五典〈上〉（聞き手・塩田潮）「ウクライナの惨状が専守防衛の姿――『なぜ、反撃能力が必要か』防衛３文書策定の意図」（『東洋経済オンライン』二〇二三年七月一二日公開）

インタビュー・小野寺五典〈下〉（聞き手・塩田潮）「日本のサイバー空間だけ無法地帯――今後の防衛・安全保障はチーム抑止力が中心に」（『東洋経済オンライン』二〇二三年七月一三日公開）

【著者紹介】
塩田　潮（しおた　うしお）

ノンフィクション作家・評論家。1946年生まれ。高知県吾川郡いの町出身。慶應義塾大学法学部政治学科卒業。雑誌編集者、記者などを経て、1983年、著書『霞が関が震えた日』刊行でデビュー。同年、同作で第5回講談社ノンフィクション賞受賞。著書に『霞が関が震えた日』（講談社文庫）、『東京は燃えたか』（朝日文庫）、『大いなる影法師』（文藝春秋）、『一〇〇〇日の譲歩』（新潮社）、『昭和の教祖 安岡正篤』（文藝春秋）、『日本国憲法をつくった男 宰相幣原喜重郎』（朝日文庫）、『岸信介』（講談社）、『金融崩壊』（日本経済新聞社）、『郵政最終戦争』（東洋経済新報社）、『田中角栄失脚』（朝日文庫）、『新版 民主党の研究』（平凡社新書）、『憲法政戦』（日本経済新聞出版社）、『熱い夜明け でもくらしい事始め』（講談社）、『内閣総理大臣の日本経済』（日本経済新聞出版社）、『密談の戦後史』（角川選書）、『内閣総理大臣の沖縄問題』『解剖 日本維新の会』（ともに平凡社新書）、『大阪政治攻防50年』（東洋経済新報社）など多数。

安全保障の戦後政治史
防衛政策決定の内幕

2023年10月17日発行

著　者——塩田　潮
発行者——田北浩章
発行所——東洋経済新報社
〒103-8345　東京都中央区日本橋本石町1-2-1
電話＝東洋経済コールセンター　03(6386)1040
https://toyokeizai.net/

装　丁…………石間　淳
D T P…………朝日メディアインターナショナル
印　刷…………ベクトル印刷
製　本…………ナショナル製本
編集協力………パプリカ商店
編集担当………岡田光司
©2023 Shiota Ushio　Printed in Japan
ISBN 978-4-492-06223-4

本書のコピー、スキャン、デジタル化等の無断複製は、著作権法上での例外である私的利用を除き禁じられています。本書を代行業者等の第三者に依頼してコピー、スキャンやデジタル化することは、たとえ個人や家庭内での利用であっても一切認められておりません。
落丁・乱丁本はお取替えいたします。